빵의 시간

빵의 시간

빵의 시간

제1판 제1쇄 발행 2026년 3월 30일

지은이 김남순, 최낙언
펴낸이 임용훈

편   집 전민호
용   지 (주)정림지류
인   쇄 올인피앤비

펴낸곳 예문당
출판등록 1978년 1월 3일 제305-1978-000001호
주소 서울시 영등포구 문래동 6가 19 문래SK V1 CENTER 603호
전화 02-2243-4333~4 | 팩스 02-2243-4335
이메일 master@yemundang.com | 블로그 www.yemundang.com
페이스북 www.facebook.com/yemundang | 인스타그램 @yemundang

ISBN 978-89-7001-725-9   03590

맛있는 빵에 숨겨진 물성의 과학
How Bread's Texture Creates Flavor

빵의 시간

김남순 · 최낙언 지음

예 문 당

요식업 분야에서 요즘 가장 눈에 띄게 늘고 있는 가게는 베이커리 카페일 것이다. 매장 안으로 들어가면 커피와 함께 달콤하고 고소한 빵 냄새가 우리를 행복하게 반겨준다. 진열대에 노릇하게 구워진 소금빵부터 부재료가 듬뿍 들어간 달콤하고 풍성한 온갖 빵들이 놓여 있어 어떤 것을 골라 먹으면 좋을지 행복한 고민에 빠지게 된다. 빵은 이처럼 우리에게 친숙한 음식이지만, 빵을 만들기는 쉽지 않다. 아무리 검증된 배합표를 따라 해도 사소한 차이에 따라 결과물이 완전히 달라진다. 반죽, 발효, 굽기의 과정을 통해 재료 자체에는 없는 특별한 물성과 향을 끌어내야 하기 때문이다.

밀가루의 겉모습은 다른 곡물가루와 다르지 않지만, 반죽 과정을 통해 글루텐이 형성되면 비로소 점성과 탄성이 조화된 특별한 물성이 된다. 이런 물성이 빵의 결정적 매력이 된다는 것은 완성된 빵을 그대로 꾹꾹 눌러서 납작하게 만들어보면 알 수 있다. 맛, 향, 영양 성분은 그대로이지만 빵이 가진 매력의 많은 부분이 사라져 버린다. 식품의 구조(structure)가 물성(texture)을 만들고, 물성에 따라 제품의 형태와 식감(mouthfeel)은 물론 풍미(flavor)까지 달라지는 대표적인 예의 하나가 빵이다. 하지만 어떤 식품을 평가할 때 우리가 물성에 주목하는 경우는 별로 없다. 그것이 이 책을 쓰게 된 결정적 이유이기도 하다. 물성의 기술과 의미를 빵을 통해 한번 풀어보고 싶었다. 더구나 빵에는 원료의 조합, 발효, 가열이라는 식품에서 풍미를 만드는 3대 기술이 모두 포함되어 있다.

빵은 밀가루, 소금, 효모, 물만 있으면 충분히 만들 수 있다. 모두 너무나 일상적인 재료들이다. 물론 일상적인 것이 결코 평범하다는 것은 아니다. 사실 우리 주변에 있는 흔한 식재료는 자연의 30만 종의 식물 또는 식재료에서 가장 경쟁력 있는 것을 골라 개량하고 대량 생산한 것이라 흔히 볼 수 있는 것이지, 처음부터 자연에 많이 존재해서 흔한 것이 아니다. 그리고 식품의 성패는 이처럼 평범해 보이는 것을 비범하게 다루는 능력에 있지, 결코 특별한 식재료에 있지 않다.

우리가 단순한 재료로 놀랍도록 다양한 종류의 빵을 만들 수 있는 것은 사소한 배합비, 작업 순서, 온도, 시간의 차이에 따라 재료의 특성이 완전히 다르게 표현되기 때문이다. 이것은 마치 악기와 음악의 관계와 비슷하다. 하나의 악기로도 온갖 노래를 연주할 수 있고, 같은 악기와 악보로도 연주자에 따라 느낌이 달라진다. 결국 빵 맛을 결정짓는 핵심 요소는 재료 그 자체가 아니라 재료의 잠재력을 발현하는 능력에 있다. 어떤 음식을 잘 만든다는 것은 결국 재료의 특성과 공정의 의미를 잘 이해하고 조화시키는 능력이기도 하다. 그 균형이 가장 아름다울 때 맛도 가장 절묘해진다.

Part 1, '빵의 시간'은 빵이 우리에게 어떻게 다가왔는지 빵을 둘러싼 역사와 다양한 문화를 다룬다. 서양에서는 빵이 어떻게 발전하고, 어떤 역할을 했는지 그리고 우리의 식탁에는 어떻게 다가왔는지를 다룬다. 그리고 우리는 왜 빵 냄새에 설레는지와 '겉바속촉'의 비밀 등 빵의 다양한 매력을 다룬다. 그리고 탄수화물, 밀가루와 글루텐에 대한 오해도 풀어보려고 한다.

Part 2, '빵의 재료'는 밀가루를 비롯해 효모, 소금, 물 같은 빵의 주재료와 당류, 유지, 달걀, 유제품 같은 부재료를 다룬다. 어떤 식품을 이해한다는 것은 결국에는 원료의 이해로 끝난다. 공부를 시작하는 단계에는 배합비도 중요하고, 설비와 제조 기술도 중요하지만, 끝까지 남는 숙제는 원료에 대한 이해이다. 식품이란 핵심적인 원료의 다양한 변주곡이고, 어떤 식품의 조리법과 제조과정은 그 재료의 잠재력을 현실화하는 과정일 뿐이기 때문이다. 빵에 등장하는 재료는 다른 식품에도 핵심적인 재료이다. 이런 원료의 특성은 한 번 제대로 이해하면 끝까지 활용할 수 있는 지식이 된다.

Part 3, '빵의 구조'는 배합, 발효, 성형, 굽기의 과정에서 어떤 성분이 어떤 과정을 통해 구조를 만들기에 빵이 그렇게 매력적인 식감을 가질 수 있는지 물성의 기술을 다룬다. 식품 중에는 배합비가 핵심인 제품, 발효가 핵심인 제품, 로스팅이 핵심인 제품 등이 있는데 빵은 이 세 가지 모두 중요한 제품이다. 빵을 통해 이런 공정의 의미를 알아보려고 한다.

Part 4, '빵의 기술과 동향'은 빵을 만들 때 궁금했던 것, 자주 하는 실수, 공정의 의미를 질문 형식으로 다룬다. 그리고 지역마다 인기 있는 빵이 다른 이유, 빵과 커피의 궁합 등을 다룬다.

이 책은 빵의 기술서가 아니다. 볏과 작물의 하나에 불과한 밀이 어떻게 서양의 가장 중요한 작물이 되었는지 역사부터 빵을 만드는 과정에서 벌어지는 물리·화학적 변화가 맛에 어떻게 연결되는지를 살펴보는 탐구서이다. 그래서 책 전반에 걸쳐 글루텐의 형성 과정, 발효의 의미, 베이킹의 과정을 분자 측면에서 깊이 있게 다루어 볼 예정이다. 수많은 시행착오와 경험으로 만들어진 빵의 배합비와 제조법에 담긴 과학적 원리를 알게 되면 '왜 그런 것인지 몰랐던 순간들'에 대한 답을 찾을 수 있을지 모른다.

오늘날 빵이 만들어지기까지의 역사부터 빵의 구조를 만드는 재료의 의미와 기술을 다루지만 빵의 재료와 제조 기술을 단순히 빵에 제한해 설명하지 않고, 모든 식품에 적용할 만한 보편적 원리와 물성의 기술로 설명하고자 한다. 식품의 보편적 원리로 빵을 이해하고, 빵의 이해를 통해 식품의 원리를 탐구하는 식이다.

경험이 없는 이론은 공허하고, 이론이 없는 경험은 위태롭다고 한다. 이론만으로는 자신감이 부족하고, 경험만으로는 편견에 빠지기 쉽다는 뜻이다. 과학은 복잡한 현상을 가장 단순하게 설명하기 위해 최선을 다한다. 식품을 하는 사람이 자기 경험을 좀 더 과학을 통해 이해하고 정리할 수 있으면 더 멀리 갈 힘을 얻을 수 있을 것이고, 빵을 애호하는 사람이라면 식탁에 놓인 빵 한 조각이 조금 달리 보일 것이다.

2026. 1.

김남순 · 최낙언

차   례

PART I
빵의 시간

1장 _ 빵의 역사, 요즘의 빵이 등장하기까지

빵은 언제부터 서양의 주식이 되었을까?

빵의 역사는 곡물 재배와 함께 시작되었다. 인류가 처음 곡물을 불에 익히기 시작한 것은 신석기 시대, 수렵과 채집에서 농경으로 전환되던 시기였다. 당시 사람들은 곡물가루에 물을 섞어 불에 익힌 단순한 죽이나 떡 형태로 먹었을 것이다. 그러던 어느 날, 반죽이 우연히 공기 중의 야생 효모와 만나 자연 발효가 일어났고, 부풀어 오른 반죽을 구워서 오늘날 빵의 원형이 탄생했다.

현재 남아 있는 가장 오래된 빵의 흔적은 약 1만 4천 년 전, 요르단 북동부의 슈바이카(Shubayqa) 유적에서 발견되었다. 수렵과 채집을 하던 사람들이 야생 보리와 밀, 뿌리식물을 빻아 반죽한 뒤, 불에 달군 돌 위에서 구워 먹는 형태였다. 빵이 인류의 주식으로 자리 잡은 것은 고대 이집트 시대부터다. 나일강 유역에서 밀 재배가 활발해지고 발효 기술이 발전하면서 빵은 농업과 함께 문명을 상징하는 음식이 되었다.

기원전 4000년경, 이집트에서 우연히 자연 발효된 반죽을 구운 이후 빵의 형태는 크게 달라졌다. 빵이 '의도'와 '우연' 사이에서 진화한 것이다. 실수로 반죽을 해둔 것을 깜빡 잊고 하루쯤 지난 후 구웠더니 이전보다 더 부풀고 고소한 맛이 나는 '기적'을 경험했고, 이것을 의도적으로 재현하려 한 것이다. 오늘날 우리가 '천연 발효종'이라 부르는 이 빵은 수천 년 전 우연히 만들어졌고, 여기에 매료된 이집트인들은 이를 의도적으로 재현해 세계 최초의 '발효빵(fermented bread)'을 만들었다. 피라미드 근처에서 발견된 유물에는 빵을 굽는 화덕과 발효실 그리고 다양한 모양의 빵이 묘사되어 있었으며, 원형, 타원형, 손바닥만 한 크기의 납작빵이 다수 발견되었다.

그리스와 로마 시대에는 제분 기술이 발전하면서 빵의 품질이 개선되었다. 돌절구 대신 맷돌이 사용되었고, 밀가루의 입자가 고와지면서 식감이 부드러워졌다. 그리스인들은 빵에 올리브유와 꿀을 넣어 풍미를 더하고, 로마인들은 제빵 전용 화덕을 제작하고 밀가루의 품질에 따라 빵의 등급을 구분했다. 흰 밀가루로 만든 빵은 상류층의 상징이었고, 거친 회백색 빵은 서민 음식이었다. 산업화 이전까지 빵은 단순한 식량이 아니라 사회적 지위를 나타내는 지표였다.

우리나라에 빵이 본격적으로 보급된 것은 일제강점기 이후다. 서양식 제빵 기술이 도입되고, 6.25 전쟁 후 미군 원조로 밀가루가 보급되면서 빵은 대중적 소비 식품이 되었다. 1970년대 경제 성장기에는 학교 급식과 제과점 문화의 확산으로 인해 '식사 대용'으로 자리 잡기 시작했고, 2000년대 이후에는 건강과 취향을 중시한 프리미엄 베이커리가 등장했다.

오늘날 빵은 전 세계 어디서나 쉽게 접할 수 있는 음식이지만, 그 안에는 수천 년의 기술과 문화, 그리고 인간의 삶이 녹아 있다. 밀을 반죽하고,

기다리고, 굽는 과정은 시대가 변해도 여전히 같다. 지금의 빵은 흔하고 평범해 보이지만 인류의 역사 속에서 빵은 생존과 풍요, 그리고 문명의 상징으로 존재해왔다. 빵이 서구의 주식이 된 이유는 원료인 밀의 생산성을 꾸준히 높이고, 밀알의 껍질을 온전히 벗기는 제분이 어려워 가루로 만든 것을 글루텐의 형성으로 극복하고 발효와 베이킹을 통해 탁월한 식감과 맛으로 입맛을 사로잡은 덕분이다. 빵은 이제 우리 삶의 일부로 스며들었다.

빵은 원래 맛보다 생존을 위한 수단이었다

원래 빵은 맛보다 생존을 위한 효과적인 수단이었다. 당시에는 돌절구나 맷돌을 사용해 곡물을 가루 내고, 반죽에는 물과 소금 정도만 넣고 구웠으며, 이 정도로도 음식의 소화와 흡수율은 훨씬 높았다. 효모를 사용하지 않은 '비발효빵(flat bread)'이어서 구울 때 불의 세기가 일정하지 않아 표면이 부분적으로 그을렸고, 내부는 질기고 거칠었다. 현재의 폭신한 빵과는 전혀 다른, 단단하고 씹기도 힘든 식품이었다. 그저 구운 곡물 반죽이라는 원시적인 형태로 시작해 점점 지금의 빵으로 발전했다.

중세 유럽에 들어서면서 밀은 '신의 곡물'로 여겨졌고, 빵은 종교의식과 결합해 상징적 의미를 갖게 되었다. 성찬식에서 빵은 '신의 몸'을 상징하며, 신앙과 일상을 잇는 매개체가 되었다. 이후 제분 기술과 화덕의 개량이 이루어지면서 빵은 더 쉽고 경제적으로 만들 수 있게 되었다. 18~19세기 산업혁명 시기에 제빵 기계와 제분 공장이 등장하자, 흰 빵은 귀족의 식탁에서 모든 계층의 주식으로 확산되었다.

중세 유럽에서도 효모의 실체는 몰랐지만, 경험적으로 맥주 발효에서 위층에 생기는 거품을 이용해 반죽을 부풀렸다. 당시 맥주는 효모가 상면에

떠서 알코올발효를 하는 스타일이라 이를 가져다 제빵효모로 사용한 것이다. 그러다 점점 빵 전용 효모로 발전했다.

빵은 처음부터 부드럽고 향미가 풍부한 형태는 아니었다. 초기 빵은 단단하고 거칠었으며, 단순히 곡물을 익힌 식량에 가까웠다. 그러다 자연 발효의 발견과 제분 기술의 발전을 통해 인류 식생활의 중심으로 자리 잡았다.

빵은 처음부터 밀로만 만들었을까?

지금은 밀가루가 빵의 주재료로 자리 잡았지만, 초기 인류는 지역에 따라 다양한 곡물을 이용해 빵을 만들었다. 입맛대로 식량을 고를 수 있는 상황이 아니었기에 주변에서 구할 수 있는 모든 곡물이 재료로 사용되었다.

가장 먼저 빵의 재료로 사용된 것은 보리이다. 보리는 재배가 쉽고 기후 적응력이 높아서 메소포타미아와 이집트 지역에서 주식으로 널리 쓰였다. 보리는 글루텐이 거의 없어서 반죽이 잘 부풀지 않기 때문에 초기 보리빵은 단단하고 납작한 형태였으며, 지금의 플랫브레드처럼 불에 달군 돌이나 점토판 위에서 구웠다.

귀리와 수수도 널리 사용된 곡물이었다. 귀리는 수분을 잘 흡수하지만, 점탄성이 약해 빵보다는 죽이나 얇은 전 형태로 조리되었다. 수수는 아프리카와 인도 지역에서 주로 이용되었으며, 잘 분쇄한 뒤 물과 섞어서 얇게 구운 빵이 주를 이루었다. 자연 발효를 이용해 만든 '인제라(injera)'나 '도사(dosa)' 같은 전통 발효빵이 그 예다.

유럽 북부와 러시아 지역에서는 호밀(rye)이 밀보다 먼저 사용되었다. 호밀은 낮은 온도에서도 잘 자라기 때문에 추운 기후에서도 안정적으로 수확할 수 있는 작물이며, 글루텐 형성은 약하지만 점성이 있어서 발효빵을 만들 수 있다. 호밀빵은 '사워도우(sourdough)'를 활용해 만들기 때문에 밀빵보다 짙은 색과 강한 산미를 가지며, 지금도 독일과 북유럽 지역의 전통식으로 남아 있다. 중앙아시아와 중국, 한반도에서는 조·기장 등의 잡곡이 주로 사용되었다. 이 곡물들은 주로 찌거나 구워 먹는 형태로 이용되었으며, 밀가루처럼 부풀리는 기능은 약했다. 그래도 영양소가 풍부하고 저장성이 좋아서 지역에 따라 오랫동안 주식으로 쓰였다.

옥수수 또한 아메리카 대륙에서 빵의 재료로 중요한 위치를 차지했다. 옥수수는 글루텐이 없어서 부풀지 않기 때문에 갈아서 반죽한 '마사(masa)'를 만들어서 토르티야를 구웠다. 이 반죽은 화학적으로도 독특하다. 생옥수수 그대로가 아닌, 석회수에 불려 껍질을 제거한 니스타말(nixtamal) 가공을 통해 만든다. 옥수수 알갱이를 알칼리수에 불려서 껍질을 제거하는 방법인데, 옥수수는 곰팡이에 취약해 발암물질인 아플라톡신이 생기는 경우가 있고, 나이아신(niacin, 비타민 B3)이 거의 흡수되지 않는 형태로 존재한다. 아메리카 원주민들은 알칼리 처리를 통해 나이아신을 이용할 수 있는 형태로 분리해 펠라그라에 걸릴 염려를 없애고, 아플라톡신을 97~100%까지 제거했다. 이용 형태는 전병에 가깝지만, 빵을 넓은 의미에서 '곡물을 반죽해 구운 음식'이라고 정의하면 잘 들어맞는다. 이처럼 인류는 지역과 기후, 문화에 따라서 각기 다른 곡물을 선택했다.

    - 중동, 유럽: 밀, 보리, 호밀.

    - 아프리카, 인도: 수수, 기장.

    - 동아시아: 조, 보리, 귀리.

    - 아메리카: 옥수수.

‘밀가루 없는 빵’은 낯선 개념이 아니라, 오히려 초기 인류의 빵 모습이다. 그리고 귀리, 퀴노아, 수수, 아마란스, 카무트, 스펠트밀 등이 알레르기, 글루텐프리, 지속 가능성 등을 이유로 다시 등장하고 있다.

언제부터 빵을 발효해서 만들었을까?

고대 이집트에서 시작된 빵의 발효는 인류 식문화 역사에서 매우 흥미로운 우연 중 하나이다. 우연히 방치한 밀가루와 물을 섞은 반죽에 공기 중의 야생 효모와 젖산균이 들어가 자라기 시작했고, 반죽은 서서히 부풀어 올랐다. 당시 사람들은 그 이유를 몰랐지만 결과는 분명했다. 이렇게 만들어진 빵은 이전의 납작하고 거친 빵과 달리 가볍고 부드러우며 고소한 향을 냈다. 이것이 인류가 만든 최초의 자연발효빵이다.

이집트인은 곧 이 현상을 재현할 수 있음을 알게 되었다. 그들은 매번 반죽의 일부를 떼어 다음 반죽에 섞었고, 이것이 오늘날 ‘사워도우 스타터

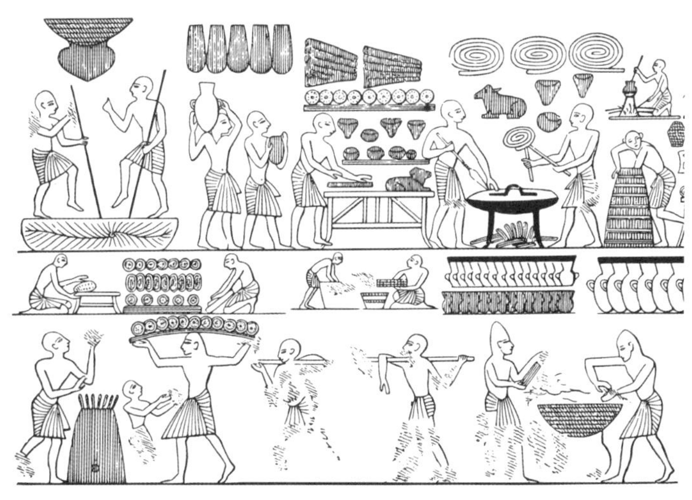

(sourdough starter)'의 원형이 되었다. 발효의 연속된 이어짐은 '살아 있는 반죽'이라 불리며 제빵 문화의 중심이 되었다. 당시 이집트에서 맥주 양조와 제빵은 같은 뿌리를 공유했다. 맥주를 만드는 곡물죽이 빵 반죽과 섞이면 빵이 잘 부풀어 올랐다. 그래서 고대 이집트에서는 빵과 맥주가 같은 공간에서 생산되었다는 기록이 남아 있다.

기원전 3000년경의 피라미드 벽화와 유적에는 반죽을 치대는 모습과 흙가마에 빵을 굽는 장면이 묘사되어 있다. 당시 사람들은 효모의 존재를 알지 못했지만, 경험적으로 발효의 조건을 파악하고 있었다. 반죽을 따뜻한 곳에 두면 더 잘 부풀고, 햇볕이 강한 날에는 발효 시간이 짧아진다는 사실을 터득했다. 즉, 온도·시간·습도를 조절하는 오늘날의 제빵 원리가 당시에 이미 경험적으로 파악된 것이다.

이집트에서 빵은 단순한 음식이 아니었다. 일상식이자 제사의 제물 그리고 신에게 바치는 상징물이었다. 왕의 무덤에는 수십 가지 형태의 빵이 부장품으로 들어 있었고, 제사장은 신에게 바칠 빵을 굽는 일을 신성한 의식으로 여겼다. 빵은 곡물의 생명력을 인간의 손으로 완성하는 행위였고, 발효는 그 생명을 깨우는 과정이었다. 결국 고대 이집트의 발효는 '과학 이전의 과학'이었다.

중세 길드가 만든 '빵의 질서'

중세 유럽에서 빵은 사회의 질서를 상징하는 존재였고, 그 중심에는 '제빵 길드(Bakers' Guild)'가 있었다. 도시가 형성되면서 사람들은 직업별로 모여 길드라는 조직을 만들었고, 제빵사들도 예외가 아니었다. 길드는 단순한 협회가 아니라 하나의 제도였다. 누가 빵을 구울 수 있는지, 어떤 재료를 써야 하는지, 얼마에 팔 수 있는지를 정하고 관리했다. 그들은 말 그대로 '빵의 질서'를 만든 사람들이었다.

14세기 무렵, 빵은 유럽인의 주식으로 자리 잡았다. 농부는 밀을 재배하고, 제분업자는 밀가루를 만들고, 제빵사는 밀가루로 빵을 완성했다. 밀은 귀한 작물이었다. 흉년이 들면 곡물 값이 폭등했고, 빵의 가격 역시 민감하게 변동했다. 이를 방지하기 위해서 각 도시는 빵의 무게와 가격을 법으로 정했다. '빵 가격 규제법(Bread Assize Law)'이라 불린 이 규정은 제빵사가 임의로 가격을 조정하거나 재료를 속이지 못하도록 감시하는 역할을 했고, 길드는 이 법의 집행을 담당하며 시장 질서를 유지했다.

길드 내부의 위계는 매우 엄격했다. 견습생(apprentice)으로 시작한 제빵사는 수년간 기술을 익히고, 숙련공(journeyman)을 거친 뒤 길드의 시험을 통과해야 독립적으로 빵집을 열 수 있었다. 반죽을 치대는 기술, 오븐의 온도 조절, 효모의 냄새를 구분하는 감각까지 모두 평가 대상이었다. 한 사람의 제빵사가 되기 위해서는 오랜 시간의 훈련과 검증이 필요했고, '마스터 베이커(master baker)'라는 칭호는 기술과 신뢰의 상징이었다. 당시 길드는 단순한 직능 단체가 아니라, 품질을 보장하는 제도적 장치였다.

이 제도는 사회 안정에도 중요한 역할을 했다. 흉년이 들면 소속 제빵사들은 일정량의 빵을 낮은 가격에 공급해야 했고, 품질을 속이거나 밀가루에 불순물을 섞으면 강하게 처벌받았다. 1266년 영국의 헨리 3세가 제정한 '빵과 맥주 규제법(Assize of Bread and Ale)'에는 빵의 무게, 가격, 밀가루의 품질 기준이 세밀하게 기록되어 있다. "빵은 공동체의 신뢰로 굽는다"라는 말은 단순한 표현이 아니라, 당시 제빵사의 윤리이자 사회적 계약이었다.

그러나 길드의 권한이 커지면서 부작용도 생겼다. 경쟁을 억제하고 새로운 기술의 도입을 막는 폐쇄적 구조로 변한 것이다. 오븐을 소유할 수 있는 사람을 제한하거나 여성과 하층민의 제빵 활동을 금지하는 규정도 있었다.

이런 문제점이 존재했지만, 길드는 '표준화'라는 개념을 남겼다. 오늘날 식품의 등급, 위생 기준, 품질관리의 제도적 기원은 이 시기의 길드 운영 원리에서 비롯된 것이다. 현대의 제빵은 훨씬 자유롭다. 누구나 오븐을 켜고 빵을 구울 수 있고, 재료와 형태도 다양하다. 그러나 그 자유의 배경에는 누군가 세운 질서가 있다. 빵이 일정한 품질과 신뢰를 유지하며 인류의 주식으로 자리 잡을 수 있었던 것은 바로 중세 길드의 규율 덕분이었다. 길드의 제도는 사라졌지만, '정직해야 한다'라는 정신은 남아 있다. 빵은 결국 기술이 아니라 신뢰로 굽는 음식이다.

산업혁명은 빵을 어떻게 바꿔 놓았는가?

18세기 후반에 시작된 산업혁명은 인류의 일상을 근본적으로 바꾸어 놓았다. 증기기관이 움직이며 기계가 손노동을 대신하는 것은 빵도 예외가 아니었다. 이전까지 제빵은 숙련된 장인의 손에서 반죽부터 굽기까지 하루 종일 이어지는 고된 노동이었다. 그러다 기계와 과학이 주방으로 들어오면서 빵을 더 빠르고, 균일하며, 저렴하게 생산할 수 있게 되었다.

가장 큰 변화는 제분 기술에서 시작되었다. 기존의 맷돌식 제분은 불균일하고 시간이 오래 걸렸지만, 산업혁명 이후 등장한 강철 롤러 밀(roller mill)은 껍질(밀기울)을 깔끔하게 제거해 순백색 밀가루를 만들어 주었다. 섬유소가 없어서 소화가 잘되는 이 새하얀 밀가루는 '깨끗하고 고급스러운' 이미지로 소비자의 선호도가 높았다. 이전까지 상류층의 전유물이던 흰 빵이 대중에게 보급되면서, 흰 빵은 귀족의 음식에서 국민의 음식으로 변해갔다.

발효에도 과학적 혁신이 일어났다. 이전에는 발효의 원리를 몰라 날씨나 시간에 따라 품질이 달라져도 대응이 쉽지 않았지만, 19세기 후반 루이 파스퇴르(Louis Pasteur)의 미생물 연구를 통해 효모가 발효의 주역임을 알게 되어 점점 예측 가능하고 관리할 수 있는 대상이 되었다. 다양한 제빵용 효모가 개발되면서 발효는 일정하고 안정적인 과정으로 변했고, 그래서 빵의 품질도 좋아지고 균일해졌다.

열의 변화도 컸다. 장작불을 이용한 화덕의 시대가 끝나고, 증기기관과 석탄 연료로 가열되는 산업용 오븐이 도입되었다. 일정한 온도를 유지할 수 있게 되면서 빵의 색과 질감이 균일해졌다. 이후 빵은 장인의 손맛보다 시스템의 효율로 생산되는 식품이 되었으며, '대량 생산'이 제빵 산업에도 적용되었다.

산업혁명은 빵의 사회적 의미도 바꾸었다. 이전에는 제빵사 길드가 품질과 가격을 통제했지만, 공장이 그 역할을 대신하면서 빵은 장인의 전유물에서 산업화된 제품으로 전환되었다. 대형 제빵소는 하루 수천 개의 빵을 생산했고, 도시의 노동자들도 값싼 흰 빵을 먹을 수 있게 되었다. '빵 한 조각'은 노동의 대가이자 사회운동의 상징이 되기도 했다. 프랑스 혁명 당시 "빵을 달라!"라는 외침은 단순한 배고픔의 표현이 아니라, 불평등한 사회 구조에 대한 저항이었다.

기술의 발전이 모든 문제를 해결한 것은 아니었다. 대량 생산된 빵은 균일했지만, 풍미와 개성은 줄어들었다. 단일 효모의 사용으로 발효의 깊은 향이 사라졌고, 갓 구운 빵의 복합적인 향미는 단순화되었다. 그 결과 20세기 후반부터는 다시 '수제빵'과 '천연 발효빵'을 찾는 흐름이 확산되었다.

전쟁은 빵을 어떻게 바꿔 놓았는가?

전쟁은 언제나 식탁부터 바꿔 놓는다. 총성이 울리면 가장 먼저 사라지는 것은 사치품이 아닌 일상의 음식이다. 빵도 예외가 아니다. 두 차례의 세계 대전 동안 밀가루는 군수 물자만큼 귀했고, 사람들은 빵을 지키기 위해 새로운 재료를 찾아야 했다.

1차 세계대전이 시작되자 유럽 전역에서 밀 공급이 급감했다. 독일, 프랑스, 영국 모두 밀가루를 절약해야 했고, 정부는 '전시 빵(war bread)'이라는 이름의 정책 빵을 도입했다. 그렇게 밀 대신 보리, 귀리, 감자, 옥수숫가루를 섞은 혼합 빵이 만들어졌다. 독일의 '에르자츠브로트(ersatzbrot, 대체빵)'는 감자와 보리를 주원료로 했고, 프랑스에서는 통밀과 호밀을 섞은 '팽 드 게르(pain de guerre, 전쟁빵)'가 등장했다. 겉보기에는 빵이었지만, 맛과 질감은 완전히 달랐다. 글루텐이 부족해 쫄깃하지 않았고, 색은 거칠었으며, 보관성도 낮았다. 그래도 사람들은 그것으로 하루를 버텨야 했다.

2차 세계대전 때는 상황이 더욱 심각했다. 주요 밀 생산지였던 동유럽과 미국의 수출이 제한되자 유럽 각국은 빵을 새로 발명해야 했다. 영국은 '국민 빵(national Loaf)'이라는 표준 빵을 만들어 통밀에 콩가루, 귀리, 감자를 섞었다. 영양적으로는 더 뛰어날지 모르지만, 사람들은 그 거친 질감과 시큼한 냄새를 불만스러워 했다. 당시 영국 정부가 "빵의 색깔을 불평하지 말라"는 포스터를 내걸 정도였으며, 군대는 각 부대에서 직접 빵을 구워야 했다. 전쟁 중의 빵은 단지 음식이 아니라 생존의 상징이었다. 각국 정부는 빵을 통해 국민의 사기를 유지하려 했고, 빵 한 조각은 국가의 자존심이 되었다. 프랑스에서는 점령지에서도 새벽마다 빵을 굽는 제빵사가 '저항의 상징'으로 불렸고, 영국에서는 군인에게 빵을 나눠주는 장면이 선전 포스터로 사용되었다.

이런 시기에도 불구하고 제빵 기술은 진보했다. 과학자들은 효모 배양법, 비타민이 강화된 밀가루, 단백질 첨가제, 반죽 개량제 등을 개발했고, 이러한 시도들은 전후 제빵 산업에 활용되었다. 전쟁이 빵의 품질을 떨어뜨린 듯 보였지만, 실제로는 제빵 과학을 한 단계 끌어올린 시기였다.

전쟁의 시대에도 밀가루는 일부 대체되었지만, 빵은 사라지지 않았다. 결핍 속에서도 사람들은 빵이 단순한 음식이 아니라 '삶의 중심'이라는 사실을 배웠다. 밀가루 대신 감자와 보리, 화덕 대신 임시 가마를 사용하면서도 제빵사는 여전히 반죽을 구웠다. 빵은 그렇게 굶주림과 희망 사이에서 언제나 사람과 함께 있었다. 그리고 전쟁이 끝난 뒤 사람들은 다시 부드럽고 하얀 빵을 원했다. 풍요의 시대가 찾아오자 흰 빵은 평화와 복귀의 상징이 되었다. 그러다가 건강과 웰빙이 화두가 되면서 다시 통밀빵과 천연 발효빵에 대한 관심이 증가했다.

최근 천연 발효빵(사워도우)이 재등장한 이유

요즘 천연 발효빵이 미디어의 큰 관심을 받고 있다. 작은 동네빵집이 특화된 맛의 천연 발효빵을 선보이며 지역 명물이 되고, 백화점이나 대형 베이커리도 대대적인 광고를 통해 판매고를 올린다. 그런데 '천연 발효'가 도대체 뭘까? 효모는 애초에 인공적으로 합성하지 못하는데, 어떻게 천연 발효와 합성 발효를 나눌 수 있을까? 나는 천연 발효라는 말을 싫어한다. 최근까지도 가공식품이나 첨가물은 무조건 악마화해 위험을 과장하고, 천연이나 발효는 무조건 몸에 좋은 것처럼 효능을 과장하는 경우가 많은데, 천연 발효빵은 이 두 가지를 합한 단어로 보이기 때문이다.

천연 발효는 산업화 이후 단일 효모를 대량 배양해 사용하는 방법 대신, 과거처럼 생산지 주변에 존재하는 다양한 미생물을 활용하는 방식을 말한다. 그렇다고 천연 발효가 인간이 전혀 개입하지 않은 자연 그대로의 발효는 아니다. 종균을 배양, 관리하고 발효에 이상적인 조건을 맞춰야 한다. 오히려 인간의 개입을 더 많이 필요로 한다는 점에서 여러모로 내추럴와인과 닮았다.

내추럴와인의 명확한 정의는 없지만 보통은 '포도의 재배 과정에서 살충제나 제초제를 사용하지 않고, 포도를 손으로 직접 수확하고, 아황산을 첨가하지 않거나 조금만 넣고, 배양한 효모를 사용하지 않은 와인'을 말한다. 내추럴와인이라 해서 생산자의 개입 없이 저절로 만들어지는 것은 아니다. 오히려 제대로 된 내추럴와인을 만들려면 기존의 와인보다 훨씬 세심한 관리가 필요하다. 천연 발효빵도 마찬가지다.

맛의 측면에서도 천연 발효빵과 내추럴와인은 닮았다. 내추럴와인을 처음 접한 사람은 자신의 기대와 다른 향미 때문에 호불호가 극명히 나뉜다. 초산발효나 젖산발효가 많아서 식초를 마신 듯한 짜릿함이나, '브렛(brett)'이라는 불리는 쿰쿰한 향 또는 역한 냄새(환원취)가 많이 나타나서 처음 접하는 사람에게 거부감을 줄 수 있기 때문이다. 게다가 후발효를 하지 않아서 대체로 산도가 높다. 산미는 맛에서 양날의 검처럼 작용하는데, 그중에서도 특히 휘발성 산이 그렇다. 산미료는 맛 성분으로 작용하지만, 분자량이 적은 것은 휘발성이 있어서 향으로도 작동한다. 이것을 '휘발성 산(volatile acid)'이라고 하는데, 향기 물질 중에서도 친수성이 강한 편이라 코의 점막 수용층에 빠르게 흡수되어 찌르는 듯한 냄새로 작용한다. 이런 휘발성 산이 와인 깊숙이 숨겨져 있던 향기 성분을 끌어내 강렬하고 생동적인 경험을 만들어 줄 때는 긍정적 역할을 한다. 반면, 브렛 향이 있는 경우 결점을 강화하는 역할을 한다.

스페셜티 커피에서도 산미는 양날의 검이다. 커피 생두는 원래 과일의 속씨이다. 약배전을 할수록 달콤한, 과일, 꽃, 빵, 견과류 느낌이 나고, 강배전을 할수록 각 생두 고유의 맛보다는 내열성이 있는 향기 물질 위주로 남아 우리가 흔히 알고 있는 비슷한 맛의 고소한 커피가 된다. 커피의 독특함을 좋아하고 즐기는 사람은 익숙하지만 뻔한 맛의 커피보다는 재료의 특성이 드러나고 산미와 함께 화사하고 다양한 향미를 가진 약배전 커피를 좋아하지만, 일반 소비자 중에는 이런 신맛 때문에 강한 거부감을 가지는 경우가 많다.

발효빵에서 나는 신맛도 마찬가지다. 천연 발효빵은 일본에서 만든 용어이고, 프랑스는 '르방(levain)', 미국은 '사워도우(sourdough)'라고 부른다. 사워도우는 말 그대로 시큼한 반죽이란 뜻이다. 알코올발효 말고도 젖산이나 초산발효도 상당 진행되어 빵에서 특유의 신맛이 나기 때문이다. 고소한 빵 맛을 원하는 사람에게는 이런 신맛이 별로일 것이고, 기존의 비슷비슷한 빵 맛이 지겨운 사람에게는 풍부하고 섬세하며 다양한 향미의 경험을 선사해 줄 것이다.

19세기에는 제빵효모만 사용해 만든 '카이저젬멜(kaisersemel)'이 비엔나 만국박람회에 소개되어 선풍적인 인기를 끌었다. 산미가 전혀 없고, 기분 좋은 향이 나는 빵이었다. 대부분 시큼한 빵일 때 신맛 없는 빵은 획기적이었다. 지금은 신맛 없는 빵이 대부분이라 반대로 신맛 있는 빵이 새롭게 받아들여지고 있다.

와인은 내추럴와인을 굳이 천연 와인이라고 번역하지 않고 사용하는데 사워도우 빵 대신 일본에서 만든 천연 발효빵이라는 단어를 쓰는 것은 별로 바람직해 보이지 않는다. 일본도 '천연 발효' 대신 빵집에서 직접 배양했다는 의미로 '자가제 발효종'이라는 용어로 바꾸어가는 추세라고 한다.

내추럴와인이나 스페셜티 커피처럼 천연 발효빵도 다양성을 높이려는 노력 자체는 인정받을 가치가 있다. 단지 건강의 측면에서 우월한 빵이라는 주장만 하지 않으면 좋을 것 같다. 핵심은 정체성과 다양성이지 건강이 아니다.

제과보다 제빵이 어려운 이유

제과와 제빵은 똑같이 밀가루로 시작하지만, 완성되어가는 과정과 기준이 전혀 다르다. 제과는 일정한 비율과 온도를 유지하면 결과가 비교적 일정하게 나온다. 쿠키, 스콘, 마들렌, 브라우니 같은 제과류는 발효가 필요하지 않기 때문에 작업 과정이 단순하고 결과가 안정적이다. 설탕, 버터, 밀가루, 달걀의 양을 정확히 지키고, 굽는 온도와 시간을 맞추면 언제든 비슷한 품질의 제품을 얻을 수 있다. 그래서 초보자나 창업 초기 단계에서 접근하기 쉬운 분야로 인식된다.

제과는 계량과 열 조절에 따라 어느 정도 결과를 예측할 수 있지만, 제빵은 환경의 영향을 크게 받는다. 물의 온도, 반죽을 다루는 시간, 심지어 작업자의 손 온도까지 결과에 영향을 미친다. 반죽 속 효모는 온도, 습도, 시간에 따라 다르게 반응하며, 같은 재료라도 매번 다른 결과가 나온다. 발효가 진행되는 동안 반죽은 스스로 변화하고, 그 속의 미생물 활동이 제품의 질감과 향, 부피를 결정한다. 이러한 특성 때문에 제빵은 정해진 배합비를 그대로 따라 해도 같은 결과를 얻기 쉽지 않다. 반죽의 상태를 눈과 손으로 확인하며, 시점에 따라 미세 조정하는 판단이 필요하다.

또한 제과와 달리 제빵에는 기다림의 과정이 포함된다. 제과는 반죽을 바로 구워 완성하지만, 제빵은 발효라는 시간을 거쳐서 굽는다. 발효는 미생물에 의한 것이고, 여러 조건에 민감하다. 특히 다양한 미생물이 동시에 작용할 때는 불확실성이 크고, 시간에 따라 공존하는 미생물의 역학과 구조가 바뀐다. 제과는 자신의 스케줄대로 진행하면 되지만, 빵은 미생물의 발효에 맞추어 기다리며 호흡을 맞추어야 한다. 이런 발효 과정이 '제과보다 제빵이 일하기 훨씬 어렵다'라는 인식을 만드는 데 결정적 역할을 한다.

빵은 과자보다 보관과 유통에 훨씬 불리하다. 빵은 시간이 지나면 맛과 향 그리고 식감이 변한다. 어제의 빵은 그만큼 품질이 떨어진다. 빵은 발효가 완료되면 바로 구워야 하며, 시간이 지나면 수분이 증발해 식감이 빠르게 변한다. 그러니 퇴근 전에 미리 반죽해둘 수도 없다.

손님에게 '갓 구운 빵'을 제공하는 것을 미덕으로 생각하는데, 아침 손님에게 갓 구운 빵을 제공하기 위해서는 남들보다 일찍 하루를 시작해야 한다. 오븐을 예열하고 반죽하는 작업이 새벽에 이루어져야 한다. 그래서 제과보다 제빵이 현장에서는 훨씬 어렵다.

2장 _ 빵은 우리에게 어떤 모습으로 다가왔나

1. 서양에서 빵의 의미

빵에는 그 나라의 전통과 문화가 스며 있다

전통 빵은 단순히 옛날부터 내려온 배합비의 결과물이 아니다. 그것은 한 사회의 기후, 재배환경, 종교, 그리고 생활 방식이 반죽되어 만들어진 문화의 결과물이다. 나라마다 빵 모양과 맛이 다른 이유는 사람들이 살아온 방식이 다르기 때문이다. 밀의 품종, 발효 방식, 사용된 도구 하나하나에 그 지역의 역사와 환경이 반영되어 있다.

프랑스의 바게트는 길고 단단하다. 이는 도시의 리듬을 닮은 결과다. 한 손에 들고 걸으며 먹기 편하고, 길쭉한 형태는 오븐의 구조와 화덕의 크기에 맞춘 효율적인 선택이다. 이탈리아의 포카치아는 평평하고 촉촉하다. 올리브유와 허브가 어우러진 포카치아는 지중해의 햇살과 여유로운 식사 문화를 그대로 담고 있다. 또 독일의 호밀빵은 묵직하고 산미가 강하다. 이는 추운 기후에서 밀보다 호밀이 잘 자라는 환경 때문이며, 산미는 장시간 발효로 보존성을 높이려 한 결과다.

터키의 피데와 중동의 피타는 얇고 평평한 형태로, 높은 온도의 화덕에서 짧은 시간에 구워내기 위한 구조다. 손으로 찢어서 음식을 싸 먹는 식사 문화와도 맞물려 있다. 인도의 난 역시 같은 맥락에서 이해할 수 있다. 탄두르 화덕 벽에 붙여 구운 난은 손으로 뜯어 커리와 함께 먹는 전통 속에서 발달한 형태다. 이처럼 전통 빵의 모양과 질감은 언제나 '어떻게 먹는가?'에 맞춰 발전해 왔다.

종교적 의미를 지닌 빵도 많다. 유대교의 할라브레드는 안식일을 상징하며, 십자가 문양의 핫크로스번은 부활절을 기념한다. 성탄절의 파네토네와 슈톨렌, 동방정교의 예배용 빵인 프로스포라 역시 신앙과 공동체를 잇는 상징물이다. 이런 빵들은 단순한 음식이 아니라 예배와 의례의 일부로 사용되었다.

전통 빵에는 '시간의 기술'이 녹아 있다. 냉장이나 기계가 없던 시절, 사람들은 온도와 습도를 손끝으로 감지하며 발효를 조절했다. 반죽은 자연의 리듬에 따라 쉬었고, 그 과정에서 지역마다 고유의 효모와 발효균이 정착했다. 프랑스의 르방, 이탈리아의 비가네, 한국의 누룩이 그 예다. 이런 빵에는 그 지역의 공기와 토양, 기후가 만든 미생물 생태계가 담겨있다.

오늘날에는 세계 어디서든 비슷한 빵을 만들 수 있다. 그래도 전통 빵은 여전히 각 나라의 '맛의 언어'로 남아 있다. 포카치아의 올리브 향, 크로와상의 결, 독일 호밀빵의 산미는 그 나라의 미각 기억이자 문화적 정체성이다. 따라서 전통 빵을 배우는 일은 단순한 조리법의 습득이 아니라 한 사회의 문화를 이해하는 일이다. 빵 안에는 땅의 풍경, 사람의 손길, 계절의 공기가 스며들어 있다.

종교의식 속에 숨어 있는 빵의 의미

빵은 오래전부터 신과 인간을 잇는 매개였다. 종교의식 속에서 빵은 생명의 상징이자 나눔의 상징이었으며, 인간이 신에게 바칠 수 있는 가장 순수한 형태의 음식이었다.

고대문명에서도 빵은 이미 제의의 중심에 있었다. 이집트에서는 태양신 라(Ra)에게 빵을 바쳤고, 제단에는 새벽마다 갓 구운 빵이 놓였다. 빵을 굽는 일은 단순한 노동이 아니라 신성한 행위였다. 불과 곡식, 물과 손 그리고 자연의 모든 요소가 함께 어우러져야 완성되기 때문이다. 곡물을 가루로 만들고, 물과 섞어서 반죽해 불에 구워내는 과정은 탄생과 죽음 그리고 부활의 은유로 여겨졌다.

유대교의 의식에는 누룩 없는 빵, 즉 무교병이 등장한다. 모세가 이집트를 탈출할 때 발효할 틈도 없이 구웠던 빵이다. 그래서 유대교의 유월절에는 지금도 발효되지 않은 빵을 먹는다. 이 단단하고 평평한 빵은 '고난의 상징'이며 동시에 '자유의 시작'을 의미한다. 누룩이 없는 순수한 상태, 그것은 신 앞에서 인간이 서야 할 태도를 나타낸다.

기독교로 오면서 빵은 더 깊은 상징을 얻게 된다. 예수가 최후의 만찬에서 제자들에게 나눠준 빵은 '그의 몸'이었다. "이것은 너희를 위해 주는 내 몸이다." 이후 성찬식(eucharist)에서 빵은 예수의 희생을 기념하고, 신앙 공동체를 하나로 묶는 의식의 핵심이 된다. 빵을 나눈다는 것은 신의 은혜를 함께 나누는 행위이자, 인간이 신의 생명을 '먹음으로써' 이어받는 상징이다. 교회마다 빵의 모양, 크기, 재료가 조금씩 다르지만, 그 안에 담긴 의미는 같다. 나눔, 기억, 구원.

이슬람 문화에서도 빵은 경건함의 상징이다. 꾸란에는 "빵은 신이 내린

축복의 일부”라는 구절이 있고, 식탁에서 빵 조각을 버리는 것은 신성한 행위를 훼손하는 것으로 여겼다. 터키와 중동지역에서는 식사 전후로 빵을 손으로 찢어 나누며, 그 행위 자체가 감사의 표현이 된다.

불교에서도 직접적인 빵 문화는 없지만, 곡식을 가루로 빚어 만든 공양물은 비슷한 역할을 한다. 절에서 올리는 경단이나 과자는 생명을 키운 땅과 인간의 노고를 함께 담은 음식이다.

결국 종교의식 속 빵은 ‘신의 언어’를 대신하는 것이라 할 수 있다. 빵을 나누는 행위는 함께 살아간다는 약속이며, 빵을 구워 바치는 일은 생명을 돌려보내는 감사의 표현이다. 모든 종교에서 빵은 늘 공동체, 감사, 그리고 신성의 상징이었다.

오늘날 제과점에서 바게트를 자르거나 카페에서 크루아상을 나누는 행위도 어쩌면 그 오래된 전통의 연장선에 있을지도 모른다. 우리는 여전히 누군가와 함께 빵을 나누며 하루를 시작하고, 축하하고, 위로한다. 신의 제단이 아닌 식탁에서도 빵은 여전히 사람과 사람을 잇는 일상의 의식이다. 신을 향한 제물에서 인간 사이의 언어로 바뀌었을 뿐 본질은 같다. 빵을 나눈다는 건 오늘도 누군가와 세상을 함께 산다는 뜻이다.

문학, 미술, 영화 속의 빵

빵은 예술에서도 언제나 단순한 음식 이상의 존재였다. 문학에서든 미술에서든 혹은 영화 속 한 장면에서든 빵은 늘 인간의 삶을 상징하는 언어로 등장한다. 동시에 위로의 이미지였으며, 어떤 때는 신앙, 어떤 때는 사랑, 또 어떤 때는 절망을 드러내는 도구다.

문학에서 빵은 인간의 기본적인 욕망과 존엄을 함께 품는다. 빅토르 위고의 『레미제라블』에서 장발장은 굶주린 조카들을 위해 빵 한 조각을 훔쳤다는 이유로 감옥에 갇힌다. 그 빵은 생존의 상징이자, 사회의 불평등을 고발하는 도화선이 된다. 조지 오웰의 『카탈로니아 찬가』에서도 전쟁 속에서 빵은 인간의 가장 기본적인 필요로 등장하며, 한 조각의 빵을 나누는 행위가 곧 인간성의 증거로 그려진다. 박완서의 단편들에서도 빵은 종종 시대의 결핍을 드러내는 매개체로 등장한다. 1970년대의 도시 풍경 속에서 '버터 냄새 나는 빵집'은 누군가에겐 낭만이었고, 누군가에겐 가질 수 없는 사치였다.

미술 속에서도 빵은 인간의 일상과 신앙을 동시에 상징한다. 렘브란트나 베르메르의 작품 속 식탁에는 늘 빵이 있었다. 그것은 가난한 자의 식사였고, 동시에 신이 내려준 축복의 흔적이었다. 피카소 역시 전쟁 시절 그린 정물화에 빵을 자주 등장시켰다. 단단하고 투박한 빵은 인간의 강인함과 생명력의 은유였다.

영화 속 빵은 이야기의 분위기를 바꾸는 장치로 자주 등장한다. 찰리 채플린의 〈골드 러시〉에서 주인공이 신발을 삶아 먹는 장면은 빵이 사라진 시대의 절망을 상징한다. 반면, 지아 장커의 〈산하는 고요히 흐른다〉에서는 빵을 나누는 장면이 사랑과 희생의 상징으로 등장한다. 일본 영화 〈리틀 포레스트〉에서는 주인공이 직접 밀을 재배하고 빵을 구우며 자신을 치유한다. 그 과정은 요리가 아니라 '자신을 회복하는 예술 행위'로 묘사된다. 최근 한국 영화 〈리틀 포레스트〉와 드라마 〈나의 아저씨〉에서도 빵 냄새는 '돌봄'의 은유로 쓰인다. 누군가를 위해 빵을 굽는 행위는 단순한 요리가 아니라, 관계를 회복하고 마음을 나누는 표현이다.

빵은 예술가들에게 항상 현실과 인간을 잇는 매개였다. 화려하지 않지만 늘 곁에 있고, 사라지면 가장 먼저 그리워지는 존재다. 그래서 예술 속 빵은 '소박함'이라는 미학을 상징한다. 화려한 만찬보다 한 조각의 빵이 더 많은 이야기를 품는 이유는 그 안에 인간의 삶과 감정이 그대로 녹아 있기 때문이다. 결국 빵은 예술에서 항상 삶을 표현하기 위한 언어로 존재해왔다. 굶주림을 말할 때도, 사랑을 말할 때도, 인간을 이해하려 할 때도 빵은 늘 그 자리에 있었다. 예술이 묻는 질문 "인간이란 무엇인가?"에 대한, 가장 간결하고 따뜻한 대답 중 하나가 '빵'이다.

빵에 관한 속담과 관용구가 전하는 시대의 정서

빵은 언어 속에서도 인간의 삶을 담는 상징이라서 속담과 관용구 속에서도 빵은 단순한 음식이 아니라 인간의 일상과 정서를 드러내는 언어로 등장한다. "Bread and butter"는 생계를 뜻하고, "Earn one's daily bread"는 '하루하루 먹고 살다'라는 의미를 가지고 있다. 빵이 없다는 것은 곧 생존의 위협을 뜻한다. 그래서 "Half a loaf is better than none(반 덩어리라도 없는 것보다 낫다)"라는 말은 부족해도 가진 것에 감사하라는 교훈을 전한다.

기독교 문화권에서는 빵이 신의 은혜와 직결된다. "Man shall not live by bread alone(사람은 빵만으로 살 수 없다)"라는 구절은 성경에서 비롯된 말로써 물질뿐 아니라 정신적 가치가 필요함을 강조한다. 하지만 이 말이 쓰이던 시대에는 실제로 '빵'이 곧 생명이었다. 물리적 생존이 흔들릴 만큼 가난했던 시절, 빵은 단순한 은유가 아니라 생존의 상징이었던 셈이다.

일본에도 비슷한 흐름이 있었다. 메이지 시대 이후 서양식 빵 문화가 들어오면서 탄생한 "アンパン(앙팡, 팥빵)"은 근대화의 상징이 되었다. 이후 "パンを分け合う(빵을 나누다)"라는 표현은 우정이나 협동의 의미로 쓰였고,

전후(戰後)에는 빵이 경제적 재건의 상징으로 자주 언급되었다.

빵이 속담과 관용구 속에 자리 잡은 건, 인간의 감각과 너무 가까운 음식이기 때문이다. 배고픔, 나눔, 욕망, 그리고 감사의 감정이 모두 이 한 덩어리 안에 담긴다. 그래서 "Breaking bread together(함께 빵을 나누다)"라는 표현은 단순한 식사가 아니라, 관계를 맺고 신뢰를 나누는 행위를 뜻하게 되었다.

오늘날 '빵'은 여전히 사람과 일상, 기회의 상징으로 쓰인다. 시대가 변했어도 빵이 담고 있는 감정은 같다. 그것은 누군가와 함께 나누는 따뜻한 일상, 그리고 인간이 살아가는 가장 기본적인 바람인 "오늘도 먹고 살 만하길 바란다"라는 마음이다. 결국 속담 속 빵은 인간의 시대감각을 비추는 거울이다. 배고팠던 시절에는 생존의 상징이었고, 풍요의 시대에는 여유와 유머의 언어가 되었다. 빵을 굽는 향기처럼, 언어 속에서도 그 의미는 계속 부풀어 오른다.

2. 우리에게 빵은 어떻게 다가왔나?

우리나라에 빵이 소개된 시기

우리나라에서 처음 빵을 만들고 먹기 시작한 것은 조선 말기, 19세기 후반 무렵이었다. 그 시절 빵은 지금처럼 부드럽고 달콤하며 친숙한 음식이 아닌, 서양에서 들어온 낯선 음식이었다. 서양 선교사들이 우리나라에 들어와 교회와 학교, 병원을 세우면서 함께 전한 것이 바로 빵이다. 그들은 예배와 성찬식에서 빵을 신앙의 상징으로 나누었고, 병원에서는 회복식으로, 학교에서는 서양식 교육의 일부로 사용했다. 당시에 빵은 문명과 종교, 새로운 세계의 냄새가 섞인 특별한 음식이었다.

1890년대 서울 정동의 배재학당과 이화학당 부근은 우리나라에서 본격적으로 제빵이 시작된 곳이다. 여기서 만들어진 빵은 외국인과 상류층 그리고 학생들만 맛볼 수 있는 귀한 음식이었다. 밀가루는 수입품이었고, 우유나 버터 같은 재료도 매우 귀했다. 빵의 낯선 냄새는 처음에는 생경하게 느껴졌지만, 동시에 '근대'라는 새로운 시대를 상징하는 향기로 다가왔다. 빵은 문명의 향기를 담은 상징이었다.

일제강점기를 거치며 빵은 점차 대중화되었다. 일본이 서양의 제빵 기술을 받아들이고, 이를 우리나라에 전하면서 빵은 조금씩 일상 속으로 들어왔다. 이때 등장한 것이 바로 '단팥빵'이다. 서양식 빵에 우리에게 익숙한 팥 앙금을 넣으면서 비로소 낯설지 않은 음식이 되었다. 팥은 예로부터 떡이나 한과에 쓰이던 재료였기에 단팥빵은 서양의 형태 안에 우리 입맛이 녹아든 '한국식 빵'의 시작이었다.

해방 이후, 빵은 전쟁과 산업화의 시대를 거치며 또 다른 의미를 갖게 되었다. 1950년대 미군정과 원조물자를 통해 밀가루가 대량으로 들어오면서 학교 급식이나 군 식량, 길거리 간식으로 보급되었고, 효모 대신 베이킹파우더를 사용한 '영양 빵'이나 '찐빵' 같은 제품이 인기를 끌었다. 이 시기의 빵은 고소하다기보다 구수한 냄새가 났고, 사람들에게는 가난과 생존의 기억을 남겼다. 빵은 밥 대신 배를 채우기 위한 음식이었고, 동시에 도시와 근대화를 상징하는 새로운 식문화였다.

1970~80년대에 들어 제과점이 늘어나면서 빵은 완전히 다른 얼굴을 가지게 된다. 버터와 우유, 설탕이 듬뿍 들어간 부드러운 빵이 등장하고, 카스텔라, 크림빵, 소보로빵 같은 제품이 별미로 일상에 들어왔다. 커피와 함께 먹는 달콤한 빵은 '여유와 휴식의 상징'이 되었고, 제과점에서 풍겨 나오는 따뜻한 냄새는 도시인의 하루를 위로하는 향으로 점점 자리 잡았다.

빵 냄새는 처음에는 낯설고 생소했지만, 시간이 흐르면서 익숙하고 따뜻한 향기로 변했다. 긴 시간의 냄새가 차곡히 쌓여 완성된 그 향이 바로 '우리나라 빵'의 맛을 만들었다.

서양의 주식이 우리나라에서는 간식용으로 소비된 이유

빵은 우리나라에서 오랫동안 주식이 아닌 간식으로 여겨져 왔다. 어릴 때 학교 매점에서 사 먹던 단팥빵, 소보로빵, 크림빵은 점심 대용이라기보다 입이 심심할 때 찾는 즐거운 간식이었다. 그만큼 한국인의 식생활에서는 쌀과 밥이 한 끼의 중심이자 식사의 상징이었고, 빵은 달콤함이나 포만감을 잠시 채워주는 틈새 제품 역할을 했다.

하지만 최근 들어서는 점점 단순한 간식이 아닌 '식사용 빵'이라는 개념이 보편화되고 있다. 당도가 낮고 식이섬유가 풍부한 통밀빵이나 호밀빵, 사워도우, 치아바타가 인기를 얻은 것도 변화의 한 단면이다. 이런 빵들은 버터나 크림 대신 밀의 고소함을 살리고, 단맛보다 식감과 향의 균형에 초점을 둔다. 샐러드나 수프, 치즈, 올리브유와 함께 곁들이면 한 끼 식사가 되기에 충분하다. 빵이 간식에서 식사 중심으로 이동하고 있다는 사실은 한국인의 식탁이 점차 다층적으로 변하고 있음을 보여준다.

그렇다고 간식용 빵이 사라진 것은 아니다. 소금빵, 크루아상, 크림빵, 마들렌처럼 달콤하고 고소한 빵은 여전히 사람들의 일상에 깊숙이 자리하고 있다. 이들은 포만감보다는 기분을 위한 음식이며, 커피 한 잔과 함께할 때 비로소 완성된다. 한국의 베이커리 문화는 프랑스식 디저트와 일본식 단맛 빵이 섞이면서 독특한 형태로 발전해 왔고, 그만큼 간식용 빵의 종류도 다양해졌다.

식사용 빵과 간식용 빵의 차이는 재료의 비율과 의도에서 명확히 드러난다. 식사용 빵은 설탕과 버터를 최소화하고, 밀가루와 물, 소금, 효모의 조화로 밀의 맛을 강조한다. 수분이 적고 조직이 단단해 치즈나 햄, 채소와 함께 어울리기 좋고, 식사로 구성하기에 알맞다. 반면, 간식용 빵은 지방과 당이 풍부해 부드럽고 향이 강하다. 그 자체로 완결된 맛을 지니며 따로 곁들임이 없어도 충분히 만족스럽다. 같은 밀가루로 만들어졌더라도 어떤 맛을 중심에 두느냐에 따라서 한쪽은 식사로, 다른 한쪽은 즐거움으로 변한다.

한국의 빵 문화는 이렇게 밥 문화와 나란히 하면서 변화를 이어가고 있다. 식사용 빵은 점점 더 다양한 형태로 식탁에 오르고, 간식용 빵은 여전히 일상 속의 작은 기쁨으로 남는다. 하루의 에너지를 채우는 빵이 있는가 하면, 잠시의 기분을 채우는 빵도 있다. 한쪽은 몸을 위한 음식이고, 다른 쪽은 마음을 위한 음식이다. 빵은 그 두 영역을 오가며 한국인의 식탁에 자리잡고 있다.

한국형 베이커리는 어떻게 진화하고 있는가?

한국형 베이커리의 역사는 단순히 서양의 제빵 기술을 받아들이는 과정이 아니다. 한국인의 입맛과 손맛이 만든 '문화의 융합사'에 가깝다. 프랑스나 일본처럼 오랜 제빵 역사를 가진 것은 아니지만, 불과 반세기 만에 한국은 세계에서 가장 빠르게 베이커리 문화를 발전시킨 나라가 되었다.

1980~90년대에 대기업이 제빵 산업에 뛰어들며 '프랜차이즈 베이커리 시대'가 열렸다. 파리바게뜨, 뚜레쥬르 같은 가맹점이 전국으로 확산하며 빵은 대중 음식이 되었다. 식빵, 케이크, 샌드위치가 일상식으로 자리 잡았고, 점점 '빵=특별한 날'이 아닌 '빵=매일 먹는 음식'으로 인식이 바뀌었다. 그러면서 '한국식 빵'이 본격적으로 정착한 시기이기도 하다. 그렇게 고소하고 달콤한 맛을 강조한 제품들이 많아졌다.

2000년대 이후, 베이커리는 '기술'보다 '감성'과 '경험'을 중심으로 재편되었다. 해외여행과 미디어를 통해 프랑스·이탈리아·일본의 제빵 문화가 소개되었고, 소규모 수제 베이커리, 독립 베이커리가 등장해 재료와 철학으로 경쟁했다. 천연 발효종, 유기농 밀가루, 고메 버터, 지역 농산물을 내세우며 "빵은 음식이 아니라 취향"이라는 새로운 가치관을 제시했다. 이 무렵부터 '로컬 베이커리'와 '콘셉트 베이커리'가 빠르게 확산했다. 전주의 단팥빵, 강릉의 소금빵, 제주도의 당근 케이크처럼 지역 재료를 활용한 메뉴가 등장한 것이다. 지역성과 감성이 결합한 이런 시도는 '스토리가 있는 소비'를 추구하는 한국인의 취향을 자극했다.

SNS는 이 흐름을 가속했다. 맛보다 '경험의 공유'가 중심이 되면서, 줄을 서서 먹는 베이커리가 늘어났다. 그리고 최근에는 '한국식 하이브리드 빵'이 세계적으로 주목받고 있다. 바게트 안에 크림치즈를 넣거나, 소금빵에 단팥을 더하는 식이다. 서양의 제법과 한국식 단맛이 결합하면서 새로운 장르가 만들어졌다. 일본이 '멜론빵'을 만들었다면, 한국은 '소금빵'과 '앙버터'를 만들었다. 한국적 창의성과 감각이 결합한 결과다.

결국 한국형 베이커리의 진화는 '적응의 미학'이다. 서양의 기술을 빠르게 익히면서 한국인의 정서와 미각으로 재해석했다. 그래서 지금의 한국 빵은 프랑스 빵처럼 무겁지 않고, 일본 빵처럼 달지 않다. 대신 부드럽고 조화롭고, 감각적이다. 그래서 오늘날 한국형 베이커리는 더 이상 모방이 아니라 하나의 스타일로 인정받고 있다. 파리에서도, 도쿄에서도, 서울식 소금빵과 크림빵을 쉽게 만날 수 있다. 한국은 이제 '빵을 받아들이는 나라'에서 '빵에 새로움을 부여하는 나라'가 되었다.

한국인의 입맛에서 떡과 빵은 어떻게 만났을까?

예전에는 "어른 말을 들으면 자다가도 떡을 얻는다"라는 말을 정말 많이 했다. 과거에도 애들이 얼마나 말을 잘 안 들었는지 어른 말을 잘 들으면 자다가(아무 일도 하지 않다가, 뜻밖에) 떡을 얻어먹을 수 있을 정도로 이롭다는 말을 자주 한 것이다. 과거 떡은 아이나 어른에게 최고의 간식이었는데 떡을 좋아하는 우리 입맛에 빵은 어떻게 다가왔고, 이 입맛은 빵을 어떻게 변모시켰을까?

떡과 빵은 다른 듯 닮았다. 재료도, 조리법도, 식문화의 배경도 다르지만, 결국 사람의 입맛은 '익숙한 포만감'이라는 지점을 향해 간다. 그러니 한국인의 빵 안에는 오랜 시간 떡 문화에 익숙한 감각이 자연스럽게 녹아 있다. 떡은 쌀을 쪄서 만들고 빵은 반죽을 구워서 만들지만, 두 음식 모두 곡식의 '변화'를 다루는 기술이라는 점은 같다. 재료를 그대로 먹지 않고 시간을 들여 익히며, 손으로 다루어 맛을 완성한다는 점에서 떡과 빵은 닮았다.

한국인의 입맛에서 떡과 빵이 교차하는 지점은 '식감'이다. 떡에서 유래한 부드럽고 쫄깃한 질감, 은은한 단맛의 선호가 빵에 스며들었다. 그래서 한국에서는 단단하고 건조한 서양식 하드브레드보다 부드럽고 달콤한 빵이 사랑받는다. 단팥빵, 크림빵, 소보로빵은 사실상 떡의 구조를 빵의 형태로 바꾼 셈이다. 팥소는 시루떡의 단팥에서, 소보로빵의 고소함은 콩고물의 감각에서 왔다.

1960~70년대 이후 프랑스식도 독일식도 아닌 '한국식 빵'이었다. 부드럽고 달콤하며 우유와 버터의 향이 강했다. 식사보다는 간식에 가깝고, 커피나 우유와 함께 먹는 문화가 자연스럽게 자리 잡았다. 쌀로 만들어진 음식에 익숙했던 한국인에게 밀가루의 담백함보다 부드러운 단맛이 더 친숙했기 때문이다.

2000년대 이후 프리미엄 베이커리와 천연 발효빵이 유행했지만, 여전히 한국인은 크림·앙금·버터가 어우러진 '속이 찬 빵'을 선호한다. 겉은 부드럽고 속은 달콤한, 떡과 닮은 맛의 균형이다. 최근에는 글루텐프리, 로컬푸드 경향과 함께 쌀가루를 이용한 빵이 늘어나며, 떡과 빵의 경계는 더욱 흐려지고 있다.

문화적으로 보자면 떡은 나눔의 음식이고, 빵은 개인의 음식이다. 떡은 제사나 명절, 돌잔치처럼 공동체의 시간을 함께하는 자리에서 나왔고, 빵은 개인의 취향과 여유를 상징한다. 그러나 오늘날의 베이커리는 다르다. 사람들은 빵을 나눈다. 케이크로 축하하고, 크루아상과 커피를 함께하며 대화를 나눈다. 떡의 '함께 먹는 문화'와 빵의 '혼자 즐기는 문화'가 자연스럽게 섞이며, 지금의 한국식 베이커리 문화가 탄생했다.

이제 떡과 빵은 경쟁이 아니라 공존의 관계에 있다. 명절에는 여전히 송편과 인절미가 있고, 출근길에는 크루아상과 소금빵이 있다. 모두 곡식의 맛을 다른 방식으로 표현한 음식이다. 한국인의 입맛은 그 둘의 경계를 자유롭게 넘나든다. 쫄깃함과 부드러움, 단맛과 고소함 사이에서 하나만 선택하지 않고 함께 즐긴다.

떡은 우리의 시간과 정서를 품고, 빵은 우리의 일상과 취향을 담는다. 한국인의 입맛은 그 두 세계가 만나는 것에 익숙하다. 우리의 빵은 오래된 쌀의 기억 위에 새로운 감각으로 빵을 해석한 결과물이다. 둘 다 사람의 손으로, 시간을 들여 만든 '따뜻한 탄수화물의 문화'다.

이제는 'K-베이커리'의 시간

K-팝이 세계의 귀를 사로잡고, K-뷰티가 세계인의 일상으로 스며든 지금, 한류의 물결은 'K-베이커리'에도 이어지고 있다. 최근 몇 년 사이 한국의 제빵 산업은 국내를 넘어 세계 시장에서 놀라운 성장세를 보이고 있으며, 2024년 기준 우리나라의 베이커리 제품 수출액은 4억 400만 달러로 전년보다 8% 이상 증가하며 역대 최대치를 기록했다. 특히 케이크와 파이류의 수출은 약 19% 급증했다. 이제 한국의 빵은 세계인의 식탁에 오르고 있다.

K-베이커리는 한국적인 감성과 섬세한 맛 그리고 깔끔한 디자인이 결합한 것으로 기존 서양 베이커리와는 전혀 다른 미감을 보여준다. 붕어빵이나 호빵처럼 한국적인 정서가 담긴 간식은 외국인의 눈에 독특하고 감각적인 디자인으로 보이고, 유자나 고구마, 쑥, 녹차 같은 재료를 활용한 빵은 자연스럽고 부드러운 단맛으로 사랑받고 있다. 한국의 빵은 단순히 서양의 기술을 따라 한 것이 아니라, 우리 재료와 미각을 반죽해 새로운 형태로 발전시

킨 결과물이다.

이런 성장은 산업 구조의 변화와도 맞닿아 있다. 대형 제과 기업은 자동화 설비와 품질 관리 시스템을 도입해 생산 효율을 높이고, 해외 시장에 맞춘 포장 기술과 유통 안정성을 강화하고 있다. 소규모 수제 제빵소들은 개성 있는 제품과 지역 재료를 활용한 스토리텔링으로 차별화를 시도하고 있다. 즉, 한국의 제빵 산업은 기술 중심의 공업화와 감성 중심의 수제 문화가 공존하며 발전하고 있다. 공장에서 생산되는 빵조차도 '정밀한 기술로 완성된 감성 제품'으로 인식될 정도다. 우리 빵은 과하지 않은 단맛, 부드럽고 고소한 향, 따뜻한 색감 같은 한국인의 미각과 미학을 함께 담고 있다.

단팥빵이나 크림빵처럼 익숙한 제품이 외국인에게는 신선하고 정감 있게 다가가며, 짠맛과 단맛의 균형은 다른 나라의 디저트에서는 찾기 어려운 조화로 평가된다. 결국 세계가 주목하는 것은 맛 자체가 아니라, 그 안에 녹아 있는 '한국적 감성'이다. 절제되어 있지만 따뜻하고, 단순하지만 정교한 맛이 한국 빵의 매력이다.

이제 한국의 빵은 더 이상 외래문화를 모방한 음식이 아니다. 우리는 서양의 빵 문화를 우리 방식으로 소화했고, 그 결과 탄생한 K-베이커리는 기술과 감성 그리고 정서가 어우러진 하나의 새로운 문화가 되었다. 세계는 이제 K-팝을 듣고, K-뷰티를 쓰며, K-베이커리를 맛보는 시대에 살고 있다. 그리고 그 한 조각의 빵 속에는 한국인의 손끝과 마음이 그리고 우리가 만들어 온 시간과 문화가 함께 반죽되어 있다.

빵에 담긴 여러 시간들

빵이 우리 앞에 오기까지는 오랜 시간이 걸렸다. 불을 발견하고, 곡물을 빵고, 반죽을 익히는 법을 알게 된 뒤에도 사람들은 '기다림'의 시간을 이해하는 데 수천 년이 필요했다. 고대의 납작한 빵은 단단하고 거칠었지만, 그 안에는 불과 시간을 기다린 흔적이 있었다. 그러다 어느 날, 우연히 남겨둔 반죽이 스스로 부풀어 오른 것을 발견했다. 그때부터 빵은 단순한 음식이 아닌 시간이 만든 음식이 되었다.

오늘날 빵은 그 어떤 음식보다 익숙하다. 하지만 우리가 한입 베어 무는 그 순간에도 빵에는 오랜 시간의 결이 남아 있다. 밀이 자라는 계절의 시간, 반죽이 숨 쉬는 발효의 시간, 오븐 속에서 익어가는 짧은 시간까지 모든 과정이 시간을 재료로 삼는다.

▷ **발효는 기다림의 시간이다.** 밀가루와 물, 소금, 이스트를 섞은 반죽은 처음엔 생명 없는 덩어리다. 하지만 시간이 흐르면서 효모가 숨을 쉬고, 전분이 당으로 바뀌며, 반죽은 천천히 부풀어 오른다. 내부의 기포는 이산화탄소와 수분이 만든 공간이고, 그 구조가 곧 식감을 결정한다.

▷ **굽는 시간도 결정적인 역할을 한다.** 오븐 속의 반죽은 단백질이 응고되고, 전분이 호화되며 구조를 고정한다. 160℃에서 메일라드 반응은 왕성하고, 표면은 갈색으로 변하며 고소한 향이 피어난다. 열이 과하면 표면은 타고 내부는 마르며, 열이 부족하면 향이 깊지 않다. 빵은 오직 '적절한 시간' 안에서만 완성된다.

▷ **문화 역시 빵의 시간을 따라왔다.** 메소포타미아의 납작 빵, 프랑스의 바게트, 독일의 호밀빵, 일본의 단팥빵까지 지역마다 기후와 재료가 달라지면서 사람들은 각자의 시간을 담은 빵을 만들어냈다. 차가운 지방에서는 긴 발효로 풍미를 깊게 만들었고, 더운 지역에서는 빠르게 구워 바삭함을 얻는다.

▷ **빵은 결국 시간을 굽는 음식이다.** 기술과 온도, 습도보다 중요한 건 '기다림을 이해하는 감각'이다. 빵은 늘 우리에게 같은 말을 건넨다. "좋은 것은 천천히 익는다. 그리고 그 기다림 속에 맛과 향 그리고 인생이 함께 익어간다."

3장. 빵의 매력은 무엇인가?

1. 시각: 우리는 맨처음 눈으로 맛을 본다

빵의 모양은 단지 장식이 아니다

빵의 매력은 무엇일까? 지금은 워낙 맛있고 놀라운 음식이 많아서 빵이 처음 등장했을 때의 감동을 이해하기는 쉽지 않다. 그나마 요즘 쌀밥의 달라진 처지를 생각해보면 조금은 이해될지 모른다. 지금의 흰쌀밥은 있어도 그만 없어도 그만일 정로도 그 위상이 추락했지만, 불과 몇십 년 전에는 쌀밥을 마음껏 배불리 먹어 보는 것이 한국인의 로망이라고 할 정도로 절대적인 존재였다. 빵은 서구의 주식이라는 점은 밥과 같지만, 그래도 빵에는 쌀과 비교할 수 없는 다양한 스타일의 변주가 있다. 빵의 매력을 이해하려면 아무래도 지금의 시점이 아닌 조금 과거로 돌아가 생각해보면 좋을 것 같다.

사람들은 흔히 빵을 보고 '예쁘다', '정성스럽다'라고 말하지만, 그 형태는 단순한 미적 요소가 아니라 기능이며, 동시에 맛의 일부이다. 모양에 따라 빵을 만들면 열의 흐름, 수분의 증발, 식감이 달라진다. 밀가루를 이용해서 빵을 만들고, 면도 만들고, 쿠키나 크래커도 만들 수 있지만, 그중에서 풍성한 크기를 가지면서도 부드러운 것은 빵뿐이다. 다른 것은 두툼하게 만들면 딱딱하거나 그대로 먹기에 부적합하다. 이처럼 빵의 기본적인 매력은 물성 즉, 구조적인 완성도에서 생긴다. 밀가루 속 단백질이 물과 만나 글루텐을 형성하고, 발효과정에서 이산화탄소로 내부에 미세한 기포가 만들어진다. 이 기포들이 균일하게 분포되면 조직은 부드럽고 탄력이 생긴다. 표면은 열에 의해 수분이 증발하면서 바삭한 껍질이 되고, 속은 촉촉함이 남는다. 이러한 구조적 대비가 빵의 식감을 결정하고, 보는 이가 맛을 상상할 수 있게 만든다.

바게트의 길쭉한 형태에도 이유가 있다. 얇고 긴 모양은 오븐 안에서 열이 빠르게 침투해 속까지 균일하게 익고, 표면적을 넓혀 바삭한 껍질을 만든다. 반면 식빵은 사각 틀 안에서 구워지며 수분을 오래 머금어 촉촉하고 부드럽다. 둥근 형태의 브리오슈나 모닝롤은 내부 수분이 천천히 이동하면서 결이 곱게 만들어진다. 모양이 달라지면 구조가 달라지고, 구조가 달라지면 식감이 바뀐다.

형태는 발효의 방향도 바꾼다. 둥근 반죽은 내부 압력이 고르게 분포해 균형 잡힌 팽창을 돕지만, 바게트처럼 길게 성형된 반죽은 가스가 일정한 방향으로 흐르며 길쭉한 기공을 만든다. 크루아상처럼 여러 겹으로 접은 반죽은 버터와 반죽의 층이 열에 반응하면서 얇고 들뜬 결을 형성한다.

빵의 형태에는 기능도 포함되어 있다. 둥근 반죽은 수분을 지키기 위함이고, 길쭉한 반죽은 껍질의 바삭함을 위해 선택된다. 표면의 칼집 역시 장식이 아니라 기능이다. '스코어링(scoring)'이라 불리는 이 과정은 굽는 동안 반죽이 팽창할 공간을 확보하기 위한 기술적 장치다. 칼집이 없으면 빵은 불규칙하게 터지지만, 방향을 지정하면 의도한 형태로 열린다. 결국 빵의 형태는 미적 판단이 아니라 물리적 계산의 결과다. 모양은 열과 수분, 구조의 흐름을 통제하며, 그 계산이 곧 맛을 결정한다. 숙련된 제빵사는 형태를 잡을 때 이미 결과를 예측한다. '이건 껍질이 두꺼워질 것이다', '이건 속이 촘촘히 열릴 것이다.' 모양은 빵의 미래를 예고한다.

사람이 빵을 고를 때 손이 먼저 가는 이유도 여기에 있다. 눈은 모양을 읽고, 손은 식감을 상상한다. 바게트의 길쭉함에서는 바삭함, 브리오슈의 둥근 윤곽에서는 부드러움이 느껴진다. 형태는 미리 전해지는 맛의 약속이다. 좋은 빵은 단지 보기 좋은 모양이 아니라 그 안에 전통과 의미, 감각과 기술이 함께 깃들어 있다. 빵의 형태를 이해한다는 것은 그 속에 숨어 있는 시간까지 읽는 일이다.

보는 순간 이미 맛있는 빵

'눈으로 먹는다'라는 말이 있다. 음식의 형태와 색감, 질감이 식욕을 자극한다는 뜻이다. 많은 음식이 보기만 해도 즐겁지만, 빵만큼 모든 사람이 좋아할 만한 시각적 매력을 가진 음식도 드물다. 진열대에 줄지어 놓인 빵을 보는 순간, 사람의 시선은 자연스럽게 멈추고 입 안에 침이 고인다. 노릇하게 구워진 표면, 부풀어 오른 둥근 형태, 바삭한 껍질 아래 숨어 있는 부드러운 속살까지, 빵은 시각적 자극만으로도 미각을 예고한다. 형태도 다양하지만, 기본적인 색마저 유혹적이다.

빵의 색은 흰색에서 짙은 갈색 또는 어두운색까지 다양하다. 색은 사용하는 재료, 조리법, 굽는 정도에 따라 달라지는데, 속은 부드러운 크림색이나 흰색인 경우가 많고, 겉은 굽는 과정에서 캐러멜색소가 생성되면서 노릇하거나 짙은 갈색을 띤다. 빵의 색이 유혹적인 것은 그러데이션의 절묘함이 큰 몫을 한다. 빵의 형태와 열원의 거리에 따라 색을 달리하는데, 열에 가까우면 진한 색, 멀리 떨어지면 연한 색으로 위치마다 다른 색으로 변하며 어느 한 가지 색으로는 도저히 낼 수 없는 유혹적인 색을 만든다.

생일 케이크, 결혼식의 웨딩케이크, 기념일의 디저트 모두 빵의 형태를 변형한 것이다. 오랜 시간 동안 빵은 단순한 음식이 아니라 '기억을 상징하는 형태'로 자리 잡았다. 결국 빵의 매력은 단순히 맛이나 향에 있지 않다. 그것은 물리적 구조와 화학적 변화가 만든 시각적 질감, 그리고 발효와 열이 만드는 생동감의 결과다. 빵은 인간의 다양한 감각을 가장 직접적으로 자극하는 음식이다. 그래서 사람들은 오늘도 진열대 앞에서 멈추어 선다. 빵은 '먹기 전부터 이미 맛있는 음식'이기 때문이다.

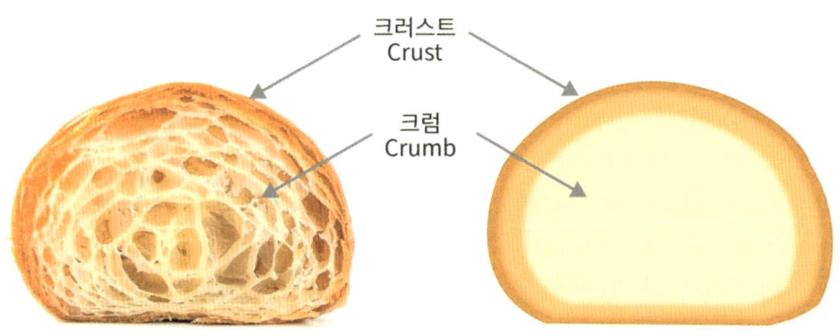

빵의 크럼과 크러스트

2. 촉각: '겉바속촉'의 결정판

식빵의 부드러움은 공기의 예술이다

식빵을 그대로 먹을 때와 손으로 꾹 눌러 먹을 때의 식감은 확연히 다르다. 같은 빵인데도 어떤 순간에는 폭신하게 또 어떤 순간에는 쫀득하게 느껴진다. 이유는 빵의 재료보다 '공기의 구조'에 있다. 식빵은 단단한 덩어리가 아니라 수많은 미세한 공기 방울이 촘촘히 엮여 만들어진 구조물이다. 이 공기층이 바로 식빵 특유의 부드러움과 가벼움을 결정짓는다. 효모가 반죽 속에서 숨을 쉬듯 이산화탄소를 내뿜으면 글루텐이 그물처럼 잡아 가두고, 오븐의 열이 닿는 순간 공기가 팽창하면서 식빵의 결이 완성된다.

베어 물었을 때의 식빵은 공기층이 그대로 살아 있는 상태다. 입안에서 미세한 공기 방울이 먼저 터지며 폭신하고 부드러운 탄력을 주고, 그 속으로 빵의 향이 퍼져 고소함과 단맛이 자연스럽게 퍼진다. 공기층이 입천장과 혀 사이를 가볍게 밀어내며 생기는 그 '부풀어 오르는 감각'이야말로 식빵이 가진 매력이다. 그리고 효모가 만든 작은 기포들이 입안에서 사라지면서 특별한 질감이 된다.

빵의 본질은 단백질이 만든 그물망과 공기가 만든 공간의 균형에 있다. 공기가 많을수록 부드럽고 가볍게 느껴지며, 공기가 빠져나가면 단백질이 강하게 결합해 조직이 조여진다. 그래서 식빵의 식감은 밀가루나 버터의 양보다 반죽 속에 얼마나 많은 공기층이 살아남았는가에 달려있다. 결국 빵의 부드러움은 '공기를 어떻게 보존하는지'의 기술이다.

우리가 식빵을 먹을 때 느끼는 폭신함은 잘 만들어진 반죽, 효모와 열, 그리고 공기가 만들어낸 정교한 합작품이다. 결국 식빵은 밀가루로 만든 음식이면서 공기의 예술이다.

우리가 '겉바속촉'을 좋아하는 이유

좋은 음식의 기본 조건은 영양이 풍부하고 소화 흡수가 잘되는 음식이다. 이런 원리가 사람들이 좋아하는 음식의 물성에 잘 담겨 있다. 사람들은 부드러운 것, 사르르 녹는 것을 좋아하고 딱딱하거나 질긴 것은 싫어한다. 그렇다고 처음부터 완전히 녹아 있는 것도 싫어서 뭔가 씹히는 것이 있어야 하며, 입안에서 씹으면 쉽게 부서지거나 사르르 녹아야 한다. 단단한 것은 건더기에 영양이 있다는 증거이고, 녹는다는 것은 몸에서 흡수된다는 의미이다. 계속 딱딱한 고체 상태를 유지하면 소화가 잘 되지 않으므로 환영받기 힘들다.

입에서 잘 녹는 음식은 언제나 사랑받았다. 녹는다는 것은 소화를 의미하기도 하고 향의 방출을 의미하기도 한다. 딱딱한 덩어리는 소화되지 않고 향의 방출도 이루어지지 않는다. 녹아야 맛도 느끼고 향도 느낄 수 있다. 아이스크림이 대표적인 예이고, 솜사탕, 초콜릿, 팝콘, 스낵도 이런 특성을 가진다.

우리는 겉이 바삭바삭한 제품도 정말 좋아한다. 고기를 구울 때도 겉은 바싹 익히고, 속은 촉촉해야 좋아한다. 『미각의 지배』의 저자 존 앨런은 우리가 바삭거리는 제품을 좋아하는 이유를 포유류의 오랜 먹이가 곤충이었던 것에서 찾는다. 많은 갑각류의 딱딱한 껍질 속에는 부드럽고 고소한 속살이 들어 있다. 촉촉한 것은 식재료가 살아있는 가장 자연스러운 상태이다. 수분은 생물이 살아가는 절대 조건이라 살아 있는 조직의 70% 이상이 물이다.

사실 수분은 식품의 모든 것을 달라지게 하며 식사 편의성뿐 아니라 먹을 때의 느낌도 완전히 다르게 한다. 예를 들어 탄수화물, 단백질은 물이 없으면 그냥 가루일 뿐이다. 가루는 물(침)이 없으면 맛은커녕 삼키기도 힘들다. 전투식량으로 개발된 '미반압착식'은 부피와 중량을 줄이기 위해 물을 완전히 제거한 상태라 그냥 먹기에는 너무나 퍽퍽하다. 비스킷, 스낵처럼 수분이 별로 없는 음식을 먹을 수 있는 것도 적절한 양의 침이 나오기 때문이다. 침이 없으면 맛으로 느끼지 못하고 삼키기도 힘들다.

겉바속촉은 우연이 아니라 과학이다

빵을 굽다 보면 누구나 이런 순간을 경험한다. 오븐 문을 열었을 때 황금빛으로 부풀어 오른 표면과 살짝 갈라진 껍질 사이로 고소한 냄새가 퍼지고, 빵을 손으로 누르면 바삭한 소리와 함께 그 안의 부드럽고 촉촉한 속살이 느껴진다. 바로 우리가 흔히 말하는 '겉바속촉'의 절정이 빵에 구현된 것이다.

빵이 오븐에 들어가면 가장 먼저 일어나는 변화가 수분의 증발이다. 반죽 표면의 수분이 빠르게 날아가면서 건조해지고, 점점 단단한 껍질이 되는 동시에 오븐의 열은 안쪽으로 천천히 전달되며, 내부의 수분이 팽창해 촉촉하게 만든다. 겉과 속의 온도가 올라가는 시간 차이가 겉바속촉의 핵심으로 작용하는 것이다.

겉의 바삭함을 만드는 또 다른 요인은 캐러멜 반응과 메일라드 반응(maillard reaction)이다. 오븐 온도가 약 150℃ 이상이 되면 반죽 속 아미노산과 당이 반응해 갈색과 고소한 향이 만들어진다. 이런 갈변 반응이 잘 일어나야 껍질이 고르게 갈색으로 익으며 얇고 단단한 식감이 완성된다.

속의 촉촉함은 전분의 호화(gelatinization)와 글루텐 구조 덕분이다. 전분은 약 60~70℃에서 물을 흡수해 팽창하고 젤처럼 변한다. 이때 글루텐이 전분을 감싸면서 미세한 공기층을 만드는데, 이 공기층이 바로 빵의 결을 형성한다. 수분은 전분 사이에 머물며 부드러운 질감을 유지하지만, 너무 오래 구우면 증발해 딱딱해지고, 너무 짧으면 전분이 덜 익어 눅눅해진다. 바삭함과 촉촉함의 균형은 결국 이 타이밍에 달려있다.

이 원리는 다른 음식에도 그대로 적용된다. 치킨의 바삭한 껍질, 프렌치토스트의 노릇한 겉면, 감자튀김의 바삭한 식감 등이다. 겉의 수분은 빠져나가 단단한 막을 만들고, 속의 수분은 증기로 남아 내부를 익힌다. 열과 수분이 균형을 이루는 그 짧은 구간에서 이상적인 식감이 완성된다.

인간의 뇌는 바삭한 소리를 맛의 일부로 인식한다. 그래서 바삭한 소리를 들으면 신선하다고 느낀다. 반대로 속의 촉촉함은 부드럽고 따뜻한 느낌을 준다. 청각과 촉각이 동시에 자극될 때 우리는 '맛있다'라고 느낀다. 겉바속촉은 소리로도 우리를 즐겁게 하는 것이다.

겉바속촉은 단순한 유행이 아니다. 겉의 건조와 속의 보습이 균형을 이룰 때 비로소 빵은 먹기 좋은 질감을 가진다. 결국 잘 구운 빵이란 균형을 정확히 맞춘 결과물이다.

3. 미각과 후각: 우리는 왜 빵 냄새에 설렐까?

유전자에 새겨있는 '갈변 반응'의 유혹하는 향

누구나 베이커리 앞을 지나다 한 번쯤 멈춰 선 경험이 있을 것이다. 그 문틈으로 흘러나오는 고소한 냄새는 언제나 우리를 강하게 유혹한다. 세상에는 정말 다양한 음식과 향이 있지만, 향에 대한 취향은 국가, 개인마다 달라서 모든 사람이 공통으로 좋아할 만한 향은 그리 많지 않다. 잘 익은 과일 느낌을 주는 향, 신선한 느낌을 주는 향 그리고 가열로 만들어지는 고소한 향 정도이다. 그리고 빵에는 누구나 좋아할 만한 고소한 향이 있다.

빵의 고소한 향은 고온에서 일어나는 갈변 변화의 하나인 캐러멜 반응과 메일라드 반응에 의한 것이다. 빵이 오븐에서 구워지면 당과 아미노산이 결합해 수백 가지의 향기 성분을 만든다. 우리가 이런 향을 좋아하는 이유에는 오랜 진화의 시간이 남긴 기억이 숨어 있다.

보건당국은 건강을 위해 고기를 굽지 말고 삶아 먹으라고 한다. 고기를 구우면 맛과 향뿐 아니라 벤조피렌, 아크릴아마이드 같은 위험한 물질도 만들어지기 때문이다. 그럼에도 우리가 굽기를 포기하지 못하고 로스팅 향(고소한 향)에 집착하는 이유는 결국 원시인 시절의 기억 때문일 것이다. 불의 발견과 요리에 활용은 원시인에게 너무나 강력한 생존 수단이었다. 고기를 굽는 것은 그 시절 유일한 요리법이었고, 구운 고기는 생고기에 비해 압도적으로 생존에 유리했다. 고기 굽는 냄새에 민감한 사람만이 살아남을 수 있었으니 고기를 구울 때 나는 향은 우리의 뇌(DNA)에 각인되기 충분했다. 그래서인지 지금도 사람의 후각은 로스팅으로 만들어진 향에 대해서만은 개코만큼이나 민감하다.

수렵 채취 사회에서 농경사회로 바뀌면서 많은 것이 변했다. 고기 섭취량이 감소했고, 고기를 구울 때 느끼던 로스팅 향은 즐길 기회가 줄었다. 그래서 한국인은 누룽지(숭늉) 향이나 참기름 향의 고소함으로 아쉬움을 달랬고, 군고구마, 군옥수수, 군 오징어, 호빵 등 모든 구운 것에 환호했다.

고기를 구울 때의 향과 빵을 구울 때의 향 그리고 커피 향은 같은 원리로 만들어진다. 언뜻 다른 향 같지만 공통적이면서 겹치는 부분이 많아 사람들은 자연스럽게 안정감을 느낀다. 그리고 후각은 인간의 감각 중 감정과 가장 직접적으로 연결된 감각이다. 냄새는 곧바로 감정과 기억을 담당하는 변연계로 전달되어 감정이 바로 반응한다. 따뜻한 빵 냄새가 안정감과 편안함을 주는 이유는 뇌가 그것을 '안전한 환경'의 신호로 해석하기 때문이다. 결국 빵 냄새가 주는 편안함은 생리적 반응과 학습된 기억이 결합한 결과다. 빵 냄새가 가진 힘은 오랜 시간 인류와 함께한 역사에서 나온다.

나(김남순)는 카페를 운영할 때 아침에 항상 모카번을 구웠다. 모카번은 맛도 좋지만, 무엇보다 오븐에 넣은 지 얼마 후부터 퍼져 나오는 향이 매력적이다. 커피를 추출할 때의 향은 순간적이지만, 모카번이 구워지는 동안 생기는 향은 점증적이고 지속적으로 확산해 카페를 기분 좋은 향으로 가득 채웠다.

모카번을 만들 때 오븐 온도는 180~190℃, 빵 내부 온도는 95℃에 도달할 때 향의 확산이 가장 활발하다. 모카번이 구워지면서 내부의 기체가 팽창하며 조직을 밀어 올리고, 외피에서는 갈색화가 일어난다. 이때 생성되는 향기 물질은 수백 가지에 이르며, 그중 특히 푸라놀(furanone)과 피라진(pyrazine)류가 커피 특유의 고소함과 구수함을 만들어낸다. 그래서 커피를 내리지 않아도 모카번 하나만으로 카페 안이 커피 향으로 가득 찬다. 이때 버터의 지방산이 분해되며 생성된 다이아세틸(diacetyl)이 달콤한 버터 향을 강화하고, 커피에 포함된 클로로겐산 분해물이 쌉싸래한 향의 균형을 잡는다. 모카번은 단순히 '커피 맛 빵'이 아니라, 커피 한 잔보다 오래 남는 향이고, 이것이 내가 매일 모카번을 구운 이유다.

우리는 왜 빵과 커피를 함께 즐길까?

빵과 커피를 함께 즐기는 이유에는 과학적, 감각적, 문화적 이유가 함께 작용한다. 한쪽이 달고 부드럽다면, 다른 한쪽은 쌉싸름하고 묵직하다. 서로의 결을 보완하며 입안의 균형을 잡아주는 조화, 그것이 빵과 커피가 조화로운 힘이다.

버터나 크림이 들어간 빵은 입안에 얇은 지방막을 남기고, 커피의 산미와 쓴맛은 그 막을 깨뜨려 입안을 다시 깔끔하게 만든다. 그래서 크루아상을 한 입 먹은 뒤에 커피를 마시면 느끼함이 사라지고 풍미가 또렷해진다. 반대로 바게트처럼 담백한 빵은 커피의 쌉쌀한 향을 부드럽게 중화한다. 지방과 단맛, 카페인과 산미가 서로의 한계를 보완하며 화학적 균형을 이룬다.

커피 온도도 미묘한 역할을 한다. 따뜻한 커피는 향 분자를 빠르게 확산시켜 빵의 고소한 향과 섞이게 한다. 우리가 갓 구운 빵에서 느끼는 고소한 향은 커피와 마찬가지로 메일라드 반응의 결과물이다. 당과 아미노산이 열을 만나 형성한 향 분자들이 공기 중에서 결합하며 새로운 입체적 풍미를 만든다.

감각적으로 보면, 빵과 커피는 서로 다른 리듬을 가진 음식이다. 빵은 씹는 음식이고, 커피는 마시는 음식이다. 씹는 동안 고소한 향이 입안에 머물고, 그 여운 위로 커피의 쌉쌀한 향이 스며든다. 단맛 뒤에 오는 쓴맛, 고소함 뒤의 산미가 입안의 리듬을 만든다. 그래서 커피 없이 먹는 빵은 어딘가 아쉽고, 빵 없이 마시는 커피는 허전하게 느껴진다.

문화적인 이유도 빼놓을 수 없다. 한국에서 빵과 커피는 단순한 조합을 넘어 하루의 상징적인 시간이 되었다. 아침의 시작, 오후의 휴식, 퇴근길의 여유, 그 어느 시간대에도 이 두 음식은 잠시 멈춰 숨을 고르는 틈을 만든다. 카페는 단순한 음식점이 아니라 하루의 속도를 늦추는 공간이 되었다. 커피 한 모금과 빵 한 조각이 주는 위로는 배를 채우는 일이 아니라 마음을 채우는 일이다. 이 조합은 혼자 먹기 좋은 음식이라는 점에서도 특별하다. 커피와 빵은 함께 식사하지 않아도 자연스럽다. 혼자서도 어색하지 않고, 오히려 그 고요함이 어울린다. 커피 한 잔에 크루아상 하나, 그 단순한 구성도 혼자 있는 시간의 품격을 만든다. 그래서 카페는 '혼자서도 충분한 공간'의 대명사가 되었고, 빵과 커피는 그 시간을 완성하는 짝이 되었다.

결국 빵과 커피의 조합은 단순한 식습관이 아니다. 과학적으로는 향과 성분이 서로를 보완하고, 감각적으로는 쓴맛과 단맛의 균형을 이루며, 문화적으로는 일상에 쉼표를 만든다. 갓 구운 빵의 고소한 향이 퍼질 때, 진한 커피 향이 그 뒤를 잇는다. 따뜻한 한 모금이 입안을 감돌고, 부드러운 빵 한 조각이 그 자리를 채운다. 그것은 배고픔의 해결이 아니라, 삶의 리듬을 되찾는 작은 의식이다.

커피와 빵 중에 어느 것이 더 끊기 어려울까?

커피와 빵은 현대인의 일상에서 빠질 수 없는 조합이다. 아침을 여는 커피 한 잔과 따뜻한 빵 한 조각은 단순한 음식이 아니라 하루의 리듬을 만드는 일상적인 의식처럼 자리 잡았다. 그런데 만약 둘 중 하나를 끊어야 한다면 우리는 어느 쪽을 포기할 수 있을까?

한국은 세계적으로 손꼽히는 커피 소비국이다. 통계청과 산업 자료에 따르면, 성인 1인당 연간 커피 소비량은 400잔을 넘어섰고, 커피 시장 규모는 2024년 기준 약 9조 원에 달한다. 거리마다 카페가 들어서 있고, 출근길 테이크아웃 커피는 하루를 시작하는 신호처럼 당연한 풍경이 되었다. 커피는 단순한 음료를 넘어 대화의 매개이자 휴식의 신호이며, 도시인의 리듬 속에 깊이 스며든 습관이 되었다. 커피는 하루의 리듬을 조절하는 역할을 하고, 카페인은 각성 효과를 통해 피로를 완화해주는 생리적 의존성을 갖는다. 커피를 마시는 행위는 단순한 섭취가 아니라 '잠시 멈추는 시간'과 연결되어 있으며, 사회적 관계와도 얽혀 있다. 커피를 줄이려는 사람조차 '하루 한 잔은 괜찮겠지'라는 타협 속에서 여전히 커피를 손에서 놓지 못한다.

빵의 시장 규모도 꾸준히 성장 중이다. 한국의 제과·베이커리 산업은 2024년 약 6조 원 규모로, 향후 몇 년간 연평균 4% 이상 성장할 것으로 전망된다. 한국인은 여전히 쌀을 주식으로 삼기 때문에 빵을 식사 대용으로 삼지 않아도 일상에 큰 불편을 느끼지 않는다. 간식으로는 너무나 다양한 대안의 디저트가 개발되어 있기도 하다. 하지만 빵이 갑자기 사라지면 그때 느낄 상실감은 상상하기 쉽지 않다.

그래서 "커피와 빵 중 무엇을 끊을 수 있느냐?"라는 질문은 사실상 "무엇이 내 일상에 더 깊이 들어와 있느냐?"라는 물음과 같다. 커피는 습관이 되었고, 빵은 선택이 되었다. 커피는 생각보다 더 심리적인 의존을 만들고, 빵은 물리적으로 조절할 수 있는 여지를 남긴다. 우리는 커피를 통해 하루의 균형을 맞추고, 빵을 통해 작은 위로를 얻는다. 결국 둘 다 단순한 음식이 아니라, 우리의 하루를 만족하게 만드는 작은 사치의 순간들이다. 더구나 커피와 함께 먹는 빵은 또 다른 매력을 더한다. 커피의 쌉싸래한 풍미가 빵

의 단맛을 보완하고, 빵의 지방과 단백질이 커피의 산미를 부드럽게 잡아준
다. 그래서 아침의 식탁에서도, 오후의 휴식 시간에도, 사람들은 무심코 커
피와 빵을 함께 찾는다.

4. 빵에 관한 대표적 오해

밀가루는 정말 다이어트의 적일까?

빵의 최고의 가치는 먹을 때의 행복감일 텐데, 우리 주변에는 이런 행복감을 방해하는 엉터리 정보들이 참 많다. 그중 대표적인 오해 몇 가지만 이야기해보고자 한다.

다이어트를 시작할 때 가장 많이 듣는 소리는 "밀가루부터 끊어야 한다"라는 말일 것이다. 빵, 파스타, 쿠키, 케이크 같은 밀가루 음식은 살이 찌는 대표 음식으로 꼽히고, 쌀밥은 상대적으로 '덜 죄스러운 선택'처럼 여겨진다. 하지만 이런 구분은 전혀 의미 없다. 살이 찌는 원인은 '과식'이지 '음식의 종류'가 아니기 때문이다.

밀 전분이 쌀 전분보다 더 살찌는 것도 아니고, 밀의 단백질이 쌀의 단백질보다 더 살찌는 것도 아니다. 지방은 2%도 안 되는 양이라 따질 필요조차 없다. 요즘 탄수화물을 줄이고 단백질을 많이 먹으라고 다들 말하는데, 이것이 맞는 기준이라면 밀이 단백질이 더 많으니 밀가루를 끊을 것이 아니라 쌀부터 끊어야 하는 셈이다.

한편으로는 밀의 단백질을 독극물처럼 말하는 경우도 있다. 밀 단백질의 85%가 글루텐인데, 마치 글루텐이 악이고, 글루텐프리가 건강식인 것처럼 말해도 아무도 반론하지 않는다. 밀에서 글루텐을 빼면 요즘 그렇게 나쁘다는 탄수화물 덩어리만 남는다. 더구나 글루텐은 반죽의 탄성과 구조를 만드는 핵심 성분이다. 만약 밀에 글루텐 단백질이 없다면 밀가루는 그저 옥수숫가루나 쌀가루같이 평범한 가루의 하나였을 것이다.

글루텐은 다른 단백질과 영양학적 차이가 없고, 보통 사람에게는 전혀 문제가 없다. 셀리악병은 알레르기와 같은 '자가면역질환'이다. 우리 몸의

면역시스템이 글루텐의 절반을 차지하는 글리아딘(gliadin)을 해로운 이물질로 오인해 격렬한 면역 반응을 일으켜 내 몸을 망가뜨리는 현상이다. 이런 증상이 있는 사람은 아직 이런 엉터리 면역 반응을 막을 수단이 없으므로 피해야 하지만, 한국인에게는 매우 드물게 발생한다. 결국 글루텐프리가 건강하다는 주장은 달걀, 우유, 땅콩, 복숭아, 사과 등이 어떤 사람에게는 치명적인 알레르기를 일으킬 수 있으니 모든 사람이 미리 피해야 건강하다고 주장하는 셈이다.

다이어트는 식사량을 줄여야 해결이 된다. 음식의 종류를 바꾸는 것은 극히 일시적인 효과일 뿐이다. 사실 빵의 50~80% 정도가 제로 칼로리인 공기이다. 우리는 지극히 시각적인 동물이라 가장 먼저 눈으로 맛을 보고, 얼마만큼 먹을지도 결정한다. 빵은 똑같은 무게의 다른 제품보다 적은 칼로리로 시각적 풍성함과 함께 '더 적은 양으로 충분히 먹었다'라는 느낌을 준다.

통밀빵이 흰 빵보다 건강할까?

과거에는 건강의 격언으로 3백을 조심하라는 말이 유행처럼 번졌다. 3백은 백설탕, 백미, 흰 밀가루이다. 여기에 하얀 정제염을 포함하기도 한다. 흰 밀가루를 건강의 적으로 헐뜯는 가장 큰 구실은 '정제' 과정이다. 밀의 풍부한 영양분이 현대식 가공 공정에서 파괴된다는 것이다. 제분 과정에서 껍질(기울)과 배아가 제거되고, 전분 위주의 배유(씨젖)만 남기 때문에 섬유질과 미네랄이 크게 줄어드는 것은 사실이다. 이렇게 섬유소가 줄어든 밀가루는 소화와 흡수가 빠르고 그만큼 인슐린과 혈당이 빠르게 올라간다.

그런데 이것이 밀가루만의 문제일까? 쌀도 마찬가지다. 쌀은 밀보다 훨씬 껍질을 제거하기 쉽다. 이렇게 껍질만 제거한 것이 바로 현미이다. 씨앗 대부분은 자신을 보호하기 위해 겉에는 소화가 안 되는 섬유소와 미네랄이 많고, 중심에 들어갈수록 순수한 전분이 많다. 쌀도 도정율을 높일수록 섬유소와 미네랄이 줄고 전분 위주의 백미가 된다.

흰 빵 대신 통밀빵, 백미 대신 현미를 선택하면 섬유질이 많아 소화 흡수가 느려져서 혈당 상승이 완만하고 포만감이 오래 유지된다. 그리고 섬유질은 장내 미생물의 균형에도 도움이 된다. 하지만 섬유소나 미네랄이 많을수록 건강에 좋다는 주장은 항상 과식하는 현대인에게나 통할 이야기이지 불과 100년만 과거로 거슬러 올라가도 완전히 헛소리가 된다.

우리 선조의 최대 로망은 '흰쌀밥'을 마음껏 먹는 것이었다. 그런데 왜 현미가 아닌 흰쌀을 강조한 것일까? 과거에는 지금의 20g보다 7배는 많은 140g 정도의 섬유소를 먹었고, 당시 섬유소는 소화 흡수가 안 되어 필요한 열량소를 공급하기는커녕 소화기관에 부담만 주고 오히려 다른 영양분이나 비타민, 미네랄을 붙잡아 흡수를 방해하는 쓸모없는 존재이자 건강의 적이었다. 예전에 많이 쓰던 "O구멍이 찢어지게 가난하다"라는 비유는 실제 경험에서 나온 말이다. 보릿고개 시절처럼 먹을 것이 없어 소나무 껍질, 풀뿌리 같은 초근목피로 연명하면 풍부한 섬유질 때문에 변이 돌처럼 딱딱하게 되어서 배변 시 항문이 찢어지는 통증을 겪는 일이 많았다. 지금이야 소화제를 먹을 필요가 없이 건강하고 소화력이 좋으니 꽁보리밥도 별미이고 현미밥이나 통밀빵도 씹는 맛이 있는 맛있는 음식이지만, 소화력이 떨어지거나 아플 때는 죽처럼 소화가 잘되는 것을 찾게 된다.

콩의 껍질인 비지에는 정말 좋은 섬유소가 풍부한데, 보통은 비지를 제거하고 먹는다. 이를 안타깝게 여긴 어떤 식품회사가 콩의 비지까지 포함해 통째로 사용하고, 고가의 장비로 섬유소의 입자감이 느껴지지 않을 정도로 미세하게 간 전두유와 전두부를 출시했지만, 시장의 반응은 시큰둥했다. 그러면서 식품회사는 정제와 가공을 통해 고의로 영양소를 파괴하는 듯 매도한다. 반면, 과일을 먹거나 오렌지 과즙을 낼 때 섬유소가 풍부한 껍질을 벗겨 버리는 것에는 매우 관대하다.

사실 제분 회사는 회사의 이익을 위해 밀기울을 제거하지 않는다. 통밀이 밀 전체를 쓰는 것이라 수율 100%이고, 흰 밀가루는 밀기울을 제거해 수율이 30% 낮아져 원가 부담이 크다. 정제하면 할수록 수율이 낮아져 비용이 더 드는 것이다. 통밀과 흰 밀가루, 현미와 백미, 흑당과 정제염, 천일염과 정제염 중에 만들기 쉽고 수율이 높은 것은 통밀, 현미, 흑당, 천일염이다. 왜 식품회사가 굳이 비용을 더 들여가면서 정제하는지에 대한 이해가 필요하다. 무작정 정제를 비난하는 것은 달걀 껍데기의 대부분이 칼슘 덩어리라서 건강을 위해 달걀을 껍질째 갈아서 먹어야 한다고 주장하는 셈이다.

한편 도정을 덜 한 현미나 통밀 같은 통곡물이 건강에 이롭다는 통념이 잘못됐다는 주장도 있다. 스티븐 R. 건드리는 『플랜트 패러독스』라는 책을 통해 소화가 잘 안 되는 성분의 해로움에 대해 말한다. 현미가 백미보다 좋다면 쌀을 주식으로 하는 40억 명의 아시아인은 왜 오래전부터 애써 현미의 외피를 벗겨 백미로 만들어 먹었겠느냐고 반문한다. 저자는 통곡물에는 섬유질을 벗겨낸 곡물보다 '렉틴' 성분이 많아서 먹으면 속이 불편할 뿐 아니라 과체중과 염증을 유발한다고 주장한다. 렉틴은 특정 탄수화물에 선택적으로 결합하는 단백질로서 식물이 곤충이나 동물로부터 자신을 보호하는 수단이다. 그래서 벌레가 잎을 갉아먹기 시작하면 다른 쪽의 잎에도 렉틴 함량이 2배로 증가해 미리 방어를 준비한다. 렉틴은 포식자 몸속 탄수화물에 달라붙어 세포 사이의 신호 전달을 방해하고 독성과 염증성 반응을 유발한다. 렉틴은 대부분 식물에 있지만, 특히 곡물, 콩, 가지속 식물에 많다. 보통은 껍질의 제거나 도정 같은 정제 과정과 가열, 발효와 같은 조리 과정에서 줄어든다.

이처럼 음식을 조리하는 행위는 원래 맛을 좋게 하려는 목적보다 생존을 위한 것에 가깝다. 야생의 재료에서 이물질, 비가식 부위, 독성을 최대한 제거하고 영양분을 가장 소화 흡수하기 좋은 형태로 바꾸는 과정이다. 그렇게 가공된 음식을 훨씬 더 맛있다고 느끼는 사람만이 살아남아서 지금의 입맛을 만든 것이다. 그러니 달고 맛있게 느끼는 음식이 좋은 음식이다. 지금은 단지 너무 많이 먹을 뿐이다. 한국인은 다른 어떤 나라도 먹지 못하는 식물의 잎이나 열매도 조리해서 먹을 줄 알았는데, 언제부터인지 어설픈 위험, 건강 정보에 속아 쫄보가 되었다.

천연 발효빵이 더 건강할까?

근래 빵집에는 '천연 발효빵'이라는 문구가 자주 등장한다. 왠지 더 건강하게 느껴지지만, 막상 '천연 발효'가 무슨 의미인지 아는 사람은 드물다. 천연 발효는 빵용으로 양산된 효모 대신 사워도우 스타터 같은 야생 효모와 젖산균을 활용해 발효한 빵을 말한다.

가장 눈에 띄는 차이는 '발효 시간'이다. 시판 효모는 몇 시간 만에 반죽을 부풀리지만, 사워도우는 최소 12시간에서 하루 이상 걸린다. 더 긴 시간 동안 미생물이 밀가루 속 전분과 단백질을 서서히 분해하면서 젖산, 초산, 에스터, 알코올 같은 향기 물질을 만든다. 그리고 발효 과정에서 밀의 수용성 다당류인 아라비노자일란(펜토산)의 분해도 일어난다. 그만큼 미생물의 먹이로 작용해 빵의 풍미를 깊게 하거나, 렉틴 성분의 분해 등으로 소화 흡수와 건강에 도움을 줄 수 있다.

결국 장시간 발효와 숙성 과정에서 분해 작용이 더 많이 일어나고, 다양한 발효산물(유기산)이 생성되어 일반 발효빵보다 소화가 잘되고, 깊은 맛과 향이 나면서 보존성이 높다는 장점이 있다.

사워도우는 '예측하기 힘듦'이 가장 큰 매력이다. 똑같은 재료, 똑같은 시간, 똑같은 과정을 거쳐도 스타터의 조건, 날씨와 온도, 그리고 제빵사의 손길에 따라 다른 빵이 된다. 현대식 제빵 기술이 등장하기 전에 모든 제빵사가 겪었던 어려움을 똑같이 겪으면서 만들어지는 제각각의 맛과 향을 가진 빵이다. 점점 획일화되고 있는 현대 빵의 기류에서 이런 노력은 분명 깊은 찬사와 감사를 받을 일이지만, 건강상에 특별한 효능이 있지는 않다.

글루텐프리가 더 건강한 빵일까?

밀가루는 단백질이 14% 정도로 쌀(7%)보다 두 배 많다. 더구나 소수성 단백질이라 면이나 빵 같은 특별한 식감을 만들 수 있다. 그런데 요즘은 밀 단백질에 대한 비난이 많다. 글루텐이 장내 염증을 일으키고 소화 장애, 피부 장애, 천식, 비염, 두통 등을 일으킨다면서 '글루텐프리'를 건강식처럼 광고한다.

글루텐 때문에 생기는 대표적 질환은 '셀리악병'이다. 미국인의 1%인 300만 명이 앓고 있고, 우리나라에는 거의 없다. 셀리악병은 고대 그리스 문헌에도 유사 증상이 기록되었을 정도로 오래되었지만, 병의 원인이 글루텐이라고 밝혀진 것은 1950년대 이후다.

셀리악병은 글루텐이 완전히 소화(분해)되지 않은 상태로 소장 점막을 자극해 염증을 유발하는 일종의 자가면역질환이다. 면역세포의 공격으로 소화

기관 점막 세포에 염증이 발생해 융모(villi)가 손상된다. 융모는 소화기 점막에 손가락 모양으로 돌출된 구조물로서 손상되어 평평해지면 소화기관에서 영양분을 제대로 흡수할 수 없게 된다. 자가면역 반응이 없는 사람에게는 아무런 문제가 나타나지 않는다.

서양은 밀가루가 주식이고 먹기 시작한 지 정말 오래됐는데 왜 최근 들어 글루텐프리가 건강식처럼 여겨질 정도로 셀리악병이 문제가 되고 있을까? 지금의 밀은 1950년대 이후 급격한 품종개량을 거쳤는데, 그런 이유로 성분이 변했기 때문일까? 하지만 셀리악병의 유발 물질인 글루텐 중에 α-글리아딘과 ω-글리아딘은 품종개량 결과 오히려 줄어들었다. 빵용으로 쓰고 있는 밀 품종이 글루텐이 적은 편이고, 제빵의 적성에 중요한 것은 글리아딘이 아니라 글루테닌이며 그중에서 특히 분자량이 큰 고분자 글루테닌이다.

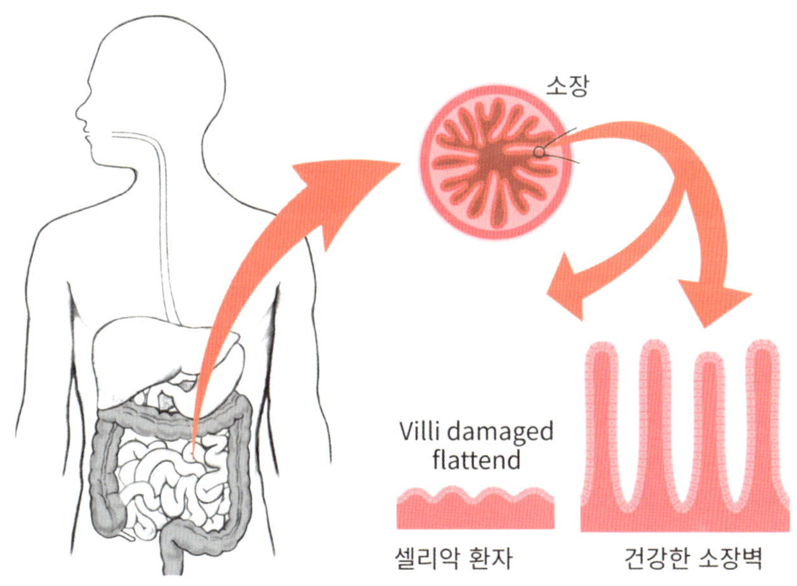

셀리악병 환자의 소장 벽 융모(villi) 변화

　그러면 셀리악병이 늘어난 진짜 원인이 뭘까? 정확한 진실은 알 수 없지만 나에게 가장 설득력 있는 주장은 '위생가설(Hygiene Hypothesis)'이다. 현대인에게 셀리악병뿐 아니라 알레르기 같은 여러 자가면역이 폭발적으로 증가하고 있는데, 그 원인이 '지나친 청결(위생)' 때문일 수 있다는 것이다. 알레르기성 비염, 아토피성 피부염 같은 면역질환은 소위 잘사는 나라들에서 공통으로 늘어난다. 우리 조상들에게 세균과 기생충은 생존을 위협하는 가장 문제였고, 우리 몸은 이에 대응하기 위해서 강력한 면역체계를 진화시켰다. 그런데 지금은 선진국일수록 깨끗한 환경에서 살아서 세균이나 기생충에 노출될 기회가 훨씬 적다. 우리 몸이 설계된 수십만 년 전에 비해 지나치게 깨끗한 환경이라 면역체계가 적절한 훈련을 받지 못하는 것이다.

　실제로 훈련되지 않은 방어체계(면역)가 엉뚱한 물질에 과민 반응하는 피해는 꾸준히 늘고 있다. 부모가 농·축산업에 종사하는 경우, 산모가 농장 동물들과 접촉하는 경우, 축사가 있는 경우, 애완동물을 키우는 경우, 형제자매가 많은 경우 등 자연의 세균에 노출 확률이 높은 경우에 오히려 알레르기가 적다. 군대(면역)가 없으면 안보가 큰 문제지만, 훈련 안 된 군인은 적보다 위험하다.

　셀리악병에 관한 위생가설을 뒷받침할 증거로 유럽 카렐리아 지역 사례가 있다. 카렐리아 지역은 핀란드와 러시아 둘로 나뉘어 있다. 양쪽 주민의 유전자나 먹는 밀의 양은 비슷하지만, 핀란드 쪽 사람들은 러시아 쪽 사람보다 셀리악병을 다섯 배나 많이 앓는다. 셀리악병뿐 아니라 알레르기, 천식 등 다른 자가면역질환도 핀란드 쪽에서 더 많이 발생한다. 러시아 쪽 사람들이 가난하고 감염이 흔해 면역이 원래 목적대로 외부 균 등과 싸우느라 내 몸을 공격할 확률이 훨씬 낮은 것이다.

밀가루를 주식으로 하는 서양에서는 인구의 약 1% 정도가 셀리악병을 앓지만, 한국인에게는 전혀 건강의 위협 요소가 아니다. 국내에서 지금까지 보고된 셀리악병 환자는 단 한 건이다. 한국인에게는 밀가루보다 건강하다고 생각하는 메밀 알레르기가 오히려 더 심각하다. 메밀 알레르기는 냉면이나 메밀국수 등을 자주 먹는 우리나라와 일본에서 주로 나타난다.

사람들에게 달걀, 우유, 땅콩, 키위, 복숭아가 알레르기를 일으킬 수 있다고 하면, 피하면 그만이라고 생각하지 그 음식을 두려워하거나 비난하지 않는다. 그런데 글루텐에 대한 반응은 유난하다. "글루텐은 혈류를 타고 뇌에서 염증을 일으켜 주의력 결핍, 파킨슨병, 자폐증, 발달장애를 유발한다", "글루텐이 아편과 비슷한 중독효과를 내는 엑소르핀을 만들어 뇌를 마비시키고 중독시킨다." 같은 엉터리 주장에 마구 휘둘린다.

그래서 일부 전문가는 글루텐 질환이 신경성 질환이라고 주장하기도 한다. 글루텐의 민감성을 주장하는 사람 중에는 실제 소화 기능에 아무 문제가 없이 그냥 신경성으로 나타나는 경우가 많다는 것이다. 호주 멜버른대학과 로열 멜버른 병원 등 4개국 공동 연구진은 '비(非)셀리악 글루텐 과민증(NCGS)'에 대한 기존 연구를 종합 분석했다. 그 결과 대다수 환자의 증상을 유발한 것은 글루텐 단백질이 아니었고, 주로 '포드맵(FODMAPs)'이나 밀의 다른 성분 때문에 발생하는 것으로 확인되었다. 포드맵은 소장에서 완전히 흡수되지 않고 대장으로 넘어가 미생물에 의해 발효되면서 가스를 유발하는 당류이다. 그리고 심리적 요인도 많이 작용했다. 이들 연구진은 "환자들에게 글루텐과 위약을 각각 섭취하게 했을 때, 자신이 글루텐에 예민하다고 믿는 사람들은 글루텐을 먹었을 때와 위약을 먹었을 때 비슷한 반응을 보인다"라고 밝혔다. 이른바 '노시보 효과(nocebo effect)'가 나타난 것이다.

탄수화물이 도대체 무슨 잘못을 했기에

과거에는 포화지방과 콜레스테롤이 많은 기름진 음식이 해롭다고 생각했다. 비만은 우리 몸 안에 지방이 증가하는 현상이고, 적색육과 기름진 음식을 많이 먹는 미국의 비만율이 심각했으니 이것은 틀림없는 진리처럼 보였다. 그리고 요즘은 당류가 그 자리를 차지하고 있다. 처음에는 설탕이 해로우니 벌꿀이나 천연 과일에 많은 과당을 먹으라고 하다가 지금은 꿀과 실제 성분에 거의 차이가 없는 액상 과당을 악마화한다. 그러다 모든 단순당이 해로우니 복합탄수화물을 먹어야 하며, 이제는 아예 모든 탄수화물을 줄이라고 말한다.

탄수화물을 줄이면 체중이 빠지는 효과는 이미 1970년대 앳킨스 다이어트(일명 황제 다이어트)로 입증되었고, 몇 년 전에는 저탄고지 다이어트를 통해서도 확인되었다. 탄수화물을 줄이면 다른 어떤 다이어트보다 쉽게 살이 빠진다. 문제는 그 시간만 약간 차이가 있을 뿐 다른 모든 다이어트처럼 95%의 사람이 2년 안에 요요현상이 찾아와 다시 원래 체중 이상으로 돌아간다. 망하는 시간과 비용만 조금 다를 뿐 의미는 없다.

콩을 제외한 밥(쌀), 빵(밀), 옥수수, 감자, 과일, 채소 등 모든 식물성 식재료의 주성분은 탄수화물이다. 고형분의 70%가 탄수화물이다. 탄수화물이 없는 고단백 식사를 하려면 동물성 식재료를 사용해야 하는데, 고기 1을 확보하기 위해서는 3~10배의 곡물을 사료로 사용해야 한다. 만약 모든 사람이 탄수화물을 끊고 단백질과 지방에 의존해 식사하면 지구에는 파멸적 영향을 줄 수밖에 없다. 전체 탄수화물이 아니라 30만 종의 식물 중에서도 옥수수, 밀, 쌀, 사탕수수 단 4종 중 하나만 갑자기 지구상에서 사라져도 인류의 건강이 좋아지기는커녕 식량 사정은 실로 고통스러워질 것이다.

탄수화물을 끊으면 쉽게 살이 빠지는 것은 그만큼 우리 몸이 잘 쓰는 에너지원이기 때문이다. 빵을 발효하는 세균과 효모도 우리 몸처럼 탄수화물, 정확히는 단당류에 의존해 살아간다. 당류를 분해해 얻는 ATP를 에너지원으로 사용하며, 특히 뇌는 다른 부위에 비해 10배나 많은 양의 포도당을 거의 유일한 에너지원으로 사용한다. 많은 사람이 혈당 스파이크를 걱정하지만 혈당이 1/2로만 줄어도 저혈당 증상이 나타나고, 1/4로 줄면 쇼크로 사망한다. 고혈당보다 저혈당이 훨씬 심각하기에 식사 후 2시간만 지나도 우리 몸은 소비되는 혈당을 일정한 수준으로 채워 넣기 위해 최선을 다한다.

그럼 완벽한 다이어트는 무엇일까? 혈당을 높이는 탄수화물을 먹지 않고, 지방이 듬뿍 들어간 기름진 음식을 피하면 남은 것은 단백질뿐인데, 정말 단백질만 먹고 살면 건강할까? 알레르기 같은 염증을 가장 많이 일으키는 것이 바로 단백질이다. 이제는 어설픈 건강에 관한 충고는 피해야 한다.

한국의 식문화는 오랫동안 탄수화물을 중심으로 발전해 왔다. 쌀과 보리가 주식이었고, 나물이나 된장, 김치 같은 발효식품이 함께 어우러졌다. 50년 전만 해도 우리가 먹는 것의 80%가 탄수화물(전분=포도당)이기도 했다. 그때는 당뇨도 비만도 심각하지 않았다. 지금은 과거보다 탄수화물을 훨씬 적게 먹지만, 나머지를 많이 먹기에 오히려 비만과 질병이 심각하다. 너무나 단편적이고 일시적인 결과로 인류의 생존에 절대적 도움을 주는 탄수화물을 함부로 매도하는 것은 그야말로 '배은망덕' 그 자체이다.

PART II
빵의 재료

1. 빵의 주재료는 밀가루

1. 밀의 기원

밀은 어쩌다 서구에서 가장 중요한 작물이 되었을까?

식품의 성패는 재료에서 시작해서 결국 재료로 끝난다. 식품의 온갖 조리법과 제조과정은 재료의 잠재력을 현실화하는 과정인 셈이다. 그래서 빵 역시 재료부터 알아야 한다. 빵은 종류가 다양하고 각각 적합한 재료가 달라서 모든 재료를 망라해서 말하기는 어렵다. 크게 빵에 꼭 필요한 필수 재료와 추가하면 좋은 재료로 나눌 수 있는데, 빵의 필수 재료로는 밀가루, 효모, 소금, 물이 있고, 추가적인 재료로는 당류, 유지, 달걀, 유제품 등이 있다.

빵은 재료 사용에 따라 린(lean) 타입과 리치(rich) 타입으로 구분할 수 있다. 린(lean) 타입은 빵을 만들 때 사용하는 재료가 간단하며, 밀가루, 소금, 효모, 물을 중심으로 만든다. 프랑스 빵 대부분이 린 타입이다. 리치(rich) 타입은 '부유한', '풍부한'이라는 단어 그대로 빵을 만들 때 기본 재료

말고도 설탕, 유지, 달걀, 유제품 등의 부재료가 많이 들어간다.

온갖 재료를 빵에 사용할 수 있지만, 다른 재료로 대체하기 힘든 가장 핵심적인 재료는 밀가루이다. 밀의 기원은 이른바 '비옥한 초승달' 지역이라고 하는 메소포타미아 지역에서 수메르인이 야생 밀을 재배하면서 시작되었다. 이 지역은 한쪽 날개가 지중해의 동쪽 해안에 걸쳐 있고, 다른 쪽은 날개는 페르시아만에 펼쳐져 있다. 지금은 사막화와 염분 증가로 농사에 좋은 지역이 아니지만, 과거에는 강수량이 많고 강이 발달해 고대문명이 발달하기 좋은 지역이었다.

그렇지만 밀이 인류 최초의 곡류는 아니다. 풀(초본류) 가운데 가장 먼저 작은 씨앗의 기장(common millet)이 작물화되었고, 이어서 보리가 선택되어 기장을 밀어내고 사랑받다가 마침내 밀이 작물화되었다. 현재 인류가 가장 많이 재배하는 곡식은 옥수수, 밀, 쌀이다. 예전에는 다양한 곡식을 재배했지만 갈수록 이 3가지 작물에 의존도가 높아져 지금은 곡류의 90%를 차지한다. 이중에서도 옥수수가 가장 많이 생산되는데 생산량의 많은 부분이

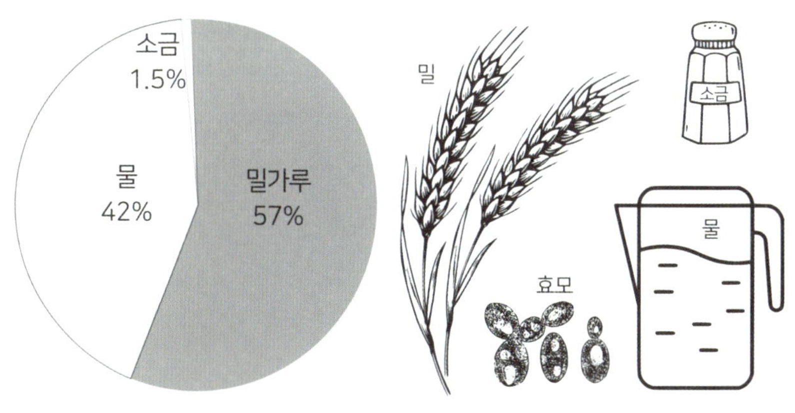

빵의 주재료: 밀가루, 물, 소금, 효모

식량보다는 사료 등 다른 용도로 쓰인다. 쌀은 단위 면적당 인구 부양 능력이 커서 주식으로 가장 큰 역할을 해왔지만 최근에는 밀에게 밀리는 모양새다. 서양의 역사에서 특히 중요한 곡물이 밀이다. 밀은 더위에 약해 열대 지방에서 재배할 수 없는 점을 제외하면 성장 조건이 그다지 까다롭지 않아서 비옥한 초승달 지역에서 여러 지역으로 퍼져 나갔다. 그러다 이집트에서 밀가루로 효모 발효빵을 만드는 방법이 개발되면서 밀은 점점 '곡식의 왕'이 되어갔다.

로마에서는 밀이 부족한 것을 매우 심각하게 생각했다. 그래서 밀을 확보하기 위해 시칠리아와 이집트 등의 밀 산지에서 많은 양을 사들였다. 로마의 위정자들은 시민에게 값싼 밀을 공급하는 것이 최우선 과제였다. 로마는 일찍부터 실용적인 기술이 발달했는데 이런 배경에 밀이 이바지했다는

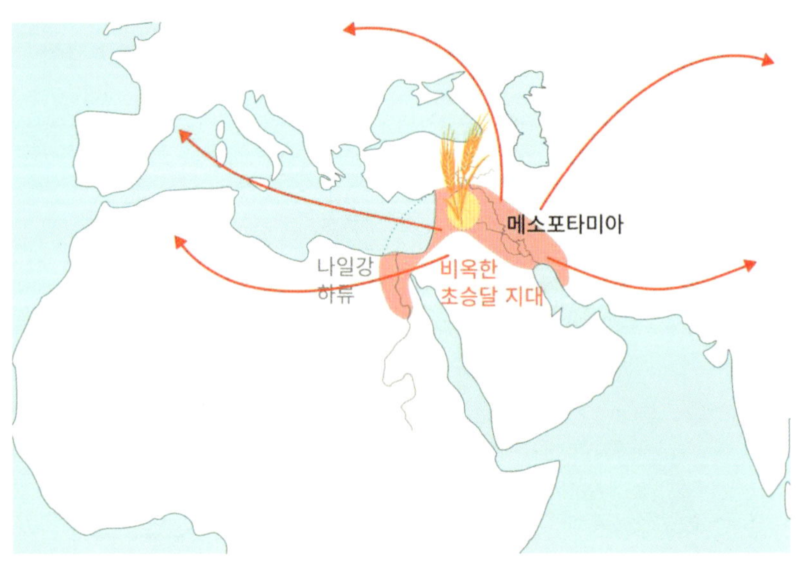

밀의 기원(비옥한 초승달 지대)

해석도 있다. 밀은 도정하는 과정이 까다로웠고, 이를 해결하기 위해서 기술 개발에 노력한 결과가 문화적 특성에도 반영되었다는 주장이다.

쌀이나 보리도 도정이 쉬운 것은 아니지만 밀보다는 훨씬 쉽다. 쌀은 잘 말린 단단한 알곡을 절구에 넣고 공이로 찧으면 껍데기가 쉽게 벗겨진다. 하지만 밀을 이렇게 찧으면 낱알도 같이 깨져서 껍데기와 섞이게 된다. 이렇게 분쇄된 알곡은 체에 아무리 열심히 걸러도 분쇄된 곡물과 밀 껍질의 분리가 쉽지 않고, 그만큼 껍질이 많이 섞여서 원하는 밀가루를 얻기가 어렵다. 이러한 도정 기술에 따라 밀가루 품질에 현격한 차이가 나다 보니 개인적으로 하는 것보다 제분 공장을 만들어 대규모로 하는 것이 훨씬 이득이다. 따라서 예전에는 수력이나 동물의 힘을 빌리는 도정 기구를 제작하고, 껍질과 가루를 최대한 분리하는 장치도 만들어야 했다. 이런 필요성이 로마의 기술 발전을 촉진했다.

빵을 만드는 일은 감자를 찌거나 쌀로 밥을 짓는 것보다 훨씬 어려운 문제였다. 수확한 감자는 아이들도 찌기만 하면 먹을 수 있다. 밥은 쌀을 물에 씻어 솥에 가열하면 금세 된다. 하지만 빵은 밀가루에 효모를 섞고 반죽을 완성하는 데도 몇 시간이 걸리고, 오븐이 적정한 온도가 되도록 불을 때고 굽는 과정을 거쳐야 먹을 만한 빵이 된다. 이런 과정을 가정에서 끼니때마다 반복하기는 어려웠고, 그래서 중세 유럽은 장원마다 빵 공장을 운영했다.

쌀은 '알곡'인데 왜 밀은 항상 '가루' 형태일까?

쌀은 알곡을 빻아서 떡을 만들 수도 있지만, 대체로 밥을 지어 먹을 때처럼 형태를 유지한 채 식탁 위에 올라온다. 그런데 밀은 항상 낱알의 형태가 아닌 가루 형태로 이용한다. 가루에 물을 붓고 반죽해 면이든 빵을 만들어 먹는다. 왜 밀은 '가루' 형태일까? 이것은 단순히 문화적 차이에 의한 것이 아닌 밀이 가진 알곡 특성에 의한 것이다.

쌀은 알곡이 원형이고, 단단해 겉껍질(왕겨)을 분리하기 쉽다. 반면 밀은 껍질이 단단하고, 알맹이가 약해 부서기기 쉽다. 더구나 알곡 중앙에 껍질 일부가 속으로 말려 들어간 깊은 홈(crease, 종구)이 있어서 껍질과 알맹이의 분리가 쉽지 않다. 그래서 밀은 부수고 갈아야 했고, 껍질(밀기울)을 분리하고 안쪽의 씨젖(배유)만 모아 곱게 만드는 기술이 필요하다. 밀을 가루로 만들어서 분리하는 기술이 '제분'이고, 그렇게 얻은 것이 밀가루이다. 밀가루는 인류의 최초의 가공식품 중 하나인 셈이다. 고대 메소포타미아와 이집트에서는 돌절구와 맷돌이 사용되었고, 그리스·로마 시대에는 물레방아가 제분을 대신했다. 중세 이후에는 풍차와 수차가 등장하면서 대량으로 제분

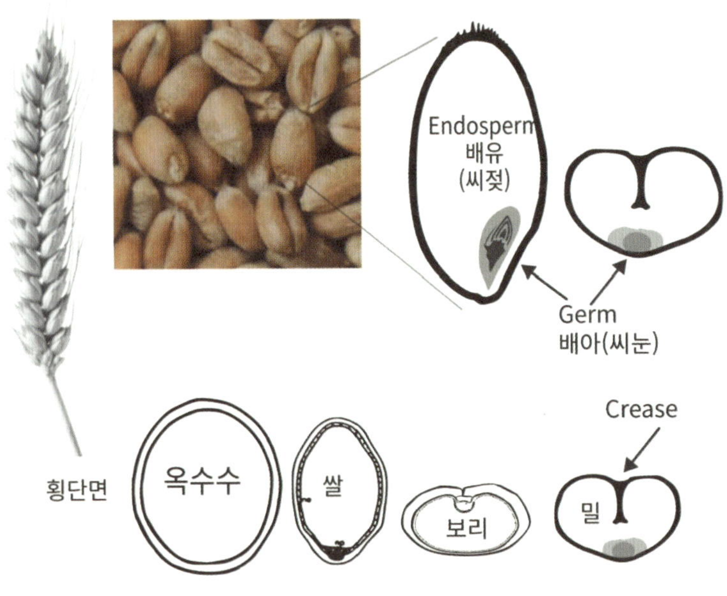

밀의 형태적 특성: 깊은 종구(Crease)

할 수 있게 되었고, 밀가루 기반 식문화가 확산되었다.

사실 자연에 곡류를 주식으로 하는 동물은 없다. 인류만이 곡류의 겉껍질을 효과적으로 제거할 수 있어서 식량으로 활용할 수 있다. 이런 곡류는 여러 먹거리 중 하나가 아니라 먹거리의 바탕이자 중심이다. 쌀·밀·옥수수 중에 하나만 없어져도 세계적으로 엄청난 식량난을 겪을 수밖에 없다.

밀은 활용방식도 쌀과 다르다. 밀 전분은 쌀 전분보다 비교적 긴 사슬 구조를 가지고 있어서 끈기가 약하다. 따라서 알곡 그대로 조리하면 서로 달라붙지 않고 쉽게 분리된다. 이러한 특성 때문에 밀은 빵·면·죽 형태로 발전해 왔다. 쌀은 물이 풍부한 지역에서 재배되고 소비되었지만, 밀은 상대

벗과 작물과 알곡의 형태

적으로 건조한 지역에서 재배되었고, 이런 지역은 삶는 조리보다 굽는 조리
가 효율적이었다. 그만큼 밀가루를 반죽해 굽는 '제빵 문화'가 자연스럽게
발달했다.

밀은 단단하고 벗겨내기 힘든 껍질 구조, 전분의 특성, 건조한 재배환경
그리고 글루텐 형성 능력이라는 네 가지 요소가 합해져, '알곡으로 먹는 곡
물'이 아니라 '가루로 가공해서 사용하는 곡물'로 발전하게 되었다.

밀가루를 특별한 존재로 만든 글루텐의 뭉치는 성질

밀가루는 빵과 면류 등 정말 다양한 형태로 만들 수 있는데, 여기에는
가루라는 특성 외에도 글루텐이라는 소수성 단백질이 큰 역할을 한다. 밀가

곡물 종류에 따른 제빵 특성

루의 글루텐은 글리아딘(gliadin)과 글루테닌(glutenin)이라는 단백질이 만나 형성된 거대한 그물구조의 단백질 복합체이다. 즉 글루텐은 원래 밀에 존재하는 것이 아니고, 밀가루에 물을 넣고 치대야 만들어지는 구조물의 이름이다.

글루텐 함량은 밀의 품종에 따라 다르다. 단백질 비율이 높고 글루텐이 많으면 대체로 단단하고, 반투명한 유리질이 된다. 이런 밀을 경질밀이라고 하는데 미국에서 생산되는 밀의 75%를 차지한다. 제분 과정에서 배젖 부위의 처리에 따라서도 글루텐 함량이 달라진다. 그리고 이런 글루텐의 특성은 효모(yeast)와 만나야 더욱 빛을 발한다. 효모는 당류를 이용해 밀가루 반죽에 알코올과 이산화탄소를 만들어서 반죽을 부풀게 한다. 포도당 2g에서 대략 1g의 이산화탄소가 만들어지는데 무게로는 적지만, 부피로는 크다. 이산화탄소 1g은 기체로는 500ml가 되기 때문이다. 그래서 소량의 포도당만 분

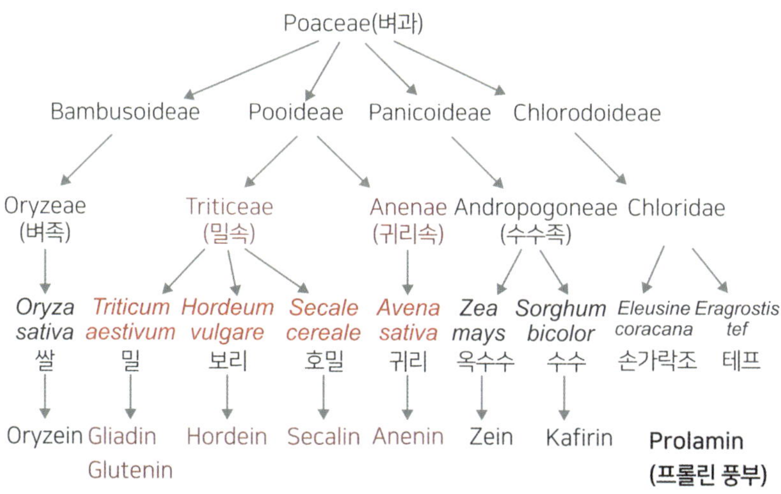

벗과 작물의 계통도와 주요 단백질

해되어도 빵은 충분히 부풀어 오를 수 있고, 오븐에서 구우면 이들과 물이 기화되면서 공기가 80%인 빵이 만들어진다.

밀을 제외하면 호밀 정도가 이런 물성을 가질 수 있다. 보리에도 글루텐이 소량 있지만 반죽을 부풀리기에는 역부족이고, 쌀, 메밀, 퀴노아에는 글루텐이 없다. 글루텐은 압력을 가하면 모양이 변하지만 반발력이 있고, 압력을 제거하면 본래의 모양으로 되돌아가려 한다. 가소성과 탄성이 결합한 점탄성을 가지고 있어서 밀가루 반죽은 이산화탄소가 발생하면 적당히 팽창할 수 있으면서 또한 계속 안에 가두어 둘 수 있다. 이렇게 부푼 반죽을 오븐에서 구우면 부드러운 빵이 만들어지며, 글루텐이 없으면 빵이 적당히 부풀지 못해 딱딱해진다. 다른 첨가물을 추가하지 않고, 반죽이 부풀어 부드러운 빵을 만들 수 있는 건 밀과 호밀뿐이다.

아낌없이 주는 식물, 벼과 작물

인류의 먹거리를 책임지는 가장 중요한 식물을 꼽으라면 무조건 벼과 작물이 나온다. 벼과(poaceae)는 고등 식물 중 가장 큰 과의 하나로, 700여 속 12,000여 종 가량이 알려져 있다. 한해살이 또는 여러해살이 초본(grass)이 대부분으로 줄기는 속이 빈 원통형이다. 벼, 밀, 보리, 귀리, 호밀, 옥수수, 사탕수수 등이 여기 속한다. 이 중 옥수수, 사탕수수, 벼, 밀은 어느 한 가지라도 생산에 문제가 생기면 인류의 식량 사정에 큰 문제가 발생할 정도로 압도적인 생산량을 가진다. 아낌없이 주는 것은 나무가 아니라 풀이며, 그중에서도 결정적인 것이 벼과 작물이다.

- 대나무아과(bambusoideae): 대나무족 등.

- 벼아과: 벼속 등.

- 포아풀아과(pooideae): 보리족 – 밀속, 보리속, 호밀속.

- 기장아과(panicoideae): 기장속, 수수속(sorghum),

개사탕수수속(사탕수수), 옥수수속, 강아지풀속.

- 꼬인새풀아과.

- 조릿대풀아과: 조릿대풀.

- 물대아과(arundinoideae): 갈대속, 물대속.

- 나도바랭이아과: 나도바랭이속, 잔디속.

밀의 유전자가 압도적으로 거대한 이유

2005년부터 시작된 밀의 유전자는 2018년에야 완전히 해독되었다. 밀의 DNA 개수는 160억 쌍으로 옥수수(24억 쌍), 벼(4억 쌍) 등 다른 식물에 비해 압도적으로 많다. 진화의 과정에서 여러 종의 유전체가 하나의 게놈에 합쳐졌기 때문이다. 특히 약 50만 년 전에 야생 외알밀(*triticum urartu*)과 염소풀(*aegilops tauschii*)이 교잡해 4배체 엠머밀(emmer wheat)이 출현한 것이 가장 큰 원인으로 꼽힌다. 엠머밀에 다시 다른 종이 교잡해 유전체가 추가되어 현대 밀은 6배체가 되었다. 이런 밀속(triticum, 小麥屬) 중에서 상업적 가치를 지닌 밀은 4종 정도이고, 그중 보통밀(빵밀, 보통소맥)이 재배 면적의 대부분을 차지하고 있다.

▷ **2배체 밀: 야생 밀인 triticum boeoticum에서 파생**

일립계밀(*triticum monococcum*, 외알밀)로 불린다. 이삭 자리에 이삭이 하나씩만 나기 때문에 일립계라 붙여졌다. 추위에 강하다.

▷ 4배체 밀: 야생 밀인 triticum dicoccoides에서 파생

- 이립계밀(*triticum dicoccon*): 에머밀(emmer wheat)로도 불린다. 메소 포타미아 지역이 원산지로, 처음엔 야생이었으나 차차 작물화되었다. 고대 그리스와 로마의 주된 곡물이 되었으며, 현대 밀의 조상이다. 추위에 약하기 때문에 봄에 파종해 가을에 수확한다.

- 듀럼밀(*triticum durum*): 파스타밀 또는 마카로니밀이라고도 불린다. 글

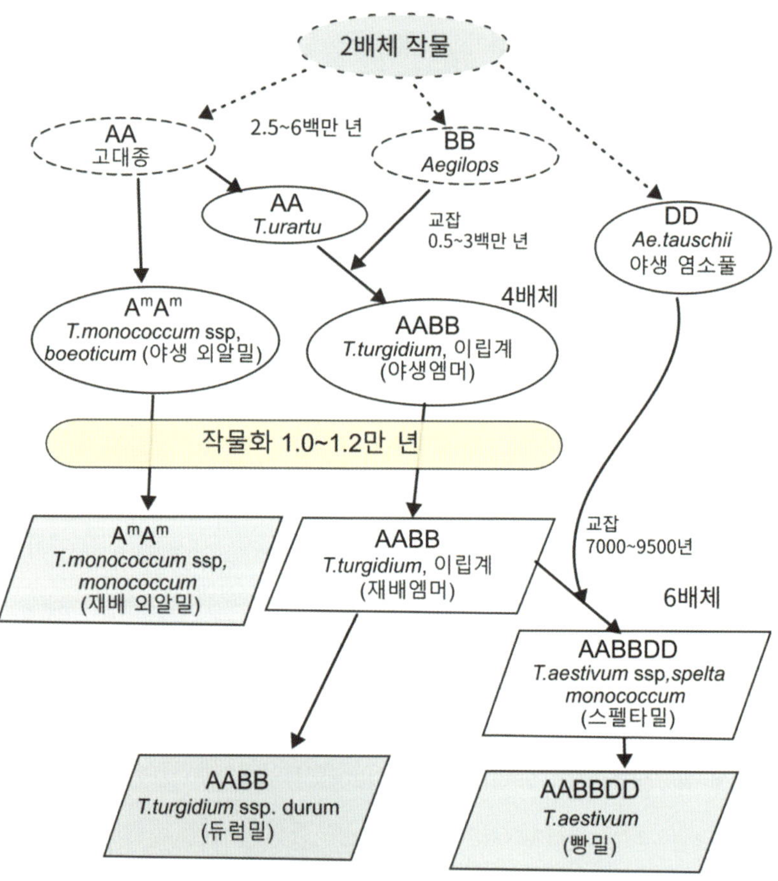

밀의 진화 과정(Nathalie Chantret, 2005)

루텐 함량은 높으나 글루테닌보다 글리아딘의 비중이 높아 파스타 생산에 좋으나 제빵용으로는 적합하지 않다. 덥고 건조한 기후에서 잘 자라기 때문에 파스타로 유명한 이탈리아 등의 지중해 일대에서 재배된다. 낟알이 호박색을 띠어 밀가루로 만들면 파스타 면에서 볼 수 있는 노란색이 된다. 그밖에도 폴란드밀(*triticum polonicum*), 호라산밀(*triticum turanicum*), 페르시아밀(*triticum carthlicum*), 티모피비밀(*triticum timopheevii*) 등이 4배체 밀이다.

▷ 6배체 밀

4배체 밀과 에이질롭속(aegilops)에 속하는 2배체 야생 식물의 잡종 교배로 추정한다.

- 빵밀(*T. aestivum subsp. aestivum*): 보통밀(bread wheat, commom wheat)이라고도 불린다. 통상적으로 밀이라면 이 품종을 뜻할 정도로 빵, 쿠키, 케이크, 면 등에 다양하게 쓰이며, 전 세계에서 생산되는 밀의 90% 이상을 차지한다. 품종개량이 활발해 품종 간 품질 차이가 크다.

- 스펠트밀(*triticum spelta*): 딩켈밀(spelt wheat, dinkel wheat)이라고도 불린다. 중세 시대에 독일과 스위스 등지에서 재배되었다. 그 뒤 거의 빵밀로 대체되었으나, 건강식 열풍이 불면서 다시금 주목받기 시작했다.

- 클럽밀(*T. aestivum subsp. compactum*): 주로 백립계로서 단백질 함량이 낮고 연질이어서 빵용으로는 적합하지 않으나 저단백과 낮은 글루텐이 요구되는 특수용 케이크와 과자 생산에 적합하다.

대맥(보리), 소맥(밀), 교맥(메밀), 연맥(귀리) 그리고 호밀(rye)

한자로 맥(麥)은 '보리 이삭'의 모양에서 유래한 상형문자이며, 보리를 대맥(大麥)이라고 한다. 소맥(小麥)은 밀을 뜻하며 밀가루를 소맥분이라 하는데 과거에는 귀해서 진말(眞末) 즉 진짜 가루라고도 불렀다. 귀리(oat)는 연맥((燕麥), 메밀(buckwheat)은 교맥(蕎麥)이라 하고, 호밀(rye)은 오랑캐(胡)라는 한자어와 '밀'이 결합해 만들어졌다. 색이 검어서 '흑맥(黑麥)' 또는 서양에서 유래했다고 해서 '양맥(洋麥)'이라고도 한다.

중세 유럽에서부터 르네상스 시대에 이르기까지 많은 빵이 호밀로 만들어졌는데, 호밀 크기는 밀보다 다소 길쭉하다. 호밀은 원래 밀밭에서 자라는 잡초였다. 밀과 같이 자라면서 더 큰 씨앗과 더 강한 이삭을 갖게 되었고, 원래는 다년생이었으나 수확 후 밭갈이하는 밀 농사법에 맞춰 일년생으로 진화했다. 밀보다 더 가혹한 환경에서도 잘 자라 주목받게 되었다.

호밀로 만든 빵은 밀로 만든 빵에 비해 식감이 워낙 거칠고 맛도 떨어진다는 인식이 강해 밀이 잘 자라는 지역은 호밀을 주로 동물 사료로 쓰거나 먹을 것이 궁한 빈민들이 죽으로 만들어 먹는 경우가 많았다. 심지어 호밀은 중세 마녀사냥의 일부 근거가 되기도 했다.

호밀과 그 유사 식물의 이삭(씨방)에 자낭균류가 번식하면 맥각(ergot)이 생긴다. 이 맥각 알칼로이드를 고용량 섭취하면, 맥각 중독(麥角中毒, Ergot poisoning)이 발생하는데, 이는 중세까지 호밀빵을 주식으로 삼던 유럽에서는 강력한 질병 중 하나였다. 맥각을 저용량 섭취하면 강한 환각효과가 생긴다. 14~17세기의 유럽 문헌에 등장하는 '무도병(dancing mania)'은 맥각이 만든 환각 때문에 광란의 춤을 추어서 생긴 현상이다. 하늘을 나는 마녀의 이야기도 이 맥각 중독에서 기인했다고 한다. 당시 여성들의 삶은 대단히 고단했고 질병, 가난, 죽음이 언제나 곳곳에 널려 있었다. 그런데 맥각의 환각에 빠져 몇 시간의 자유를 누리다 다음 날 아침 자신들의 침대에서 아무 탈 없이 깨어나는 것은 대단한 유혹이었을 것이다. 그런 여성 중에는 자기 경험이 환각인지 실제인지 전혀 구분하지 못하고 스스로 악마의 파티에 참여한 마녀라고 자백한 사람도 있었다.

사람들은 호밀보다 밀로 만들어진 빵을 좋아하지만, 밀이 자라기 힘든 지역에서 호밀은 구세주였다. 내한성이 강해 겨울에 파종해서 눈이 내려도 새싹이 눈 밑에서 자라고, 반대로 여름에는 엄청난 고온과 건조한 기후에도 끄떡없이 견디고, 계속된 경작으로 염류가 축적된 토양에서도 자란다. 현재도 주로 재배되는 곳은 독일 동부와 러시아를 비롯한 동유럽이다. 이 지역은 동쪽 즉, 러시아 쪽으로 갈수록 더 척박해지고 작물이 자라기 힘들다. 대륙성 기후로 겨울에는 춥고 여름에는 찌는 듯 덥고 항상 물이 부족했기에 호밀은 정말 소중한 작물이다. 그래서 러시아 음식인 호밀빵, 크바스, 보드카의 주원료다. 호밀빵을 어릴 때부터 익숙하게 먹어 왔던 문화권에선 호밀빵의 거칠고 시큼한 식감을 그리운 고향의 맛이라고 생각한다.

2. 밀의 구조와 성분

밀의 단백질

밀은 곡류 중에서도 비교적 단백질 함량이 높은 편이고, 밀가루의 특성은 단백질의 함량과 특성에 좌우된다. 특히 글루텐이 제빵 적성을 결정한다. 이런 단백질 함량은 품종에 따라 다르고, 재배환경에 따라서도 변한다.

밀은 보통 10~15%의 단백질을 함유하고 있는데, 이 단백질의 12~20%는 수용성 단백질이며 나머지는 불용성의 글루텐이다. 밀가루를 반죽하고 다량의 물로 씻어내면 수용성 단백질은 제거되고, 물에 녹지 않는 불용성의 글리아딘과 글루테닌이 남는다. 이 중 글리아딘이 50~55% 정도이고, 글루테닌이 45~50%이며, 이 두 가지 단백질이 네트워크를 형성해 글루텐이 된다. 글루텐은 밀 단백질의 80% 이상을 차지하며, 제빵 적성을 좌우하므로 밀 단백질에 관한 연구는 거의 글루텐에 대해 이루어지고 있다. 글루테닌 중에서도 분자량이 큰 HMW(high molecular weight) 글루테닌이 제빵 적성에 큰 영향을 미치므로 제빵에 적합한 밀 품종 선발에 지표로 사용하려는 경향이 늘고 있다.

글루텐의 함량에 따라 밀가루를 구분할 때, 함량이 13% 이상이면 강력밀가루(strong flour)라 하는데, 이는 제빵용으로 이용되는 경질 밀가루를 말한다. 중력 밀가루(medium flour)는 10~13%, 연질 밀가루인 박력 밀가루(weak flour)는 10% 이하로 제과용이나 튀김용으로 이용된다.

글리아딘이나 글루테닌은 저장 단백질로 배아가 자랄 때 필요한 영양공급을 담당한다. 알부민과 글로불린은 수용성으로 물에 잘 녹는데, 수분이 많아지면 저장 단백질의 기능이 아닌 자신에게 부여된 고유의 역할을 준비를 한다. 효소의 기능과 세포 사이의 물질 전달 기능을 하는 것이다. 배아가 새로운 개체로 성장하려면 많은 영양분이 필요하다. 전분과 저장 단백질이 영양분 역할을 하는데 배아 세포가 이들을 바로 사용할 수는 없다. 세포가 이용할 수 있도록 전분은 당류로, 단백질은 아미노산으로 분해해야 하는데 이들 수용성 단백질 중 효소가 이 역할을 한다. 아밀레이스, 프로테이스, 라이페이스 등이 각각 전분, 단백질, 지질을 분해한다. 이 외에 여러 효소도 각자 맡은 역할을 한다. 씨앗이 물에 닿은 후 발아되고 뿌리를 내릴 수 있는

밀 단백질의 아미노산 조성

	알부민+글로블린	글리아딘	글루테닌	평균
글루타민(글루탐산)	22.10	36.50	34.40	31.00
프롤린	**11.10**	**18.50**	**14.18**	**14.59**
글리신	9.27	3.40	9.24	7.30
류신	7.72	6.97	6.83	7.17
세린	6.38	5.03	6.30	5.90
발린	5.63	4.14	4.18	4.65
알라닌	6.49	3.30	2.79	4.19
아스파트산	6.19	3.28	2.48	3.98
페닐알라닌	3.65	4.82	3.02	3.83
이소류신	3.91	3.90	3.17	3.66
트레오닌	4.15	2.36	3.18	3.23
아르기닌	3.94	2.05	3.11	3.03
티로신	2.79	2.03	3.23	2.68
라이신	3.70	0.81	1.37	1.96
히스티딘	1.53	1.63	1.55	1.57
시스테인	**0.83**	**1.27**	**0.81**	**0.97**
메티오닌	0.64	0.06	0.23	0.31

것은 알부민과 글로불린에 포함된 효소가 활성화되어 시작된 연쇄반응의 결과이다.

밀 단백질의 아미노산 조성은 글루타민이 많다. 이들은 소화과정에서 쉽게 글루탐산이 되는데, 초기 MSG는 밀 글루텐을 산분해해서 만들었을 정도이다. 필수 아미노산인 라이신, 트레오닌, 메티오닌의 함량이 낮아서 밀만으로는 단백질 효율이 떨어진다. 밀에는 콜라겐에서 헬릭스 구조를 만들 때 핵심적 역할을 하는 프롤린(proline)도 많은 편이다. 그래서 프롤라민(prolamin)이라고 하는데 이들은 곡류의 씨앗(배유)에 많다. 밀가루의 글리아딘(gliadin), 보리의 호르데인(hordein), 귀리의 아베닌스(avenins), 옥수수의 제인(zein) 등이 대표적이다.

펩타이드의 구조를 안정화하는 핵심은 이황화결합인데, 이를 만드는 시스테인은 글루테닌보다 글리아딘에 많다. 그만큼 글리아딘의 형태가 안정적이다.

밀의 탄수화물: 전분, 펜토산

밀의 탄수화물은 주로 전분이며 이외에는 유리당, 펜토산이 함유되어 있다. 밀가루의 전분 함량은 단백질 함량이 많아지면 그만큼 줄어든다. 따라서 단백질이 적은 연질밀이 경질밀보다 전분 함량이 높다. 밀 전분에서 아밀로오스(amylose) 함량은 23~30%로 평균 27% 정도이다. 밀 전분은 전분 입자가 큰 것(20~35㎛)과 작은 것(2~10㎛)이 따로 존재하므로 엄밀한 의미에서 밀 전분의 호화는 두 단계로 일어난다고 할 수 있다.

밀을 제분할 때 롤로 압력을 가하면 전분 입자는 지름이 50% 정도 증가한다. 경질밀의 경우 단백질 함량이 높을수록 손상 정도는 증가해 손상전분 함량은 5~17%가 된다. 경질밀과 연질밀을 같은 입도로 분쇄하는 경우 경질밀의 손상전분이 많게 된다. 단백질과 손상전분의 함량은 밀가루의 물 흡수율에 영향을 주게 된다.

밀가루에는 펜토산이라는 다당류가 2~3% 정도 있는데, 그중 20~25%는 수용성이다. 이들은 분자량이 상당히 크며 밀가루 단백질보다 15~20배나 더 큰 점성을 가지고 있다. 최소 분자량이 15,000으로 많은 측쇄구조를 가지며, 수산기(-OH)가 물 분자와 결합하기 좋은 위치에 있다. 그래서 일반 전분과는 크게 다르게 실온에서도 자기 무게의 15배나 되는 물을 흡수해 높은 점성을 나타낸다. 수용성 펜토산은 빵의 노화를 억제하는 효과가 있으며 불용성 펜토산은 흡수율을 다소 증가시키기는 하나 제빵 점성을 다소 감소시키는 경향이 있다. 밀가루의 유리당은 포도당 0.01~0.09%, 과당 0.02~0.08%, 자당 0.19~0.26%, 맥아당 0.07~0.10%, 올리고당 1.26~1.31% 정도이다.

밀의 지방과 회분

밀의 지방질 함량은 2~4% 정도로 배유에는 1~2%, 배아에 8~15%, 겨층에 약 6% 정도 함유되어 있다. 회분은 배유에 0.5%, 배아에 4.5%, 겨층에

반죽의 수분 흡수 및 분포(출처: 제과 제빵 과학)

		함량(g/100g)	수분흡수/g	수분 흡수량	
전분 68%	정상전분(85%)	57.8	0.44 배	25.4	43.8
	손상전분(15%)	10.2	2.0 배	18.4	
	단백질	15	2.16 배	30.0	
	펜토산	1.5	15 배	22.5	

7.2%가 들어 있다. 그래서 제분 조건에 따라 포함된 겨층의 비율이 달라지고 이들 지방과 회분 함량은 크게 달라진다. 제빵에서 지질은 여러 가지 역할을 한다. 빵을 부드럽게 하고, 풍성한 향미 성분을 만들고, 노화를 지연한다. 밀 알곡에 있는 지질도 반죽에 넣는 유지와 같은 효과를 낸다.

보통 밀가루의 회분 함량은 0.4~0.5%이다. 배아의 미네랄은 칼륨이 1.6%, 인 0.39%, 나트륨 0.27%, 마그네슘 0.22%, 칼슘 0.15%, 철분 0.01% 순으로 다른 식물처럼 칼륨이 많다. 밀가루는 껍질을 많이 포함할수록 통밀이 되고, 회분(미네랄) 함량이 증가한다.

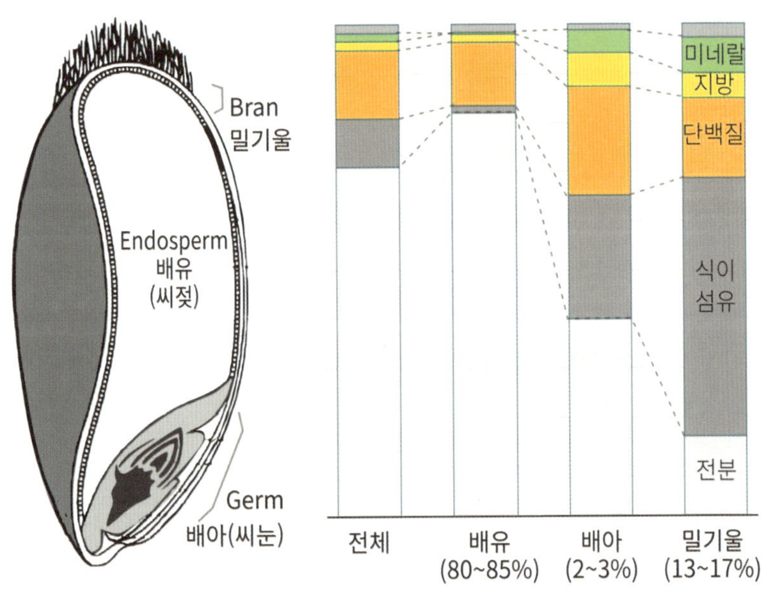

밀의 구조와 부위에 따른 성분 비율

밀의 부위에 따라 성분이 다른 이유

밀, 쌀, 옥수수, 귀리, 호밀, 보리, 수수, 기장 등의 볏과 작물은 여러 층으로 이루어진 복잡한 구조의 껍질을 가지고 있다. 이들 씨앗의 구조는 크게 겨(bran, 밀기울), 배유(endosperm, 씨젖), 배아(embryo, germ씨눈)로 구분한다. 배아와 배유를 밀기울이 둘러싸고 있는 구조이다. 배유는 통곡물의 80~85%를 차지하며, 겨와 배아는 건조 곡물 중량의 12~18%와 2~3%를 차지한다.

밀기울은 이런 씨앗을 외피, 내피, 종피, 그리고 유리질층을 포함한 7겹을 감싸서 보호하는 구조체이다. 초식동물 같은 포식자가 먹는 것을 포기하도록 소화되지 않는 섬유소가 가장 많고, 거친 껍질 등 초식동물에 방어적 형태를 가지고 있다. 호분층(aleurone layer)은 밀기울의 맨 안쪽으로 배유와 맞닿은 세포층이다. 미네랄 성분은 주로 여기에 있고, 배유에 저장된 전분과 단백질 분해에 필요한 효소도 이 호분층에 들어 있다. 호분층은 1~3개의 세포층으로 구성되어 있는데 상당 부분 제분 과정에서 제거된다.

밀 부위에 따른 성분의 차이

성분	전체	배유(씨젖)	배아(씨눈)	밀기울
전분	71	82	40	16
식이섬유	9.8	1.5	25	52
단백질	14	13	22	16
지방	1.9	1.5	7	5
미네랄(회분)	1.6	0.5	4.5	7.2
기타	1.7	1.5	1.2	2.8

배아는 장차 새로운 식물 개체로 자랄 씨앗의 실체이다. 배아는 적당한 온도에서 물을 만나면 싹을 틔운다. 배아가 새로운 벼로 자라는 진정한 씨앗 부분이라 영양소가 비교적 고르게 들어 있고 배유는 배아가 광합성을 시작할 정도로 자랄 때까지 영양분을 공급하는 역할을 하는 열량소의 공급 역할이라 전분 위주로 단순하다.

밀의 성분은 품종과 재배 조건 등에 따라 다르지만, 도정할 때 얼마나 밀기울을 포함할 것인지에 따라서도 달라진다.

밀의 벗기기 힘든 껍질 구조가 탄생시킨 제분 기술

제분이란 밀을 분쇄해 외피와 섬유질 등을 분리하고 가루로 만드는 과정이다. 이런 제분 과정이 동아시아 쌀 문화와 서양 빵 문화의 근본적인 차이를 만들었다. 쌀은 알곡을 통째로 먹지만, 밀은 가루를 내서 먹는다. 하지만 밀을 가루로 가공했다고 해서 처음부터 빵을 만들었던 것은 아니다.

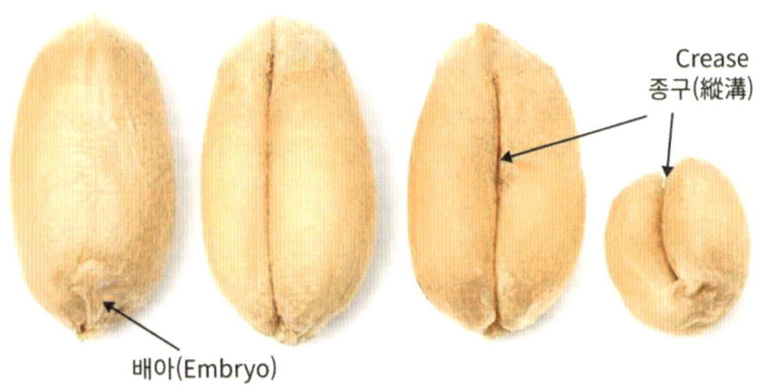

밀의 형태적 특성

고대 로마의 기록을 보면 '죽 먹는 것들(poridge eaters)'이라는 말이 나온다. 자신들은 밀가루로 빵을 만들어 먹는데 주변의 만족은 밀로 죽 정도밖에 만들어 먹지 못한다고 비하한 것이다. 밀 농사를 짓기 시작한 인류 최초의 음식은 아마 죽 형태였을 것이다. 인류가 최초로 재배한 엠머와 외알밀은 아주 단단한 밀이다. 죽은 이런 딱딱한 밀을 부드럽게 먹을 수 있는 좋은 조리법이다. 그러다 무발효빵을 구워 먹기 시작하고, 우연히 발효를 발견해 부풀어진 빵을 먹게 되었을 것이다.

밀은 외피를 제거하면 껍질뿐 아니라 내부의 배유까지 쉽게 부서지며, 또 밀알은 고랑이 깊어 일반적인 도정 방식으로는 이를 완전히 제거할 수 없으므로 아예 가루로 가공하는 제분이 유리하다. 그리고 가루로 분쇄한 상태의 밀가루는 수분과 결합하면 글루텐을 형성해 점탄성이 커지므로 제빵, 제과, 제면 등의 여러 가지 제품을 만들 수 있어 이용 범위가 넓어진다.

▷ 고대 이집트의 안장형 맷돌(saddle quern)

이집트 왕의 부장품 중에는 '곡식 가는 여인'이라는 석상이 있다. 여기에 묘사된 도구를 '새들 퀀(saddle quern, 안장형 맷돌)'이라고 하는데, Saddle은 '안장', Quern은 '맷돌'을 의미한다. 기원전 3000년경 고대 이집트 문명 때 발명된 것으로 갈판과 갈돌의 구조를 가지고 있으며, 아래쪽 넓적한 돌판이 갈판이고, 그 위에 굴리는 둥글고 긴 돌이 갈돌이다. 갈판과 갈돌은 세계 여러 신석기 유적지에서 발견되었는데, 중동과 유럽은 물론 우리나라에서도 발견되었으며 모양도 그다지 다르지 않다. 신석기 시대에 그 먼 거리를 오가며 부족 간의 교류를 통해 전파된 것인지 우연히 동시다발적으로 비슷한 것이 발명되었는지 알 수 없지만, 비슷한 도구가 비슷한 시기에 세계

곳곳에서 출현했다는 것은 신기한 일이다.

안장형 맷돌을 활용해 보리와 밀을 갈 때는 안장 모양의 평평한 갈판에 밀을 놓고 갈돌을 양손으로 쥔 다음 체중을 실어 위아래로 밀면서 갈았다. 갈판은 가는 사람의 몸쪽으로 점점 높아지는 경사가 있어서 갈돌을 쉽게 밀 수 있는 것이 특징이다. 몸에서 먼 쪽의 갈판에 홈이 살짝 파여 있어서 밀을 갈면 밀의 배유 부분이 홈에 담기고, 껍질 부분이 위쪽에 남게 된다. 이런 식으로 알곡에서 밀기울을 제거한 후, 다시 곱게 갈아 하얀 가루를 얻었다.

밀 알곡을 가루 내는 일은 매우 고되다. 밀알을 갈판 위에 올리고 갈돌 위에 체중을 전부 실어야 밀이 갈린다. 캐롤린 하몬(Caroline Hamon)과 발레리 르 갈(Valerie Le Gall)은 말리의 원주민이 갈판과 갈돌로 좁쌀 가루 내는 시간을 조사했다. 가루 1kg을 만드는데 최소 30분의 시간이 필요했다니 제분 방법의 효율이 얼마나 낮은지, 얼마나 고된 작업일지 상상이 간다.

▷ 회전 맷돌(rotary quern)

지금까지도 쓰이는 회전 맷돌은 기원전 600~500년 경 고대 오리엔트 시대에 만들어졌다. 회전 맷돌을 '로터리 퀸(rotary quern)'이라고 하는데, 분리되어 회전하는 위짝과 고정된 아래짝으로 구성된다. 위짝에 뚫려 있는 구멍으로 곡식을 넣고 손잡이를 돌려 가루를 만들며, 유심히 살펴보면 중심에서 바깥쪽으로 깊고 두꺼운 홈이 나 있고, 이들 깊은 홈 사이를 잇는 가늘고 얕은 홈이 있다. 2000년이 넘는 지금까지도 큰 변경 없이 원래 형태 그대로 쓰이고 있다는 사실에서 회전 맷돌의 완성도가 처음부터 얼마나 높았는지 알 수 있다.

조그마한 맷돌에서 시작된 회전 맷돌을 더 발전시킨 것은 고대 로마인이다. 분출된 화산재에 매몰되었던 폼페이에서 다수의 맷돌이 발견되었으며, 당시 맷돌은 이미 말의 힘을 이용해 돌릴 만큼 컸다. 요즘 사용하는 맷돌 제분기도 고대 로마 시대의 것과 크게 다르지 않다. 예나 지금이나 맷돌은 위아래 한 쌍의 돌로 이루어져 있고, 윗돌을 돌려 밀을 제분한다. 다만 윗돌을 돌리는 동력이 사람이나 가축에서 전기로 바뀌었을 뿐이다.

맷돌로 제분한 밀은 밀기울, 배아, 배유 등 밀 알곡의 모든 부위가 포함된 통밀가루가 된다. 체질을 해서 입자가 큰 밀기울을 제거할 수 있지만, 맷돌을 밀알을 통째로 갈기 때문에 체질을 한다고 해도 작게 갈린 밀기울까지 제거할 수는 없다.

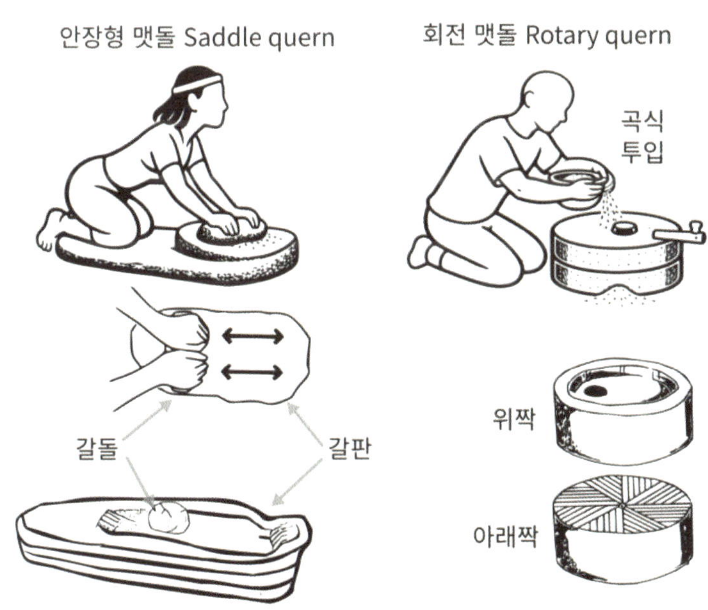

과거의 제분 장치(안장형 맷돌과 회전 맷돌)

▷ 현대식 제분기

19세기 산업혁명과 함께 기계식 롤(roll) 제분기가 발명되면서 소비자가 원하는 품질의 밀가루를 대량 생산할 수 있게 되었다. 롤 제분기는 1820년 헝가리에서 처음 만들어졌으며, 밀이 좁은 롤러 사이의 틈을 통과하면서 껍질이 벗겨지고, 분쇄되는 방식이다. 이 방식은 밀가루의 품질과 생산성을 크게 향상시켰다.

현대식 롤 제분 공정 과정은 길고 복잡하다. 크게 이물 제거, 전처리, 분쇄, 미세화, 포장으로 나뉘는데, 먼저 밀도 차이, 송풍, 충격, 자석 등을 이용해 이물질을 제거한다. 그리고 템퍼링 과정을 통해 껍질을 벗기기 쉽게 한다. 템퍼링은 하루 정도 밀알을 물에 담가 두는 공정으로써 이 공정을 거치면 밀기울이 물을 머금어 잘 부서지지 않은 질긴 형태가 되어 배유와 깔끔하게 분리하기 쉽다. 이렇게 밀 껍질을 포도 껍질 벗기듯 분리한 후 좁은 롤러 틈을 통과하면서 미세하게 분쇄된다. 롤러 제분으로는 한꺼번에 분쇄하지 않고 껍질을 분리한 후 분쇄할 수 있으므로 완벽한 백밀에서 껍질을 원하는 비율만큼 섞은 통밀까지 모든 종류의 밀가루를 생산할 수 있다.

이런 분쇄의 특성과 품질의 관계는 커피 분쇄기를 통해서도 알 수 있다. 요즘 집에서 곡물을 분쇄할 일은 없어도 커피 분쇄기를 써본 사람은 상당수 있을 것이다. 곡류는 장기간 보관해도 품질의 변화가 적어서 공장에서 좋은 설비로 대량으로 분쇄하는 것이 유리하지만, 커피를 분쇄하면 금방 향이 휘발되고 손상되기 때문에 추출 직전에 분쇄해야 한다. 그만큼 소형 분쇄기를 쓰는데, 분쇄기에 따라 품질의 차이가 크기 때문에 홈 카페를 할 때 가장 고민되는 장비가 바로 분쇄기이다.

식품의 분쇄기는 곡물 분쇄기에서 유래한 것이 많다. 카페에서 가장 많이 쓰는 분쇄기의 하나가 말코닉사 제품인데, 이 회사도 원래는 곡물 분쇄기 회사였다. 곡물용 롤러 그라인더는 산업용 커피 분쇄에서도 여전히 최고의 설비다. 롤러 그라인더는 1~6가지의 분쇄 단계를 거치고, 각 분쇄 단계마다 두 개의 롤러가 마주 보고 있다. 단수가 많은 만큼 한 번에 강한 힘을 가하지 않고 롤러의 홈 형태와 방향, 속도가 달라서 자름-누름-전단 작용을 복합적으로 구현할 수 있다. 자름 작용은 입자를 둥글고 일정하게 해 입도 분포를 좁게 하고, 압축(누름)과 충격은 입자의 형태는 불규칙하게 하고, 크기 분포는 더 넓게 하는 경향이 있다.

분쇄 품질은 얼마나 미분이 적고, 크기가 일정한지가 중요한 지표이다.

산업용 롤(Roller) 형태의 커피 분쇄기

지름이 100㎛인 분말은 지름이 10㎛인 입자보다 10배 큰 것이 아니라 10x10x10배 즉 1,000배나 큰 것이다. 균일한 입도를 위해서는 원하는 크기로 분쇄된 원두에는 다시 충격이 가해져 더 미세한 분말로 분쇄되지 않게 하는 것이 중요하다. 맷돌이나 블렌더 타입은 어떤 입자는 원하는 크기로 분쇄된 후에도 계속 충격을 받아 지나치게 미분이 되고, 어떤 입자는 블레이드에 잘 닿지 않아 큰 입자를 유지한다. 입도가 균일하기 힘든 것이다. 여러 단으로 구성된 다단 롤러는 1단에서 최소한의 힘으로 분쇄 후 롤러 틈보다 작은 것은 아래로 빠져서 더 이상 충격을 받지 않고, 큰 것은 롤러 틈보다 작게 분쇄된 후 아래로 빠지게 된다. 이렇게 점점 좁혀진 여러 단의 롤러를 거쳐 분쇄하면 가장 균일한 입자 분포가 된다.

밀가루의 입도는 17㎛ 이하가 12%, 17~35㎛가 45%, 35㎛ 이상이 43% 정도이다. 단백질의 함량은 입도가 17㎛ 이하인 것은 14~19%로, 이보다 입도가 큰 것이 5~12%인 것에 비해 많다.

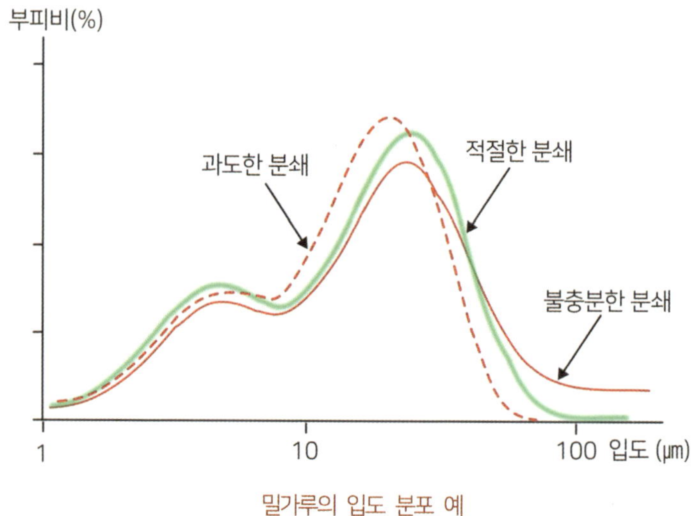

밀가루의 입도 분포 예

3. 밀가루의 분류

글루텐 함량에 따른 분류

밀은 파종 시기, 색, 경도 등에 따라 분류할 수 있다. 경도는 밀 알곡의 품질을 결정하는 가장 중요한 인자이다. 제분 수율, 입자 크기, 손상전분 등 제분 특성에 결정적인 영향을 미치며, 밀가루의 제빵 특성에도 영향을 준다.

경질밀은 연질밀에 비해 제분 수율이 높다. 연질밀은 밀기울과 배유 사이의 결합력이 경질밀보다 강해서 제분할 때 배유의 일부분이 밀기울과 함께 제거되기 때문이다. 경질밀은 연질밀에 비해 밀가루 입자가 굵고, 서로 뭉치는 정도가 덜하다. 밀이 단단할수록 제분 시 전분 결정이 깨지기 쉬워 손상전분은 경질밀이 연질밀보다 많다. 이처럼 밀의 경도가 밀가루 품질의 주요 인자인 만큼, 밀의 경도를 결정하는 요인에 관한 연구도 많았다. 지금까지 밝혀진 가장 유력한 인자는 프리아빌린(friabilin) 단백질의 함량이다. 전분 입자의 표면에 있는 이 단백질이 많으면 전분 입자끼리의 단단한 결합을 방해해 밀의 경도를 낮춘다. 듀럼밀처럼 단단한 밀은 이 단백질을 합성하는 유전자가 돌연변이로 손상되었다. 듀럼밀을 파스타를 만들 때 주로 사용하는 이유도 일반 밀보다 훨씬 단단하기 때문이다.

유리질성 또한 밀의 경도에 영향을 준다. 밀알 단면이 투명한 유리질은 경질밀로, 불투명한 흰색인 분상질은 연질밀로 분류할 수 있다. 글루텐 단백질 함량이 높을수록 유리질성이 나타나며, 밀알의 경도는 증가한다. 따라서 경질밀을 제분하면 단백질 함량이 높은 강력분이 되고, 연질밀은 중력분이나 박력분이 될 가능성이 크다.

같은 단백질 함량을 가진 밀임에도 빵 굽는 과정에서 전혀 다른 품질을 보이는 경우가 종종 발생하는데, 이 차이는 대부분 글루텐 단백질의 질적인 차이에서 생긴다. 글루텐의 품질은 일차적으로 품종 특성에 크게 의존하지만, 재배와 가공 공정의 영향도 크다. 그래서 밀의 단백질 함량은 품종 및 생육 환경(재배 조건, 토양, 기후, 시비, 강우량 등)에 따라 대략 6~20%까지 차이를 보인다.

씨앗의 발달 기간 중 고온·다습할 경우에는 보통 저단백 밀이 생산되며, 저온·건조한 환경에서는 고단백 밀이 생산된다. 토양에 질소 함량이 높으면 단백질 함량이 증가하고, 종실이 발달하는 중간에 요소(질소)비료를 잎에 뿌려도 단백질 함량이 크게 증가한다.

밀은 파종시기에 따라 겨울밀-봄밀, 밀의 색에 따라 적색-백색, 물성에 따라 경질-연질로 나누고, 이들의 조합으로 다양하게 분류된다. 파종 시기에 따라 밀을 가을에 파종하면 추파밀, 겨울 밀이 된다. 겨울 밀은 가을(8~11월)에 파종해 겨울을 지나 이듬해 6~7월경에 수확한다. 가을에 파종한 밀은

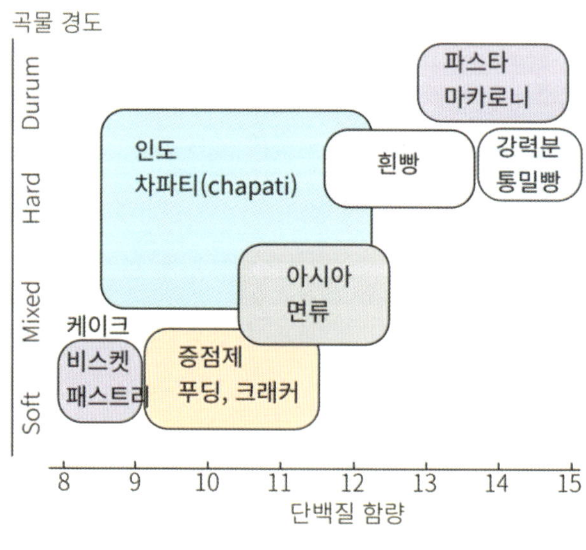

밀의 경도, 단백질 함량과 용도

발아 후 서리가 내리기 전까지는 계속 자란다. 겨울 동안 휴면하고 이른 봄 기온이 올라가면 빠른 속도로 다시 자라기 시작한다. 세계 대부분 지역에서 가을 파종밀을 재배해 밀 수확량의 약 80%를 차지하는 반면, 봄 파종밀은 캐나다 등 겨울 강추위로 밀이 월동할 수 없는 고위도 지역에서 재배한다. 일반적으로 봄에 파종한 밀이 가을에 파종한 밀보다 단백질 함량이 높다.

밀알은 색에 따라 붉은색의 적립계밀과 흰색의 백립계밀로 구분하기도 한다. 제일 흔한 밀 품종은 씨껍질에 페놀화합물이 많은 붉은색이며, 페놀화합물이 적고 씨껍질이 엷은 흰색 밀은 통밀 제품을 만들 때 색이 밝고 떫은맛이 적고 단맛이 나서 점점 인기가 높아지고 있다. 일반적으로 적립계밀은 경도가 높은 경질밀, 백립계밀은 연질밀일 가능성이 높다. 단백질 비율이 높으면 대체로 단단하고 반투명한 유리질이 되는 경향이 있다. 이런 경질밀은 미국에서 생산되는 밀의 75%를 차지한다.

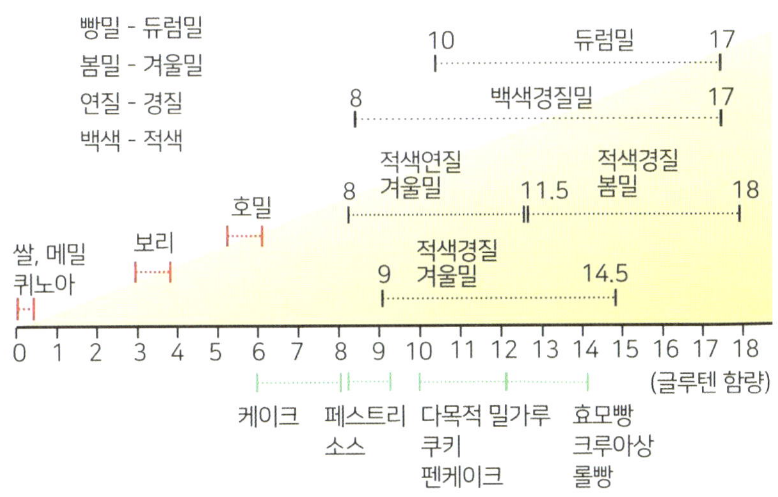

밀가루의 글루텐 함량에 따른 분류와 용도

회분율에 따른 밀가루의 분류: 통밀과 백밀

웰빙과 다이어트가 화두가 되면서 통밀빵이 주목받고 있다. 그런데 제품마다 밀기울의 포함량이 달라서 색이나 겉모습으로는 어디까지가 통밀인지 판단하기 애매하다. 그래서 등장한 방법이 회분 함량을 기준으로 분류하는 것이다. 먼저 회분을 도가니 같은 고온을 견디는 그릇에 일정량을 넣고 550~600℃의 고온에 태운 뒤 남은 재의 양을 측정한다. 유기물은 전부 연소되어 사라지고 재(회분, 무기질, 미네랄)만 남는데, 미네랄은 밀기울에 많으므로 회분 비율이 높을수록 통밀이다. 프랑스에서는 회분 비율을 기준으로 T45~T160으로 분류한다.

밀은 배유의 가장 중심부의 회분 함량이 0.35%로 가장 적고, 중심에서 멀어질수록 증가한다. 배유의 평균이 0.5%이고, 밀기울은 7.2%에 이른다. 따라서 회분 비율이 높을수록 밀기울(껍질)의 함량이 높고, 통밀에 가깝다. 프랑스의 T45 밀가루는 회분이 0.4% 이하로 가장 낮은 규격이고, T150은 1.4% 이상으로 통밀이다.

회분 비율이 높을수록 제분율(수율)도 올라간다. 제분 수율은 100g의 밀

밀의 제분 수율(%)에 따른 밀의 분류 및 성분 함량

제분 수율 %	회분 (%)	단백질 (%)	비고	프랑스 분류	독일 분류	미국 분류
70	~0.4	~9	백밀	T45	405	pastry flour
73	~0.55	~11	백밀	T55	550	all purpose flour
85	~0.8	~14		T80	812	high gluten flour
90	~1	~15	준통밀	T110	1050	first clear flour
100	>1.5	~13	통밀	T150	1700	whole wheat flour

알곡을 제분했을 때 밀가루가 얼마나 나오는지를 보여주는 수치이다. T45의 경우 제분 수율이 70%로 알곡 100에서 밀가루 70을 얻는 데 반해, T150은 100% 즉 전부를 밀가루로 만든다. 통밀일수록 수율이 높아 저렴한 밀가루인 셈이다. 그런데 T45의 제분율은 70%로 배유의 함량 83%보다 낮다. 즉 껍질은 물론 배유의 13%마저 추가로 깎여나간 셈이다. 결국 프랑스 T45는 완전한 배유, 흰색의 전분만 가득한 백밀이다.

쌀도 백미와 현미가 있다. 도정을 안 하면 현미이고, 5분도, 7분도는 쌀겨를 그만큼 깎아 낸 쌀이다. 일본 청주는 풍미를 섬세하기 위해 지방이나 단백질을 최대한 제거한다. 백미의 50%까지도 깎아 내어 거의 전분만 남겨 만든 일본 청주를 최고급으로 친다.

설탕도 순수한 설탕(sucrose)만 결정화한 백설탕이 가장 수율이 낮고, 많은 재료비가 들어간다. 그런데도 제분회사가 흰 밀가루 위주로 생산한 것은 소비자가 소화가 잘되고, 흰색을 열망하기 때문이다. 더구나 지방이 제거된 흰 밀가루가 저장과 장거리 배송에 유리하다. 지방은 배아에 7%, 밀기울에

밀알의 부위별 성분 조성비

구분		구성비 %	단백질 %	지방 %	탄수화물 %		회분 %	비타민(mg/100g)		
					당질	섬유소		B1	B2	B3
겨층	과피	2	7.5	0	34.5	38.0	5.0			
	종피	2.5	15.5	0	50.5	11.0	8.0	0.48	0.05	25.0
	호분층	6.5	24.5	8.0	38.5	3.5	11.0			
배아		2	26	10	32.5	2.5	4.5	16.5	1.5	6.0
배유	주변부	85	16	2.2	65.7	0.3	0.8	0.45	0.18	18.8
	중심부		7.9	1.6	74.7	0.3	0.3	0.05	0.07	0.5
전체		100	12	1.8	67.1	2.4	1.8	0.4	0.15	4.2

5%, 배유에는 1.5% 정도만 들어 있다. 따라서 도정율을 높이면 많은 지방이 제거되고, 지방 함량이 낮은 밀가루는 습기만 조심하면 수개월, 길게는 수년까지 보관해도 품질이 유지된다. 주곡을 보다 오래 저장하고 교환할 수 있게 되면서 경제 구조와 식문화에 정말 커다란 영향을 미쳤다.

이처럼 지방을 분리해서 유통 적성을 높인 대표적 사례가 탈지분유이다. 우유는 수분 함량이 높아 쉽게 상한다. 우유를 그대로 건조해 전지분유로 만들면 유통기한이 늘어나지만, 지방이 있어서 산패가 일어나 한계가 있다. 우유의 유지방을 원심 분리로 분리(제거)한 탈지유를 분무 건조하면 지방의 산패 문제가 해결되어 보관성이 훨씬 좋아진다.

100년 넘게 지속된 가공에 의한 영양 파괴 논란

1880년대 서양에서는 '새로운 영양(new nutrition)' 이론이 등장한다. 인체는 증기 기관차이고, 식품은 이 증기 기관차에 연료를 공급하는 탄수화물과 지방 그리고 근육의 회복을 돕는 단백질의 결합체라는 이론이다. 이것은 식물을 키울 때 N(질소), P(인산), K(칼륨)만 있으면 된다는 생각만큼 획기적이었다. 물론 우리가 건강을 유지하려면 탄수화물, 단백질, 지방 말고도 미량 영양소가 필요하고, 식물이 건강하게 자라는데도 추가적인 미량 성분이 필요하다. 그래도 본질을 파악하려는 노력 덕분에 '땅의 기운' 또는 '땅심' 같은 알 수 없는 신비는 사라지고 수경재배도 가능해진 시대가 되었다.

그러다가 1910년에 비타민 B1(티아민)을 시작으로, 1913년 비타민 A, 1920년 비타민 C, D, B2, 1922년 비타민 E, 1929년 비타민 K, 1931년 비타민 B5, 1934년 비타민 B6, 1936년 비타민 B7, B3 그리고 1948년 비타민 B12까지 과학자들의 최초 발견의 영광을 향한 숨 가쁜 레이스가 펼쳐졌다. 20세기 초는 과학자가 발견 경쟁에서 승리하면 크나큰 영예를 누릴 수 있는 시기였고, 비타민은 대중에게 가장 인기 있는 아이템이었다. 문제는 점점 비타민의 존재가 지나치게 신비화되어 건강에 도움이 되는 수준을 벗어나 맹신과 광풍의 시대로 이어진 것이다. 1940년대 미국은 3대 영양 성분이 찬밥 신세가 되고 비타민이 건강의 본질인 양 우상화되어 비타민 챙겨 먹기가 대유행했다.

식품 가공 중 영양이 파괴되어 숨은 굶주림의 질병이 증가한다는 공포심을 만드는 데 이바지한 사람은 유명 의사였던 러셀 윌더(Russell Morse Wilder, 1885~1959)이다. 그는 '미국의 안전이 비타민 B1(티아민) 부족으로 위협받고 있다'라고 주장하면서 미국인들의 영양이 품질 측면에서 1880년대에 도입된 새로운 제분 장치의 도입 이후 지난 60년 동안 현저히 저하되었다고 했다. 새로운 제분 과정을 거치는 동안 미국인 식사의 30%를 차지하는 흰 빵의 티아민 90%가 파괴되는 등 비타민 B 복합체가 대부분 파괴된다고 주장한 것이다.

연구팀은 티아민의 역할을 강조하기 위해 6명의 여성 환자를 대상으로 6주 동안 같은 식단을 제공한 결과 '쇠약, 피로, 무기력, 우울증, 현기증, 요통, 거식증, 메스꺼움, 체중 감소, 구토'가 생겼다고 밝혔다. 그리고 실험 중 반쯤 연구팀이 여성 환자 2명에게 티아민을 보충한 식사를 제공하자 이들은 "이상하리만치 활력이 넘치는 행복감을 경험했다"라고 밝혔고, 이때부터 티아민은 '활력 비타민'이란 별칭으로 불리기 시작했다. 1941년에는 제분업체들이 '강화' 밀가루의 생산에 합의했으며, 티아민(B1)뿐 아니라 철분, 리보플라빈(B2), 니코틴산(B3)도 추가했다.

제분 과정 같은 현대 가공 기술로 인해 식품에서 가장 소중한 성분인 비타민이 파괴되어 현대인이 과거보다 건강하지 못하다는 주장은 100년 가까이 가공식품을 비난하는 단골 레퍼토리로 쓰이고 있다. 하지만 제분 과정은 비타민을 파괴하는 것이 아니라 소비자가 원하는 배유(비타민 B1이 적은) 위주로 가루를 만드는 과정일 뿐이다. 게다가 당시 미국인은 워낙 고기를 많이 먹어서 비타민 B1이 부족할 가능성은 없었다.

그 당시 제분의 핵심은 거칠고 소화 안 되는 겨층의 섬유소 제거였다. 섬유소가 많을수록 건강에 좋다는 주장은 항상 과식하는 현대인에나 통할 이야기이지 불과 100년만 거슬러 올라가도 완전한 헛소리가 된다. 우리 선조의 최대 로망은 '흰쌀밥'을 마음껏 먹는 것이었다. 그런데 왜 현미가 아닌 흰쌀을 강조했을까? 과거에는 지금보다 7배는 많은 140g 정도의 섬유소를 먹었고, 당시 섬유소는 소화 흡수가 안 되어 필요한 열량소를 공급하기는커녕 소화기관에 부담만 주고 오히려 다른 영양분이나 비타민, 미네랄을 붙잡아 흡수를 방해하는 쓸모없는 존재이며 건강의 적이었다.

과거에는 "O구멍이 찢어지게 가난하다"라는 말을 자주 했다. 이것은 비유가 아닌 실제 경험에서 나온 말이다. 보릿고개 시절처럼 먹을 것이 없어 소나무 껍질, 풀뿌리 같은 초근목피로 연명하면 풍부한 섬유질 때문에 변이 돌처럼 딱딱하게 되어서, 배변 시 항문이 찢어지는 통증을 겪는 일이 많아서 생긴 말이다. 지금이야 소화제를 먹을 필요가 없이 건강하고 소화력이 좋으니 꽁보리밥도 별미이고 현미밥이나 통밀빵도 씹는 맛이 있는 맛있는 음식이지만, 소화력이 떨어지거나 아플 때면 죽을 찾은 것처럼 소화가 잘되는 음식을 찾게 된다.

실제 도정으로 건강을 해친 사례는 미국이 아니라 일본에 있다. 일본은 근대화와 함께 쌀 정제 기술이 좋아지면서 쌀겨를 모두 깎아낸 백미가 대중화되었다. 쌀은 씨앗 중간에 깊은 홈이 없고 단단하여 밀보다 껍질을 벗겨 내기가 훨씬 쉽다. 이런 흰쌀밥(백미)은 과거 일본인들에게 단순히 배를 채우는 음식을 넘어 신분 상승과 풍요를 상징하는 강력한 동경의 대상이었다. 쌀이 곧 화폐였고, 영지의 경제력을 쌀 생산량으로 측정했기 때문에 쌀은 부를 측정하는 절대적인 척도였다. 에도 시대까지 백미는 쇼군이나 다이묘, 고위 무사들만 매일 먹을 수 있는 귀한 음식이었고, 일반 서민들은 보리, 조, 수수 등을 섞은 잡곡밥을 먹어야 했기에 '죽기 전에 흰쌀밥 한 번 배불리 먹어 보는 것'이 평생의 소원이었다. 거칠고 깔깔한 잡곡밥에 비해 부드럽고 단맛이 나는 백미는 미각적으로 너무나 훌륭했다. 특히 반찬이 부족했던 시절, 밥 자체만으로도 단맛을 내는 백미는 그 자체로 최고의 요리였다.

메이지 유신 이후, 군대에 입대하면 흰쌀밥을 마음껏 먹게 해주겠다는 조건이 파격적인 모병 수단이 될 만큼 백미는 근대 시민으로서 누리는 첫 번째 특권으로 인식되었다. 문제는 티아민(비타민 B1)은 쌀겨와 쌀눈에 몰려 있는데, 이를 모두 제거한 채 밥을 지어 먹은 것이다. 그래서 흰밥의 유행과 함께 원인 모를 각기병이 일본에 점점 퍼지게 되었는데, 특히 군대가 심각했다. 명절 때가 아니면 흰쌀밥은 구경조차 힘들었던 시기에 군대에 가면 쌀밥만큼은 마음껏 먹을 수 있었다. 쌀은 1인당 매일 900g을 제공했고 전선이 길어지면서 부식은 현지에 조달이 어려워 현금을 지급해 각자 해결하도록 했다. 장교들이야 다른 반찬도 고르게 먹어 문제가 없는데, 사병은 돈을 아끼느라 최소한의 반찬만 먹었다. 맛있는 흰쌀밥만 있으면 반찬은 문제가 아니었다. 된장국이나 간장만 있어도 충분했다.

그래서 1880년대 일본 해군에는 각기병이 만연했다. 당시 의학계는 각기병을 세균에 의한 감염병으로 보는 시각이 지배적이었으나, 군의관 다카기가네히로(高木兼寬, 1849~1920)는 영국 유학 경험을 바탕으로 서구식 식단을 먹는 해군에는 각기병이 없다는 사실에 착안해 식단 문제라는 가설을 세웠다. 1884년, 그는 훈련함 츠쿠바호에서 보리밥과 고기, 채소를 제공했고 사망자가 단 한 명도 발생하지 않았다. 이전에 45%가 각기병에 걸리고 25명이 사망했던 것과는 완전히 다른 결과였다. 비타민 B1을 발견하기 30년 전에 통계와 실험으로 해법을 찾은 것이다.

사실 제분회사는 통밀을 쓰면 수율이 100%이고, 밀기울을 제거하여 흰 밀가루로 만들면 수율이 30% 낮아져 원가 부담이 커진다. 정제 비용도 만만치 않다. 정제하면 할수록 비용이 더 드는 것이다. 왜 식품회사가 굳이 비용을 더 들여가면서 정제하는지에 대한 이해가 필요하다.

한편, 현미는 5세 미만 어린이에게는 먹이지 않는 것이 좋다는 연구 결과가 있다. 무기 비소가 많이 함유되어 있기 때문이다. 토양과 농업용수에서 흡수한 비소는 주로 쌀알의 바깥층인 껍질에 축적된다. 백미는 껍질을 완전히 제거하고 깎아내기 때문에 비소 농도가 낮아진다. 현미는 백미보다 무기 비소가 약 40% 더 높다. 따라서 현미를 규칙적으로 먹이면 생후 6~24개월 어린이는 문제가 될 수 있다. 이처럼 식품 가공은 장단점이 같이 있으니 용도와 특성에 맞게 쓰면 된다.

우리나라에 밀가루가 들어온 시기와 쌀을 자급자족하게 된 시기는 모두 선진국에서 비타민 대소동이 이미 충분히 시행착오를 겪은 이후다. 일본처럼 흰쌀밥만 먹은 시기도 없었고, 서구처럼 대항해시대를 겪은 적도 없다. 먹을 것이 없어서 굶어 죽는 경우는 많았어도 비타민 부족으로 고통을 받은 경험도 없다. 그런데도 지금 우리나라 사람의 비타민에 대한 믿음과 숭배는 대단하다. 세뇌는 그만큼 무서운 것이다.

2장. 빵의 주재료: 밀가루, 소금, 효모, 물

1. 글루텐의 특성과 역할

글루텐이란 무엇인가? 구형의 저장단백질

밀가루의 성분 중 가장 특별한 역할을 하는 것은 단백질의 대부분을 차지하는 글루텐(gluten)이다. 다른 곡물 가루는 아무리 물과 섞어도 단순한 반죽밖에 되지 않는데, 밀가루는 무게의 절반 정도 되는 물과 섞으면 흥미로운 현상이 일어난다. 처음에는 일반 반죽과 같지만, 시간과 정성을 들여서 반죽을 치대다 보면 점점 응집성과 탄성이 생겨 매력적인 물성으로 변한다. 이런 특성을 이용해 가볍고 섬세한 질감의 빵, 얇게 벗겨지는 페이스트리, 가늘고 섬세한 면, 탱탱하고 매끈한 파스타 등 수많은 물성의 음식을 만들 수 있다.

밀가루의 글루텐은 7세기 중국의 승려들이 처음 발견했다고 전해진다. 승려들이 우연히 밀가루 반죽을 찬물 속에서 주무르자 녹말이 풀어지고 고무 같은 덩어리만 남게 된 것이다. 글루텐의 가장 큰 특징은 이처럼 물에 쉽게 풀리지 않는 소수성 단백질이다.

우리 몸의 단백질은 10만여 종으로 제각각 길이와 형태가 다르지만, 아미노산이 400개 정도 이어진 폴리펩타이드이다. 단백질의 형태는 크게 기다란 섬유형(직선형)과 개별로 둘둘 말려있는 구형으로 구분할 수 있다. 단백질은 대부분 구형이고, 직선형 구조는 종류가 별로 많지 않은데 대표적으로 근육과 콜라겐이 있다. 단단하면서도 수축과 이완이 필요한 곳은 근육이 있고, 길이가 변하지 않으면서 매우 단단한 구조가 필요한 곳은 콜라겐이 있다. 이처럼 직선 구조는 종류는 적지만 함량은 많다. 콜라겐 하나가 단백질의 30%를 차지하기도 한다.

구형의 단백질은 기능에 적합한 제각각의 형태로 효소, 감각수용체, 면역, 신호 물질, 저장체의 형태 등이 있다. 구형이므로 물에 녹는 것이 많고, 온도와 pH 등의 작은 변화에도 형태가 변하기 쉽다. 글루텐은 씨앗(저장체)에 보관된 저장단백질이라 기본적으로는 구형 단백질이다.

단백질의 대표적 형태

	직선형(섬유형)	구형
형태	가늘고 긴 형태	둥글거나 구형
역할	구조를 형성	기능을 수행
아미노산 배열	반복적인 아미노산 순서	불규칙한 아미노산 순서
내구성	온도, pH 등에 의해 변화가 적음	온도, pH 등에 민감
용해도	대부분 불용성	물에 녹음
단백질 예	콜라겐, 액틴, 미오신, 케라틴, 엘라스틴, 피브린	효소, 헤모글로빈, 인슐린, 면역 단백질

구형 단백질이 직선으로 풀리면 무슨 일이 일어날까?

밀 단백질은 85% 정도가 글루테닌과 글리아딘을 합한 글루텐이다. 이들의 특성을 이해하려면 먼저 몇 개의 아미노산으로 되어 있는지 파악해야 한다. 아미노산의 분자는 가장 작은 글리신(75Da)부터 가장 큰 트립토판(204Da)까지 다양하다. 이들을 평균하면 118 정도인데, 아미노산이 펩타이드와 결합할 때 1개의 물 분자(분자량 18)가 빠져나가므로 110을 아미노산 1개로 계산한다. 이렇게 계산하면 밀 단백질은 아미노산 180~1,090개로 만들어진 셈이다. 글리아딘은 255~500개(분자량 28,000~35,000)의 아미노산, 글루테닌은 272~1,090개의 아미노산으로 구성되어 글루테닌이 2배 정도 길다.

선형 폴리머(linear polymer)의 특성은 몇 개의 분자(monomer)가 결합했는지를 나타내는 중합도(길이)에 가장 많은 정보가 들어 있다. 길이가 2배

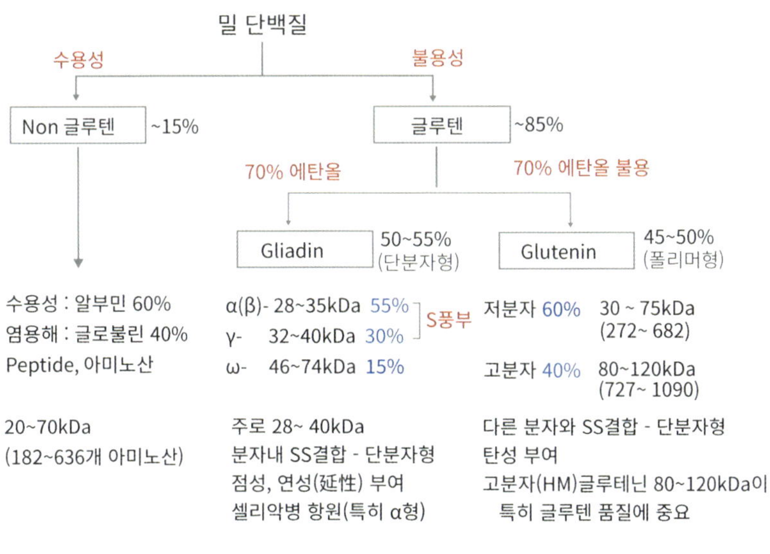

밀 단백질의 분류와 아미노산 길이

로 늘어나면 표면적은 2승, 공간(부피)은 3승 배의 효과가 있기 때문이다. 이러한 특성은 CMC 같은 친수성 다당류일 때 가장 잘 드러난다. 중합도가 3,200인 CMC는 중합도가 360인 CMC에 비해 몇만 배 강한 점도를 나타낸다. 그래서 길이가 2배 긴 고분자 글루테닌이 저분자 글루테닌보다 길이가 2배 길면 점탄성에 8배 효과를 보일 수 있다.

길이 L배 증가 시, 표면적 L^2, 부피 L^3

10	100	1,000
100	10,000	1,000,000
1,000	1,000,000	1,000,000,000

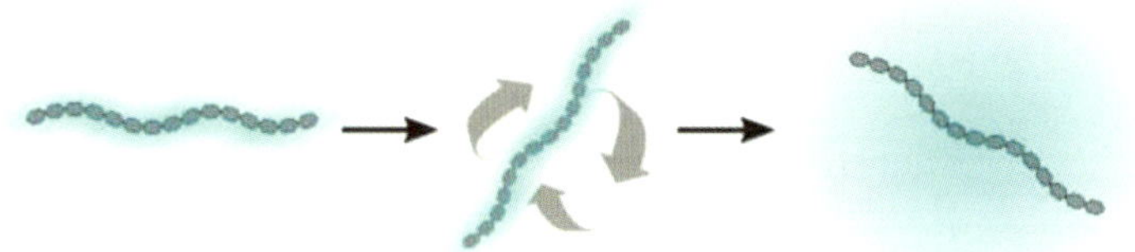

D.P 효과: 길이의 3승 배, 입체적으로 회전하면서 공간을 점유한다.

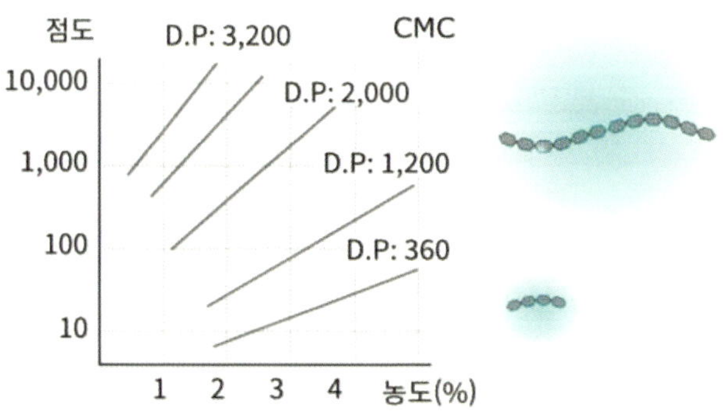

다당류의 길이와 점도의 관계

단백질이 다양한 기능을 할 수 있는 이유

단백질은 친수성 아미노산이 많은 부위도 있고, 소수성 아미노산이 많은 부위도 있다. 식품은 주로 물이 많은 상태이니 친수성 부분은 밖으로 노출되어 물과 더 많이 결합하려 하고, 소수성 부분은 안쪽으로 모여 자기들끼리 뭉치려 한다. 이런 힘을 바탕으로 단백질은 수소결합, 이온결합 등으로 구형의 3차원적 형태를 가진 경우가 많다. 구형의 말려진 형태(folding)가 정상적인 단백질 상태(native)이고, 풀려서(unfolding) 기다란 직선 형태로 바뀐 것을 변성(denaturation)된 상태라고 한다.

생명체 안의 효소, 감각수용체 같은 단백질은 수소결합, 소수성 또는 극성 분자끼리 정전기적 결합처럼 약한 힘으로 결합한 상태라 조건에 따라 원래의 형태와 변형된 형태를 왔다 갔다 하는 가역적 변화를 한다. 하지만 식품은 생체 상태보다 훨씬 극단적인 열이나 물리적 힘을 가하는 경우가 많아 다시는 원래의 형태로 돌아가지 못하는 비가역적인 변화를 하는 경우가 많고, 이런 비가역적 단백질 풀림의 상태가 오히려 바람직한 경우가 많다. 강력한 물성을 부여하기 때문이다. 즉 단백질 사슬이 둘둘 말려있는 상태보다 풀린 상태가 식품의 물성에 강력한 역할을 한다.

단백질이 둘둘 말아진 상태에서 길게 펼쳐진 상태로 변하면 가장 흔하게 일어나는 현상이 바로 점도의 증가이다. 밀가루로 반죽을 치대거나 고기를 쵸핑하거나 흰자를 휘핑하면 말려있던 단백질이 길게 풀어지면서 다른 것을 붙잡아 점도가 증가한다. 그리고 직선으로 펼쳐진 사슬끼리 서로 얽혀 고정되면 겔화도 일어나고, 기름을 감싸면 유화, 공기를 감싸면 거품 현상이 일어난다.

▷ **단백질의 유화력:** 식품에서 단백질보다 강력한 유화제는 없다. 단백질을 구성하는 수백 개의 아미노산 중에 어느 쪽은 친수성 아미노산이 많고 어느 쪽은 소수성 아미노산이 많이 분포한다. 이런 단백질이 길게 풀린 상태로 기름과 만나면 소수성 부위는 기름에 파묻히고 친수성은 물에 노출되어 유화력을 발휘한다. 더구나 단백질은 거대 분자라서 그 힘이 단분자(지방산에 친수기를 결합)인 유화제 비해 훨씬 크다. 그래서 식품에서 유화는 단백질이 책임지는 경우가 많다.

▷ **단백질의 휘핑력:** 단백질의 유화력과 휘핑력은 사실 같은 말이다. 단백질에 기름이 없으면 소수성인 공기를 감싼다. 공기가 단백질에 감싸이게 되므로 매우 안정적으로 포집된다.

▷ **단백질의 겔화력:** 달걀을 익히면 굳는 것처럼 많은 양의 단백질이 제대로 풀려서 서로 네트워크를 구성하면 겔이 된다. 두부, 어묵, 소시지, 패티 등의 탱탱한 조직은 단백질의 겔화에 의한 것이다.

▷ **단백질의 필름 형성력:** 콩 제품 중 '유바'는 콩 단백질이 형성한 필름이다. 농도가 짙은 두유액을 80℃로 유지하면서 5~7분이 지나면 표면에 자연스럽게 막이 형성되는데, 이것을 젓가락이나 대꼬챙이 등을 이용해 건져 올린 것이다. 콩 단백질뿐 아니라 대부분 단백질도 정도의 차이는 있으나 필름 형성 능력이 있다.

▷ **단백질의 견고함(강도 부여):** 단백질 중 견고하기로 유명한 것이 거미줄이다. 보통은 거미줄의 두께가 얇아서 그 강도를 실감하기 힘든데, 같은 무게의 강철과 비교하면 20배나 질기다고 한다.

글루텐 = 글리아딘 + 글루테닌

　밀가루와 물을 섞어 치대면 서서히 탄력 있는 반죽으로 변한다. 밀가루 단백질이 이기고 치대고 때리는 등 물리적인 힘에 풀리면서 글루텐을 형성하기 때문이다. 그리고 이런 글루텐 구조는 발효과정에서 생기는 이산화탄소를 가두면서 동시에 그물망이 늘어나 부풀게 된다.

　글리아딘을 N-말단 시스테인 도메인(N-CD)의 조성에 따라 α, β, γ, ω 글리아딘으로 구분한다. N-CD는 단백질 사슬의 시작 부분(N-말단)에 시스테인 비율이 높은 부분으로, 시스테인은 쉽게 SS결합을 형성할 수 있어서 단백질과 단백질의 상호작용 등에 중요하다. 글리아딘의 구조와 글루텐 형성에도 이 부분이 중요한 역할을 한다.

　글리아딘은 기본적으로 무질서한 형태이지만 그래도 타원형 또는 올챙이 형태가 많고, 분자 안쪽에 시스테인이 내부적으로 SS결합을 많이 해 잘 풀어지지 않아 독립적으로 작용하는 단일체 형태가 많다. 그래도 글리아딘은

단백질의 기계적 풀림(휘핑, 쵸핑, 반죽)

거대한 소수성 부위인 폴리글루타민(polyglutamine)의 반복적 패턴이 있어서 다른 단백질과 β-시트 형태의 소중합체(oligomer)를 형성할 수 있다.

구형으로 말려진 형태의 단백질을 펼쳐서 새로운 물성을 만드는 방법은 여러 가지가 있는데, 그중에서 기계적인 힘을 가해 단백질을 풀어내는 대표적인 사례가 달걀의 흰자를 휘핑해 거품을 만드는 것이다. 달걀흰자 1개를 거품기로 섞으면 몇 분 안에 한 컵 분량의 눈처럼 새하얀 거품을 얻을 수 있다. 이 거품은 볼을 뒤집어도 떨어지지 않고 꼭 달라붙어 있을 만큼 응집력이 뛰어난 구조라서 다른 재료와 섞어도 그 형태를 유지한다. 그 덕분에 머랭, 무스, 수플레 등을 만들 수 있다. 밀가루를 치대서 글루텐을 형성하는 것도 이와 같은 기작이다. 반죽을 치대면 밀가루의 단백질이 점점 풀려서 직선으로 배열되고 점도와 탄성이 증가한다. 소시지를 만들 때 고기를 갈면 점성이 있는 고기죽(페이스트)이 만들어지는 것도 같은 원리다.

단백질의 가열 응고도 원리는 비슷하다. 단백질을 가열해 분자운동이 증가하면 수소결합, 정전기적 인력 등으로 간신히 둘둘 말려있던(folding) 단백질의 운동성이 증가한다. 그래서 점점 길게 풀어진다(unfolding). 그렇게 길게 풀어진 단백질은 쉬지 않고 흔들거리다 주변에 풀어진 다른 단백질과 만나 결합해 네트워크를 형성한다. 그래서 고체가 된다. 달걀, 고기 등을 익히면 굳는 이유이다.

글루텐 형성에 SS결합이 결정적인 이유

　글루텐의 특별함에는 이황화결합(-SS-, disulfide bond, SS결합)도 결정적 역할을 한다. 밀 단백질은 아미노산 200~1,000개가 연결되어 1차 구조를 만들고, 2차 구조는 '글루텐 헬릭스'의 나선 형태가 주류를 이룬다. 이런 단백질은 수소결합의 힘 정도로도 어느 정도 3차 구조를 유지할 수 있는데, 이황화 결합은 단백질 구조를 매우 견고하게 만든다. 이런 단단한 SS결합은 SH기를 가진 시스테인이라는 황을 함유한 아미노산이 있어야 가능하다. 다른 시스테인의 -SH기와 결합해 SS결합을 하면 그 형태가 견고해진다.

　글리아딘은 시스테인이 아미노산의 1.27%를 차지해 글루테닌 0.81%보다 훨씬 많다. 이런 시스테인이 글리아딘 분자 내에 많은 SS결합을 형성해 반

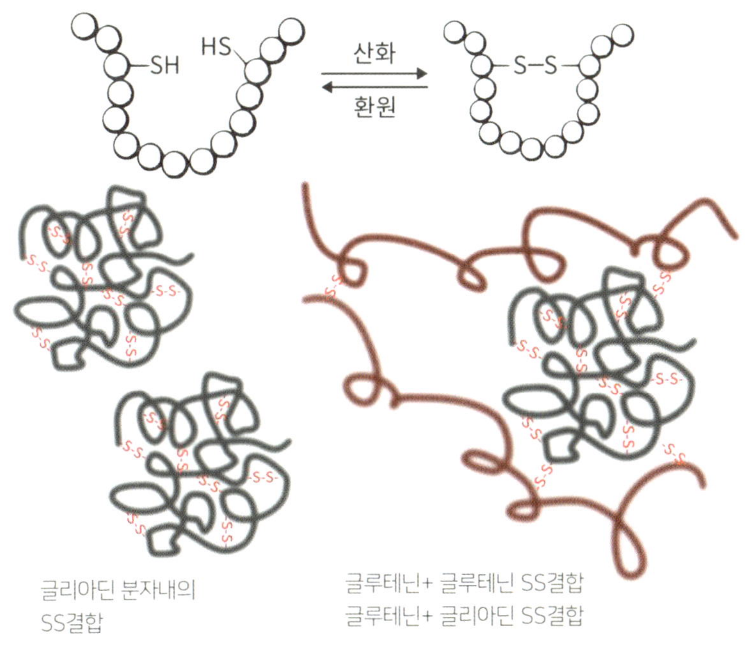

SS결합에 의한 글리아딘과 메트릭스의 안정화 효과

죽의 과정에서도 잘 풀어지지 않게 한다. 그러니 글리아딘 자체로는 점도를 부여할 뿐, 겔과 같은 탄성이 있는 조직을 만들지 못한다.

이에 비해 글루테닌은 시스테인이 적고 사슬 간에 SS결합이 적어서 반죽 과정에서 길게 풀어지게 된다. 그리고 다른 글루테닌과 SS결합을 해 매트릭스를 형성해 강한 탄성을 부여한다.

결국 글루테닌 매트릭스에 글리아딘이 참여해 점성과 탄성이 조화된 글루텐을 완성하게 된다. 이런 SS결합은 빵 반죽이 발효되는 동안 시스테인의 산화가 일어나면서 강화된다. 그리고 시스테인의 산화는 비타민 C가 첨가되면 더욱 효과적으로 일어난다.

글루텐이 계속 겹쳐 만들어지면서 빵 반죽에는 많은 그물구조가 형성되고, 여기에 전분이나 유지, 달걀 성분 등이 얽히고설켜 탄성과 함께 늘어나는 특성이 뛰어난 4차 구조가 된다. 그리고 발효 중 효모가 만든 탄산가스를 포집해 부풀게 된다. 여기에 베이킹 과정을 거치면서 빵의 크럼(crumb)은 글루텐과 전분이 열응고해 탄력 있는 스펀지 형태가 된다.

2. 밀 전분의 특성 및 역할

전분은 지상에서 가장 거대한 분자이다

전분은 가장 흔한 먹거리지만, 동시에 가장 비범한 분자이기도 하다. 모든 먹거리는 식물이 광합성을 통해 포도당을 만드는 것에서 시작된다. 식물은 이 포도당을 에너원으로 사용하거나 다른 유기물을 만드는 원료로 사용한다. 그리고 포도당을 비축할 필요가 있을 때는 주로 전분의 형태로 보관한다. 이렇게 보관된 전분이 쌀, 옥수수, 밀, 감자, 보리 같은 곡류 씨앗의 70% 이상을 차지한다.

전분은 이처럼 식물이 열량소를 보관하는 주된 형태여서 인류의 가장 중요한 식량자원이 된다. 그리고 전분은 곡물을 가공해서 만드는 밥, 빵, 면, 떡, 쿠키 등의 질감과 물성을 부여하는 핵심 성분으로 작용한다. 우리는 정말 다양한 음식을 먹지만 그것은 겉보기일 뿐이고, 그것들의 성분을 분석하면 60% 이상이 전분 형태의 탄수화물이다.

우리가 먹는 것의 절반 이상이 전분(포도당)인데, 우리는 전분을 세상에 존재하는 수많은 분자 중 하나 정도로만 여긴다. 우리에게 너무나 친숙하지만, 알고 보면 그 속사정은 가장 모르는 분자의 하나가 전분이다. 식품에서 차지하는 양도 압도적으로 많고, 우주에서 가장 큰 분자인데 그렇다.

광합성으로 만든 포도당을 보관할 때는 그대로 보관하면 너무 많은 공간과 물이 필요하다. 혈액 1ℓ에 포도당 2g(200mg/dl)만 넘어도 당뇨가 걱정되는 것을 생각해보면 이해가 쉬울 것이다. 식물은 포도당을 무수히 많이 결합해 전분립 형태로 보관한다. 이런 전분을 제대로 이해하려면 먼저 분자 크기부터 이해하는 것이 좋다.

식물의 종류에 따라 전분립의 크기와 모양이 다르지만 보통 지름이

4~40㎛(마이크로미터), 평균이 10㎛ 정도이다. 문제는 포도당이 10㎛ 정도의 크기로 뭉쳐있는 상태에 관한 느낌이 없다는 것이다. 포도당의 크기는 0.5㎚이다. 10㎛(10,000㎚)는 포도당을 한 줄로 20,000개를 이어야 하는 길이다. 그리고 그 줄을 옆으로 20,000개를 준비해야 1층이 되고, 그 면을 20,000층을 쌓아야 10㎛(10,000㎚) 높이가 된다. 즉 포도당을 빽빽이 배치

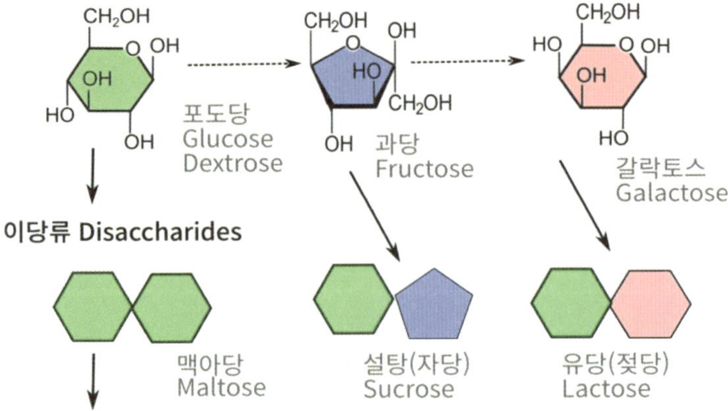

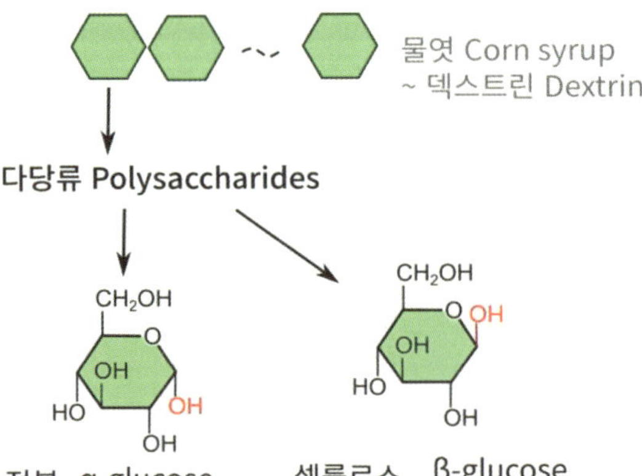

포도당에서 전분의 합성과정

하면 8조 개(2만x2만x2만 개) 들어갈 공간이다. 지름이 50㎛인 전분 입자
라면, 그 안에 포도당 1,000조 개가 들어갈 공간이 나온다. 물론 이 공간이
포도당으로 완전히 가득 채워지지 않지만, 전분은 우주에서 가장 큰 분자라
고 말하기에 충분할 것이다.

전분이 이처럼 초거대 분자라는 것을 이해해야 전분의 호화와 노화에 시
간이 필요한 이유나 제빵 과정에서 레스팅 시간이 필요한 이유 등을 일관성
있게 이해할 수 있다. 작은 분자는 빠르게 새로운 안정 상태에 도달해도 전
분처럼 큰 분자가 빨리 도달할 수 없다. 새로운 상태로 안정화되려면 충분
한 시간이 필요하다.

밀 전분은 입자의 지름이 2~10㎛인 작은 것과 20~35㎛인 큰 것으로 구
분할 수 있는데, 큰 것은 개수가 12.5% 정도지만 무게로는 93% 정도를 차
지한다.

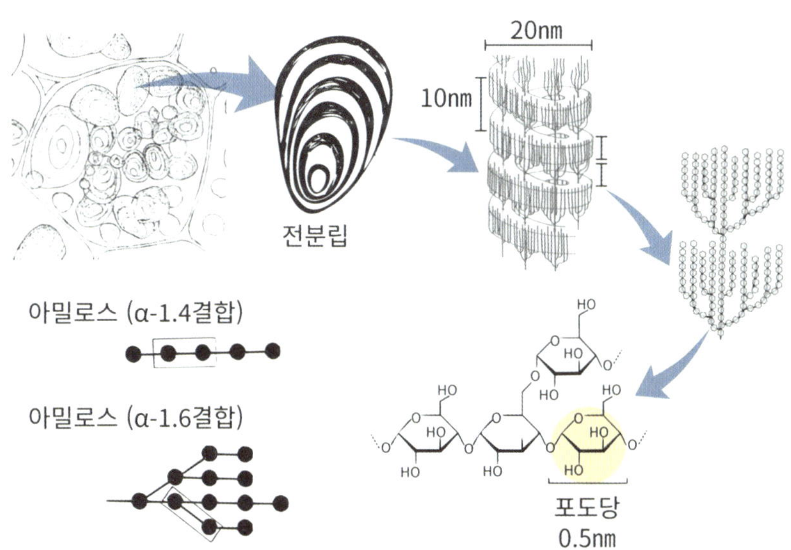

전분의 분자 구조와 크기

전분 안에 포함된 포도당의 숫자

지름	길이 x	개수 x
포도당 0.5nm	1	1
5nm	10	1,000
50nm	100	1,000,000
500nm	1,000	1,000,000,000 (10억)
(5μm) 5,000nm	10,000	1,000,000,000,000 (1조)
(10μm) 10,000	20,000	8,000,000,000,000 (8조)

전분은 주로 아밀로펙틴 형태이다

전분을 만들 때 포도당을 이어가는 방법은 두 가지이다. 포도당의 1번 위치 탄소와 다른 포도당의 4번 탄소가 연결된 α-1.4 결합의 직선 구조와 분자의 중간 상단에 있는 6번 탄소에 다른 포도당이 결합한 가지(branch) 구조의 α-1.6 결합이다. α-1.4 결합으로 이루어진 것을 '아밀로스'라고 하고, 분자량이 매우 크고 α-1.6 결합이 많은 것을 '아밀로펙틴'이라고 한다.

보통은 전분이 아밀로스와 아밀로펙틴으로 구성되었다고 말하지만, 전분은 아밀로펙틴의 형태이고 일부 아밀로스가 포함되어 있다고 하는 것이 사실 더 정확하다. 찹쌀과 찰옥수수는 100% 아밀로펙틴이고, 다른 전분도 최소 70% 이상이 아밀로펙틴이다. 분자의 크기도 아밀로펙틴이 아밀로스보다 100배 이상 크다. 아밀로스와 아밀로펙틴은 동격이 아닌 것이다.

아밀로펙틴은 워낙 큰 분자여서 움직임이 느리고 호화나 노화의 속도도 느릴 수밖에 없다. 아밀로스는 아밀로펙틴에 비해 분자가 훨씬 작아 호화와 노화의 속도가 훨씬 빠르다. 양은 적지만 숫자로는 아밀로펙틴보다 40~80배나 많은 상태이니 결코 그 역할을 무시할 수 없다.

아밀로스는 포도당 6~8개 단위로 한 번 회전하는 나선 구조를 만든다. 아밀로펙틴은 나선 구조 말고도 포도당 24~30개마다 다른 포도당 사슬이 곁가지로 연결되어 있다. 가지구조가 많으면 사이 공간이 많고, 공간이 많은 만큼 물이나 효소가 침투해 분해가 쉬워진다. 아밀로스는 가지구조가 없어 촘촘하게 쌓여 서로 결합하기 쉽다. 촘촘하게 쌓이면 단단하고 밀도가 높아 녹이기 힘들다.

아밀로펙틴보다 분해하기 쉬운 형태가 동물의 포도당 보관 형태인 글리코겐(glycogen)이다. 글리코겐은 아밀로펙틴보다 3배나 빈번하게 즉 8~12개의 포도당이 연결될 때마다 가지구조가 연결되고, 전체 크기도 작고, 가지가 밖으로 잘 노출되어 가장 쉽고 빠르게 분해할 수 있다.

아밀로스는 가지가 없는 선형이기 때문에 아밀로스끼리 촘촘히 결합하고 쌓여서 단단한 결정을 형성한다. 그만큼 적은 공간을 차지해서 에너지 비축

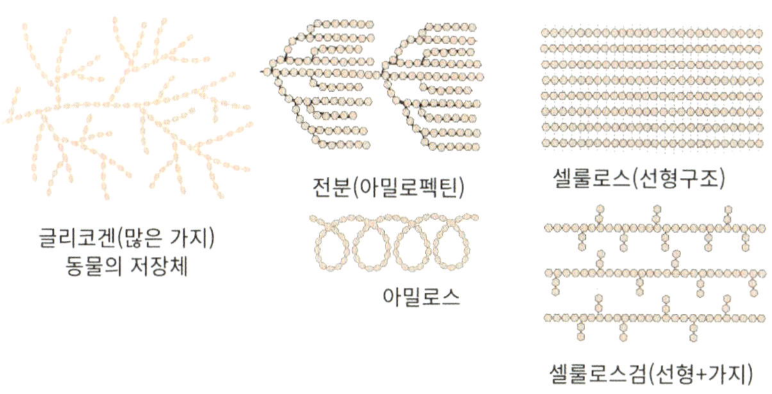

포도당의 다양한 폴리머 형태 및 특성

에 유리하다. 대신 찬물에 녹지 않고, 효소의 작용이 쉽지 않아 소화가 느리다. 아밀로스는 뜨거운 물에 녹고 식품이나 산업용에서 증점제, 유화안정제, 겔화제로 중요한 역할을 한다. 그리고 아밀로스의 나선 구조 안쪽은 소수성을 띠고 있어서 지방이나 향기 성분의 포집 능력이 있다. 호화된 아밀로스는 노화되려는 성향이 큰데, 노화 시 수분을 방출해 이수 현상이 생기고, 겔의 점성이나 탄성은 떨어지고 단단해지는 단점이 있다. 장기간 안정적인 품질(점도나 물성)을 유지하려면 증점다당류를 사용할 필요가 있다.

전분은 워낙 거대한 폴리머라 상전이(호화와 노화)가 느리다

전분에 물을 넣고 가열하면 전분 입자는 물을 흡수해 부풀어 오른다. 그래서 점도가 증가하고, 점점 투명해진다. 이런 전분 입자의 물리적 변화를 '호화(糊化, gelatinization)'라고 한다. 생전분의 단단한 마이셀(micelle) 구조가 깨지면 팽윤(swelling) 상태가 된다.

생전분을 β-전분이라고 하고, 호화된 전분을 α-전분, 전분의 호화 과정을 α-화라고도 한다. 호화된 전분은 겉보기에는 생전분보다 끈적이거나 단단한 상태로 보이지만, 전분이 촘촘히 쌓인 미세 결정 구조에서 넓은 공간에 펼쳐진 수분을 많이 흡수한 상태라 효소작용을 받기 쉽고, 소화도 잘된다. 이것은 단백질을 가열하면 원래보다 훨씬 단단해 보이나 실제 단백질은 풀어진 상태라 소화하기 쉬운 것과 마찬가지 원리다. 이런 전분의 호화 과정은 크게 3단계로 진행된다.

- 1단계: 밀가루나 옥수수 전분을 찬물에 섞으면 전분 입자는 약 25~30%의 물을 흡수하고 바닥에 가라앉는다. 전분이라는 단어 자체가 '침전

하는 분말'이라는 뜻이다. 이때 전분 입자는 외관상 별다른 변화가 없으며, 전분이 흡수한 물은 건조하면 쉽게 제거된다. 즉 가역적인 반응이다.

- 2단계: 전분 현탁액은 온도가 올라감에 따라 물의 흡수량이 증가하고, 전분 입자는 급속한 팽윤을 일으킨다. 물의 온도가 올라감에 따라 아밀로스와 아밀로펙틴 분자의 운동이 심해져서 이들 사이의 수소결합이 끊어지고, 분자 사이에 물 분자가 스며들어 간다. 보통 60~70℃ 정도에서 전분 입자들이 조직적인 구조를 잃어버리면서 많은 양의 물을 흡수하고, 전분과 물이 마구 뒤섞인 무정형의 그물조직이 된다. 이 온도를 '호화 개시 온도'라고 하는데, 전분 입자가 펼쳐지면서 넓은 공간을 차지하고 주변의 전분 입자와 엉켜서 그물구조를 형성하면서 반고체 상태로 변한다. 처음에는 전분에 결정 구조가 있어서 빛을 산란시켜 불투명한 상태인데, 이런 미세 결정 구조가 풀리면 현탁액이 훨씬 투명한 상태로 변한

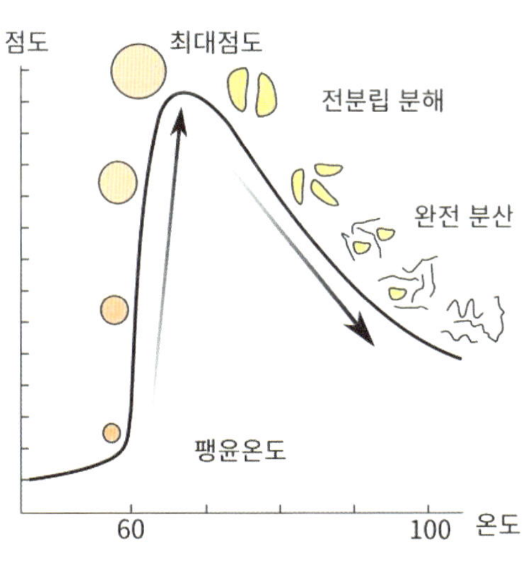

전분의 호화 과정

다. 투명함이 단단한 전분 결정 구조가 잘 풀어졌다는 것을 알려주는 신
호인 셈이다.

- 3단계: 최고의 팽윤을 지나면 전분 입자는 투명한 콜로이드 용액이 된
다. 이 콜로이드 용액은 전분의 농도가 높거나 온도가 내려갈 때는 반고
체의 겔(gel)이 된다. 호화가 완결된 콜로이드 용액은 점도가 매우 높고,
빛의 투과율도 높다.

전분은 포도당 한 가지로 만들어졌지만, 종류에 따라 특성이 다르다

전분의 특성은 감자전을 만들 때 감자를 갈아 바로 부쳤을 때와 전분을
넣어 부쳤을 때 완전히 달라지는 식감을 통해서도 알 수 있다. 감자의 세포
안에는 수많은 전분 알갱이가 들어 있어서 감자를 갈면 세포벽이 무너지고,
이 전분 알갱이들이 세포액과 함께 흘러나온다. 그리고 전분 입자는 거대해
서 아래로 가라앉는다. 위의 묽은 액체층을 따라 버리고 바닥에 남은 전분
을 다시 섞으면, 반죽 속 전분의 농도가 높아진다. 이렇게 노출된 감자 전분
은 팬 위에서 열을 받으면 팽윤하면서 얇은 막을 만들고, 이 막이 가열된
기름과 만나 바삭한 껍질로 변한다. 동시에 팽윤한 전분이 안쪽의 수분 배
출을 억제해 촉촉하고 쫄깃한 속살을 만든다.

이렇게 만들어진 감자전은 겉은 바삭하고 속은 쫀득한 식감의 대비가 뚜
렷하다. 반면에 감자를 갈아 바로 부치면 이런 전분막이 형성되지 않아 겉
은 눅눅하고 속은 흐물거린다.

빵에서도 전분의 역할은 매우 크다. 반죽 속 전분의 분포와 수분 비율,
결합 정도가 빵의 조직감과 껍질의 질감을 결정하기 때문이다. 빵을 굽는
동안 전분이 호화되며 특유의 탄력과 씹는 맛을 만든다.

결국 전분은 음식의 질감과 농도를 결정짓는 중요한 요소이다. 아귀찜이나 탕 요리에 전분을 넣는 이유도 점성의 원리와 관련이 있다. 전분이 열을 받으면 입자가 수분을 흡수하면서 팽윤하고, 내부의 아밀로펙틴이 흘러나와 서로 얽히며 미세한 네트워크를 만든다. 이 구조가 국물의 점도를 부여해 양념이 재료 표면에 고르게 달라붙는 동시에 윤기가 나고 바디감을 준다.

가열에 따라 물성이 변하면서 빵이 완성된다

밀가루는 전분이 75% 정도로 밀가루로 만든 빵의 가장 많은 부분을 차지하는 것이 밀 전분이다. 밀 전분은 아밀로스 함량이 많고 호화가 느리고, 전분의 점도가 매우 낮은 단점이 있으나 노화되면 단단하면서 탄력이 있는 겔을 형성하기 때문에 맛살이나 어묵 등에 사용하면 좋다. 빵의 전분은 반죽하는 과정에서는 입자의 형태를 유지하므로 일부가 전분분해효소로 분해되어 효모에 필요한 당분을 공급하는 정도의 역할 외에는 물성에 큰 영향을 미치지 못하지만, 굽기 과정에서는 입자가 호화되면서 큰 역할을 한다. 글루텐과 상호작용해 적당한 강도와 탄력을 부여하고, 글루텐에서 물을 흡수, 필름 막을 형성해 기체가 빠져나가는 것을 억제하는 등의 역할을 한다.

반죽 온도는 발효 등으로 높아져도 37~38℃ 정도이고, 이때 전분은 생전분 상태로 입자 자체가 견고해서 전분의 변화나 변성이 잘 일어나지 않는다. 그만큼 수분 흡수량은 적다.

반죽을 굽기 시작하면 생전분에 뚜렷한 변화가 일어난다. 반죽을 오븐에 넣으면 온도가 서서히 올라가는데, 온도 상승과 함께 일부 전분 입자가 수분 흡수-팽윤-붕괴-분산이라는 전분의 호화 과정을 거쳐 최종적으로 글루텐과 함께 크럼으로 변한다.

반죽 온도가 50℃ 전후일 때 전분 입자가 반죽 속의 자유수를 흡수하기 시작하고, 60℃까지 올라가면 팽윤한다. 70℃를 넘어서면 충분히 팽윤한 전분 입자의 외막이 흐물흐물해지면서 그 틈새로 입자 안에 있던 아밀로스가 흘러나온다. 그러면서 급격하게 점도가 높아져 반죽 전체가 겔처럼 변하며, 부피가 커지고 끈적거리는 호화 현상이 일어난다. 또, 전분 입자가 팽윤하면 입자에서 아밀로스가 나오지만, 아밀로펙틴은 입자 속에 그대로 남아 둥근 모양~타원 모양 공 형태를 유지한다.

빵 반죽 속의 전분은 82~83℃일 때 호화 현상이 최고조를 맞이하며, 그 이후부터는 수분이 수증기가 되어 날아가기 때문에 호화 현상이 일어난 전분의 빛깔이 탁해지며 굳기 시작한다. 97~98℃까지 온도가 올라가 나머지 수분이 전부 증발하면 호화된 전분이 완전히 굳어 유백색 크럼을 형성하는 주역이 된다. 빵은 최종 수분 함량이 35%가 되는데, 그만큼 수분이 증발하면서 많은 잠열을 흡수해 빵의 내부의 온도는 98℃를 넘기지 못한다.

빵을 만들 때는 전분의 호화가 중요한 역할을 하지만 빵 반죽의 모든 전분 입자가 호화되는 것이 아니고, 일부 전분 입자만 흡수-팽윤-붕괴-분산의 호화 현상을 겪는다. 전분의 완전한 호화에는 전분 양의 10배에 해당하는 많은 물이 필요하다. 실제 이 정도의 물을 첨가해 가열하면 아밀로스는 수용화되고, 원래 유출되지 않았던 아밀로펙틴까지 새어 나오며 입자가 완전히 붕괴된다. 하지만 대부분 빵 반죽 속 물의 양은 전분 양보다 많지 않아서 모든 전분이 호화하기에는 물이 매우 부족한 상태이다. 그래서 빵에는 호화된 전분과 호화되지 않은 전분이 공존한다. 결국 점성이 높은 호화 전분이 호화되지 않은 대부분 전분 입자까지 붙들어 글루텐 사이에 밀도 높은 벽을 세운다. 빵의 크럼 구조는 그렇게 만들어진다.

생전분의 분해는 생각보다 복잡하고 어렵다

온전한 형태의 생전분은 중심부에 결정 구조가 있다. 편광현미경으로 관찰하면 그 형태가 '몰타형 십자(Maltese Cross)' 형태와 닮았다. 이 모양은 전분 입자를 가열·팽윤하면 사라진다. 생전분은 원래 구형 또는 타원형인데, 제분할 때 롤을 통과하는 과정에서 압력·전단·마찰 등이 가해지면서 일부가 손상된다. 이렇게 깨지고 손상된 전분 입자를 손상전분(damaged starch)이라고 부르는데, 전분의 10~15% 정도를 차지한다.

이런 손상전분은 빵에 특별한 효과를 준다. 수분의 흡수력이 크고, 아밀레이스 효소군에 의해 일반 전분보다 훨씬 쉽게 분해되는 것이다. 우리는 효소를 만능 가위로 생각해 전분분해효소가 전분을 닥치는 대로 포도당으로 분해할 것이라 기대하지만, 다른 효소처럼 매우 특이한 부위에만 작용한다. 전분을 분해하는 아밀레이스 효소군은 α-아밀레이스, β-아밀레이스, 글루코 아밀레이스까지 세 가지가 있는데 각각 역할이 다르다.

인간의 침과 췌장에서 분비되는 것은 전부 α-아밀레이스인데, α-아밀레

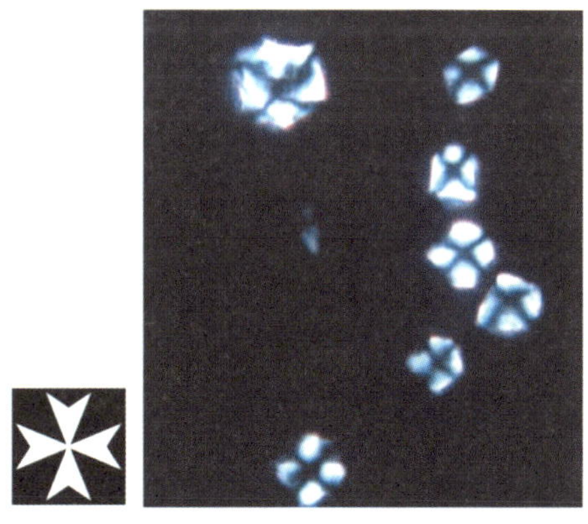

몰타형 십자(Maltese Cross)와 생전분 형태

이스는 아밀로스와 아밀로펙틴의 임의 위치에 작용해 전분을 다양한 길이로 분해한다. 전분의 중간을 임의로 자르는 것이다. 전분 어디에나 작용할 수 있어서 β-아밀레이스보다 빠르게 작용한다.

β-아밀레이스는 직선의 덱스트린이나 올리고당을 끝에서부터 맥아당 단위로 절단한다. 그러다 α-1,6 결합한 분기 부분에 닿으면 작용을 멈춘다. 이렇게 남은 부분을 '한계 덱스트린(limit dextrin)'이라고 하며 더 이상 분해되지 않는다.

세균이나 소장에 있는 글루코아밀레이스(glucoamylase)는 전분을 말단에서부터 포도당 단위로 하나씩 끊어낸다. 포도당이 최종 분해 형태이며 양조 및 식품 산업에서 전분당 생산에 활용된다.

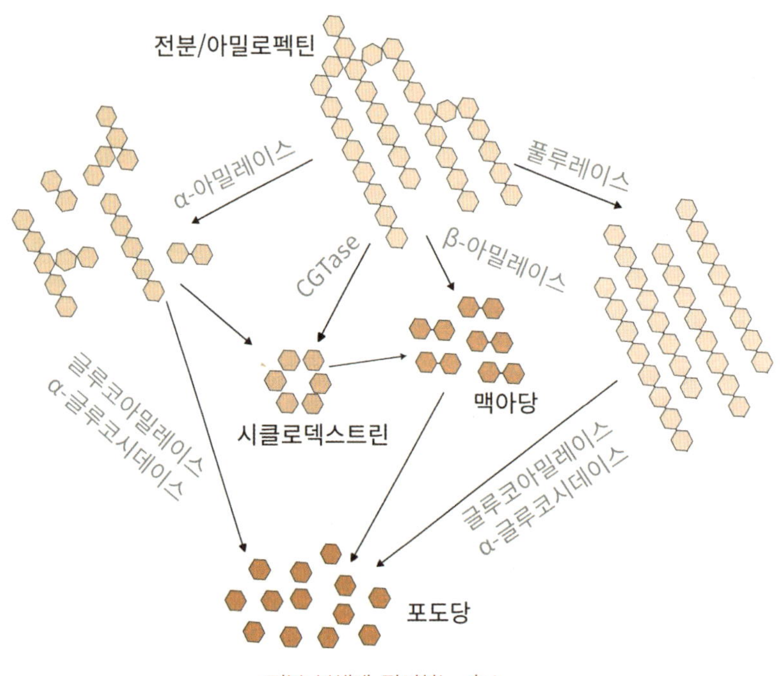

전분 분해에 관여하는 효소

도정 과정에서 만들어진 손상전분은 제빵에 큰 역할을 한다

전분은 효모나 유산균이 바로 먹기에는 크기가 너무 크다. 그래서 아밀레이스(전분분해효소)의 작용이 필요한데, 밀 알곡의 호분층에 있는 아밀레이스는 제분 과정에서 밀가루에 섞여 들어가 전분을 포도당이나 맥아당으로 분해한다. 이때 빠른 속도로 분해되는 것이 손상전분이다.

밀의 전분은 단단한 결정 안에 갇혀 있어 효소가 접근할 수 없다. 손상전분이 중요한 이유가 바로 여기에 있다. 밀을 제분하는 동안 알곡이 미세하게 분쇄되는데, 밀가루의 평균 입도는 보통 100㎛ 이하이다. 밀의 세포 크기가 50㎛ 정도이니 밀가루는 밀을 거의 세포 단위로 분쇄하는 과정이고 분쇄 중 충격으로 세포 내부의 전분 입자 일부가 깨어진다. 이때 제분 과정에서 깨어진 전분을 손상전분이라 한다. 제빵용 밀가루의 이상적인 손상전분 비율은 15~18%이다. 나머지 82~85%는 온전한 형태의 정상 전분이다.

이런 손상전분의 양은 제분 시 밀 알곡에 가해지는 힘의 세기와 밀알의 경도에 영향을 받는다. 밀알에 가해지는 힘이 강할수록, 밀알이 단단할수록 손상전분은 늘어난다. 같은 제분 조건이면 경질밀의 손상전분 비율이 연질밀보다 높다. 경질밀은 전분과 단백질 사이의 결합 강도가 세기 때문에 제분 시 전분 결정이 깨지기 쉬워 손상전분이 더 많이 생긴다.

일반적으로 맷돌로 제분한 밀가루의 손상전분 비율은 롤러로 제분한 밀가루에 비해 높다. 롤러 제분도 맷돌 제분처럼 한꺼번에 가루를 낼 수 있지만 여러 단계로 나누어 분쇄해 입도를 더 균일하게 하고, 손상전분의 비율을 일정한 수준으로 조절한다.

생전분은 물의 흡수가 느리고 효소의 작용이 느리지만, 손상전분은 전분의 손상된 부위를 통해 물이 빨리 흡수되어 수화된다. 그 결과 α-아밀레이

스, β-아밀레이스의 작용이 원활해지고 덱스트린과 맥아당으로 쉽게 분해된
다. 그만큼 효모의 영양원으로 잘 사용되어 효모가 활성화되면서 반죽의 발
효와 팽창이 잘 일어난다.

효모는 포도당과 맥아당을 분해하면서 탄산가스와 에탄올을 생성한다. 탄
산가스는 빵 반죽의 팽창제가 되고, 에탄올은 빵의 풍미 물질로 작용한다.
또한 이들 당류는 빵 반죽을 구울 때 캐러멜 반응과 메일라드 반응의 원료
가 되어서 크러스트 색깔이 빨리 발달한다. 손상전분이 정상전분보다 맛있
는 빵을 만드는 데 더 큰 도움을 주는 셈이다.

손상전분은 반죽의 수분율을 높인다. 보통 전분은 자기 무게의 0.3~0.5
배 정도 되는 물을 흡수할 수 있다. 포도당이 탈수결합을 통해 연결되고 많

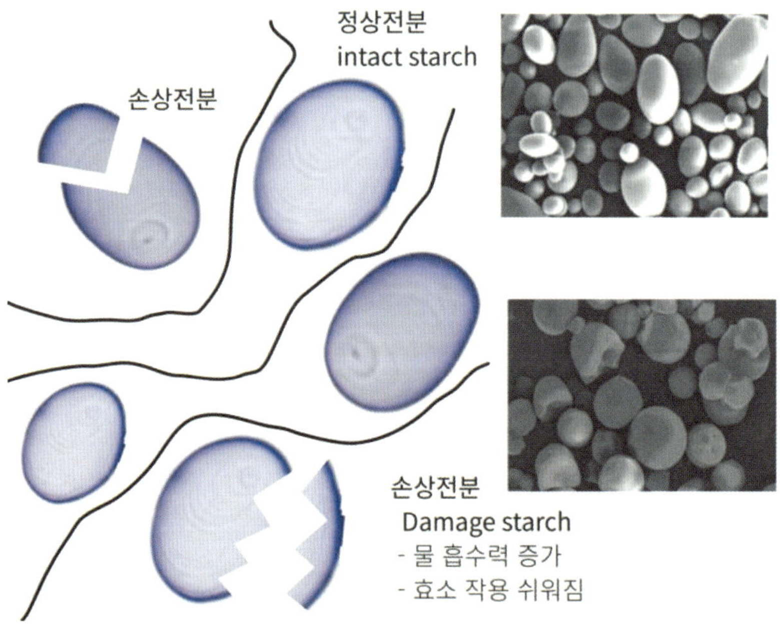

정상(intact)전분과 손상(Damage)전분의 형태 차이(Putri, 2020)

은 가지구조로 매우 촘촘하게 결합한 구조라 포도당일 때의 흡수력을 전혀 발휘하지 못한다. 반면, 부서지면서 노출된 부위가 많은 손상전분은 자기 무게의 2~4배 되는 물을 흡수할 수 있다. 정상 전분의 10배 물을 흡수할 수 있는 셈이다. 이것은 펜토산의 4~15배, 증점다당류의 100배에는 미치지 못하지만, 빵 반죽의 수분율을 높이는 데 큰 도움을 준다.

하지만 손상전분이 많으면 지나친 흡수율로 반죽을 끈적하게 만들어 다루기가 어렵게 되고, 너무 빨리 호화되어 미리 단단한 벽을 만들고, 오븐 스프링을 방해해 빵 부피를 작아지게 하는 등 제빵 특성에 부정적인 영향을 주기도 한다.

빵을 구울 때 반죽 온도가 상승하고 45~60℃에서 α-아밀레이스, β-아밀레이스가 엄청나게 활성화되기 때문에 손상전분은 호화 과정을 거치지 않고 포도당으로 당화된다. 결국 손상전분은 제빵에는 없어서는 안 되는 존재이다.

호밀빵은 펜토산(arabinoxylan)이 특별한 역할을 한다

밀의 껍질 부위에 풍부한 식이섬유는 사람의 소장에서는 소화 및 흡수되지 않는 식이섬유로 작용한다. 식이섬유는 불용성과 수용성으로 나눌 수 있는데, 세포벽을 이루는 셀룰로스, 헤미셀룰로스, 리그닌이 대표적인 불용성 식이섬유이다.

제빵과 관련된 식이섬유는 헤미셀룰로스이다. 헤미셀룰로스는 거의 모든 육상 식물 세포벽에 셀룰로스와 함께 존재하는데, 셀룰로스와는 성분과 구조에 차이가 있다. 셀룰로스는 포도당 7,000~15,000개가 가지 구조가 없는 직선형 사슬구조로 만들어지는데, 이렇게 만들어진 사슬끼리 단단하게 결합하고 있어서 불용성이고, 효소로 분해를 할 수 없는 형태이다. 이에 비해 헤미셀룰로스는 5탄당인 자일로스와 아라비노스, 6탄당인 포도당, 만노스, 갈락토스 등으로 구성되는데 이 중 자일로스가 가장 흔한 편이다. 헤미셀룰로스는 구성 성분에 따라 자일란, 글루쿠로노자일란(glucuronoxylan), 아라비노자일란, 글루코만난, 글루칸 등으로 분류한다.

이 중에서 빵과 관련된 것이 아라비노자일란(arabinoxylan)이다. 오탄당(pentose)이 주성분이라 펜토산(pentosan)이라고 불리기도 한다. β-1,4 결합으로 연결된 자일로스 주 사슬에 β-1,2 또는 1,3 결합으로 사이드에 연결한 아라비노스가 주요 성분이다. 결국 밀가루에서 헤미셀룰로스, 펜토산, 아라비노자이란은 같은 성분을 지칭하는데, 제빵에서는 펜토산으로 더 많이 불리고 있다.

펜토산은 복잡한 당 조성으로 사람의 위장관에서 소화되지 않고 배출되므로 식이섬유에 포함되지만, 가지 구조가 있어서 사슬 사이에 공간이 충분해 미생물 등은 효소로 분해할 수도 있다. 펜토산은 자기 무게의 4~15배의

헤미셀룰로스

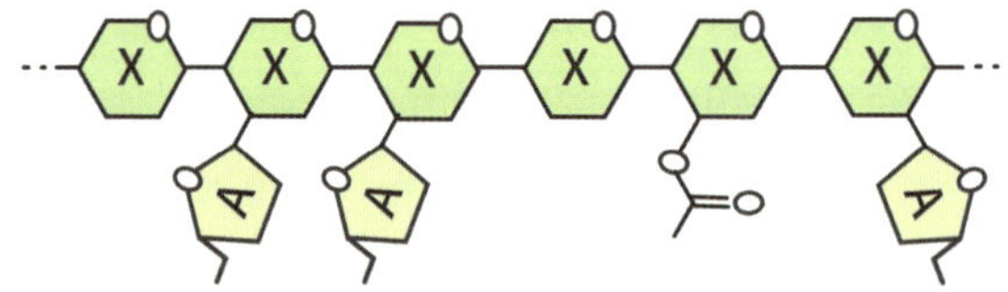

셀룰로스: 가지구조가 없이 7,000–15,000 포도당 직쇄연결
경재(hardwood, 활엽수): O-acetyl-(4-O-methylglucurono) xylan
연재(softwood, 침엽수): O-acetyl-galactoglucomannan
벼과작물 : Arabinoxylan

아라비노자일란의 분자구조

물을 흡수할 수 있다. 정상 전분이 자기 무게의 30~40%의 물만 흡수하는 것과 비교하면 엄청나게 높은 흡수율이다. 호밀 가루를 사용한 반죽이 더 많은 물을 흡수하는 이유가 바로 펜토산의 높은 흡수력에 있다. 그만큼 제분, 반죽, 발효, 제빵의 과정에서 중요한 역할을 한다. 밀의 탄수화물 중에서는 펜토산 〉 손상전분 〉 정상전분의 순서로 함량에 비해 제빵 적성에 강한 영향을 미친다.

- 밀기울: 펜토산 20%
- 통밀가루: 펜토산 5~8%
- 정제밀가루: 펜토산 1~3%

펜토산은 수분을 붙잡아 천천히 증발하게 하므로 빵이나 케이크 등의 신선도 유지에 긍정적인 영향을 미치며, 단백질이나 전분과 결합해 전분의 노화를 지연시킨다. 친수성 펜토산은 산화제로 처리하면 주변의 펜토산과 결합해 친수성 겔을 형성할 수 있다. 이렇게 주변 분자와 네트워크가 만들어지면 더 탄력적으로 되고 수분을 많이 붙잡게 된다. 한편 글루텐과 상호작용은 글루텐 형성에 부정적인 영향을 미칠 수 있다.

펜토산의 자일로스 골격을 안쪽에서 절단하는 엔도자일레이스는 반죽의 취급 특성, 안정성, 오븐 스프링 및 부피를 개선하는 데 사용할 수 있다. 그리고 펜토산을 펜토산분해효소(pentosamase)로 자일로스와 아라비노스 같은 단당류로 분해하면 이상발효 유산균의 먹이가 될 수 있다. 펜토산분해효소는 pH 4의 산성에서 가장 높은 활성을 보인다.

펜토산은 반죽이 구워지는 동안 전분과 비슷한 역할을 한다. 반죽의 점성을 높여 이산화탄소를 가두어 반죽이 부풀 수 있게 하고, 빵 속살의 구조를 형성한다. 글루텐 구조가 약한 호밀빵에서 속살 구조를 만드는 데 펜토산의 역할이 결정적이다. 글루텐프리 빵에 들어가는 잔탄검도 펜토산과 같은 역할을 한다. 펜토산의 점성도 오븐 스프링에 많은 영향을 준다. 펜토산의 점성이 너무 높으면 오븐 스프링이 적어지고, 반대로 점성이 너무 낮아도 이산화탄소를 붙잡는 능력이 떨어져 오븐 스프링이 제한된다. 펜토산분해효소의 활성을 조절해 적절한 점성을 유지하는 것이 중요하며, 이를 위해 일반적으로 반죽의 pH를 4보다 낮게 한다. 호밀빵을 사워도우로 발효하는 주된 이유이다.

펜토산의 점성으로 반죽이 부풀어 오르기는 하지만, 펜토산의 효과는 글루텐 구조의 효과에 훨씬 못 미치므로 호밀빵은 밀빵보다 덜 부풀고 결과적으로 부피가 더 작다. 그만큼 호밀빵은 속살의 부드러움이 밀빵보다 못하고 더 딱딱하게 느껴진다. 아직은 글루텐 대체물질이 글루텐 구조의 효과를 따라갈 수 없다.

3. 효모: 빵을 부풀리는 힘

거품의 품질이 제품 품질에 결정적인 제품도 많다

빵과 케이크는 전체 부피 가운데 50~80%가 빈 공간일 정도로 많은 기포로 가득 차 있다. 그리고 기포의 상태가 빵의 품질에 결정적인 역할을 한다. 외관과 텍스처는 기포가 얼마나 균일하고 적절하게 생성되었느냐에 따라 완전히 달라지기 때문이다. 빵 말고도 제품 안에 기포가 잘 만들어져야 좋은 품질이 되는 식품으로는 아이스크림, 머랭, 마시멜로 등이 있다. 이들로부터 공기가 빠지게 되면 우리가 기대한 제품이 전혀 아니게 된다.

빵에서 기포는 글루텐과 전분이 만든 그물조직을 부풀려서 부피를 키우고 부드럽고 탄력 있는 식감을 갖게 한다. 제빵사들은 이를 위해 효모나 팽창제를 사용한다. 기포는 제빵사가 반죽을 치댈 때나 버터나 설탕을 섞어서 크림처럼 만들 때나 달걀을 휘저어 거품을 낼 때 생긴다. 이런 과정에서 작은 기포가 많이 만들어질수록 발효와 가열로 만들어진 기체가 잘 포집되어 최종 결과물이 더 섬세하고 부드러워진다. 그리고 빵을 팽창시키는 요인은 발효 말고도 여러 방법이 있다.

- 화학적 팽창: 베이킹파우더, 소다 같은 첨가물을 사용.
  예)레이어 케이크, 반죽형 케이크, 도넛, 비스킷, 쿠키, 머핀, 와플, 팬케이크, 핫케이크, 파운드케이크 등.
- 물리적 팽창: 반죽에 거품을 일으킨 후 오븐에서 열을 가해 팽창시키는 방법.
  예) 스펀지 케이크, 엔젤 푸드 케이크, 시폰 케이크, 머랭 등.
- 유지에 의한 팽창: 밀가루 반죽에 유지를 펴서 넣고 접어서 밀어 펴기를

해 기름층을 형성하고 굽는 동안 기름층이 녹으면서 발생하는 증기압에
의해 들떠 부풀도록 하는 방법.

예) 퍼프 패스트리 등.

- 복합형 팽창 방법: 두 가지 이상의 팽창 형태를 병용해 부풀리는 방법.

예) 효모+화학적 팽창, 효모+공기 팽창, 화학적+물리적 팽창 등.

- 무팽창 방법: 반죽 속 수증기만을 이용해 조금 팽창시키는 방법.

예) 쇼트 페이스트(타르트 반죽), 쿠키, 비스킷 등.

발효의 활용은 수천 년이지만 원리의 이해는 고작 300년

인류는 수천 년 전부터 우연과 영민한 관찰을 통해 발효로 만들어진 음
식을 활용했지만, 그 원리는 전혀 알 수 없었다. 눈에 안 보이는 미생물이
그런 일을 한다고는 전혀 상상하지 못한 것이다. 과거 동물은 거대할수록
무섭고 위협적이고, 곤충이나 벌레 등은 작을수록 귀찮은 미물일 뿐 그것이
인간의 삶에 그렇게 막강한 영향을 미칠지는 상상하기 힘들었다.

구약성서의 출애굽기에는 '누룩이 들어 있는 빵을 먹어서는 안 된다'라는
훈시가 수시로 나온다. 당시 이집트는 이미 발효종을 이용해 만든 빵이 주
류를 이루었다는 사실을 말해준다. 한편 모세가 발효빵을 반대한 이유가 노
예로 박해하던 이집트 문화의 상징이라서 그런 것인지, 누룩을 부패의 현상
으로 보고 반대한 것인지는 알 수 없지만, 당시 이미 발효에 대한 상반된
견해가 존재했다.

이처럼 인류는 오래전부터 발효와 부패의 구분과 관리로 골머리를 썩었
지만, 그 실체가 밝혀지기 시작한 것은 현미경의 발명 이후이다. 인류 최초
로 미생물을 관찰한 사람은 17세기 네덜란드 출신의 레이우엔훅(레벤후크

Antonie van Leeuwenhoek, 1632-1723)이다. 그는 본래 옷감 상인으로, 옷감의 품질을 더 정밀하게 확인하기 위해 최대 300배까지 확대할 수 있는 고배율의 렌즈를 발명했다.

　그는 호기심도 강해서 원래 보려고 했던 옷감 외에도 주변에서 구할 수 있는 모든 것을 현미경으로 관찰했다. 그래서 인류 최초로 골격근의 가로무늬, 정자, 원생동물, 박테리아, 적혈구 등을 관찰한 사람이 되었다. 더구나 그는 자신이 관찰한 모든 내용을 연구 노트에 자세한 그림을 곁들여 기록했다. 정식으로 과학 교육을 받은 적은 없었지만, 현대 과학자들과 다를 바 없는 연구 노트를 작성했기 때문에 지금도 위대한 과학자로 추앙받는다. 그리고 그를 미생물학의 아버지라고도 부르는 것은 현미경으로 발견한 여러 미생물의 존재를 세상에 알리고, 양조 중인 맥주 속에서 공 모양과 타원 모양

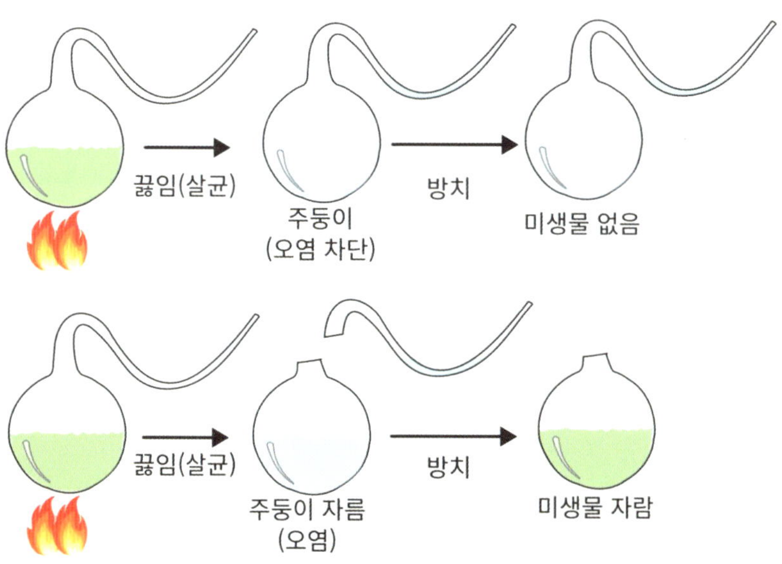

파스퇴르 실험, 이후 자연발생설 퇴출됨

의 효모(yeast)를 발견했기 때문이다.

미생물이 발효의 핵심이라는 것을 알게 된 것은 루이스 파스퇴르(Louis Pasteur, 1632-1723) 덕분이다. 그는 화학, 세균학, 발효학, 의학 등 폭넓게 활약하며 많은 업적을 남겼다. 대표적으로 생물은 다른 생물에서만 태어난다는 것을 증명해 '자연발생설'을 폐기하고 '생물속생설'을 확립해 미생물학이라는 새로운 과학 분야를 열게 했다. 이것은 저온살균법 개발로 이어져 우유, 맥주, 와인 등 식품의 보존성을 획기적으로 늘렸고, "인류의 많은 질병이 미생물 때문에 생긴다"라는 세균 이론을 정립해 질병의 원인 파악과 예방법의 개발에 크게 기여했다. 또한 효모의 알코올발효로 와인과 맥주가 양조되는 원리를 밝혀내 모든 발효 음료와 발효식품의 기반이 되게 했다.

효모의 대량 생산이 바꾼 제빵의 풍경

빵의 발효가 미생물로 이루어진다는 사실은 알게 되었지만, 당시에는 특정 미생물만 분리해서 키울 수 있는 기술이 없었다. 그래서 과거의 빵 발효에는 지역마다 다른 고유의 효모와 젖산균 배양물이 사용되었다. 프랑스의 르방, 이탈리아의 비가네, 한국의 누룩이 그 예다. 그 지역의 공기와 토양, 기후가 만든 미생물 생태계는 상황에 따라 역동적으로 변하고 그만큼 원하는 결과를 얻기도 쉽지 않았다. 그러다 맥주의 효모를 그대로 사용하기도 했고, 지금은 상업적으로 빵을 위해 생산한 효모를 사용하기도 한다.

지금은 고품질의 빵이 과거에 비해 상대적으로 매우 낮은 가격에 판매된다. 여기에는 생산 공정의 과학화와 기계화의 힘이 크다. 이런 변화의 가장 획기적 원인은 전쟁이다. 지금 주류를 이루는 빵 제법은 스트레이트법과 중종법이다. 이 제조법은 100년 전에 미국 육군들에 의해 정립되어 발표되었다. 제1차 세계대전 때 미군은 연합군의 일원으로 유럽 전선에 참전하려고 이동식 베이커리를 준비했다. 그 과정에서 만들어진 매뉴얼북은 현대의 제빵 과학과 기술의 기초적인 부분이 총망라된 무척 완성도 높은 실용서였다. 더구나 이때는 양산용 효모를 사용해 제빵에 필요한 발효 시간을 획기적으로 단축할 수 있었다. 전쟁 동안 미국의 제빵업계는 기술적으로도 산업적으로도 급성장했다.

플라이쉬만스는 빵에 쓰이는 효모를 생산하는 대표적 회사로, 헝가리계 유대인 찰스 루이스 플라이쉬만스 등이 1868년 미국의 오하이오주에 설립한 회사이다(Gaff, Fleischmann & Company). 플라이쉬만스는 1900년에 뉴욕에 대규모 연구소를 설립하고 효모에 관한 본격적인 연구·개발에 착수했다.

효모를 양산하는 방법은 먼저 커다란 통 모양 탱크에 물을 가득 담고, 그 안에 효모(saccharomyces cerevisiae) 균주를 아주 조금(수 ml) 첨가한다. 여기에 영양원으로 당질인 포도당, 과당 등을 넣고, 질소·인원으로 인산암모늄 등을 넣는다. 비타민 공급원으로는 사탕수수의 당밀(molasses), 미네랄 원으로 칼슘, 마그네슘 등을 각각 소량 첨가한다. 그리고 적정온도에서 산소를 충분히 주입하면서 교반해 24~48시간 배양하면 끈적끈적한 효모 페이스트를 얻는데 이것을 탈수한 후 압축한 것이 생효모이다.

이런 양산 효모는 기존에 활용하던 종균과 비교하면 살아 있는 세포의 수가 차원이 다르게 많다. 생효모 1g에 효모가 50~100억 개가 존재할 정도이다. 그래서 효모는 빵 반죽에 탄산가스를 훨씬 빠른 시간에 충분히 생성했다. 그 결과 제조 시간이 획기적으로 단축되어 제빵업계의 근대화가 이루어지고, 미국 전역에 빵 붐이 일었다.

플라이쉬만스사는 제2차 세계대전 중 건조효모도 개발했다. 생효모는 냉장 보관해도 2~4주가 지나면 활성이 줄어들어서 유통과 보관에 어려움이 있다. 그래서 미군은 제1차 세계대전 중에 이미 플라이쉬만스가 개발한 건조효모를 사용했다. 생효모를 드럼 건조기에서 건조한 후 체로 쳐서 고운 입자로 만들어 사용한 것이다. 이런 건조효모는 수분이 없어서 미생물이 정지 상태로 있게 되어 잘 밀봉해두면 반년에서 1년까지도 상온 보존이 가능하며 군에서 쓰기에 매우 적합했다.

1984년 플라이쉬만스사는 인스턴트 건조효모까지 개발한다. 생효모 페이스트를 동결 건조해서 과립 상태로 만든 것이다. 동결상태로 건조되어 생효모나 건조효모에 비해 균 수도 많아 활성이 강한 것이 특징이다. 그만큼 빵 만들기가 간편해진 데다 품질도 좋아져 오늘날까지도 많은 베이커리의 지지를 받고 있다.

효모를 만드는 기업으로는 르사프(Le Saf, Lesaffre)사도 유명하다. 170년 이상의 역사를 가졌는데, 1873년 빵용 효모를 만들기 시작해 1895년에 생효모 상품을 대량 생산했다. 1944년에는 건조효모를 개발했고, 1947년에는 대량 생산에 성공했다. 효모 브랜드 'SAF Instant Yeast Red'는 범용 인스턴트 효모로 다양한 빵과 과자에 사용되며, 'SAF Instant Yeast Gold'는 설탕 함량이 높은(5% 이상) 빵 반죽에 적합한 내삼투 효모이다.

빵용 효모와 양조용 효모의 차이와 제품 종류

빵은 효모를 2~5% 사용해 발효한다. 우리는 쉽게 '효모'라고 말하지만, 실제 효모에 속하는 것은 수백 종이 넘고, 가장 친숙한 것은 '사카로미세스 세레비시아(*saccharomyces cerevisiae*)'이다. 지름이 3~14㎛로 진핵세포치

고는 작은 편이며, 빵뿐 아니라 위스키·와인·맥주 등 다양한 주류 제조에 이용된다. 와인 일부에는 '사카로미세스 바이아누스(*S. bayanus*)', 라거 맥주에는 '사카로미세스 칼스버겐시스(*S. carlsbergensis*)' 등이 쓰인다. 이들은 모두 에탄올과 탄산가스를 산출한다.

종이 같은 효모라 할지라도 균주마다 성질이 다르고 활동에 차이가 있다. 빵용 효모는 반죽 발효 및 팽창이 주목적이어서 에탄올의 생성은 적고 탄산가스를 많이 만드는 효모를 고른다. 한편, 양조용 효모는 에탄올 생산을 잘하는 효모를 선정한다.

▷ 생효모

산업적으로 가장 일찍 개발된 생효모는 범용성이 높아서 세계적으로 가장 많이 쓰이고 있다. 또 냉장용·냉동용 효모도 개발되어 대형 빵 회사에서부터 소규모 개인 베이커리까지 폭넓게 사용된다. 물에 잘 녹아 쓰기 편하다는 장점이 있지만, 냉장 보관이 필요하고 유통기한이 짧다는 단점이 있다.

▷ 액티브(활성) 건조효모

1940년대에 개발된 과립형 액티브 건조효모(active dry yeast)는 생효모의 걸쭉한 페이스트 상태를 30~40℃에서 몇 시간 동안 건조해 만든다. 생효모에 비해 여분의 수분을 1/10 정도까지 줄여서 건조한 것으로 단위 질량당 실제 균 수는 생효모의 약 두 배이므로 활성은 생효모의 2.5배 전후로 평가된다. 이론적으로 생효모를 10g 사용할 경우 액티브 건조효모는 4g이면 충분하다는 계산이 나온다. 이들은 반죽에 혼합하기 전에 예비 발효가 필요해 사용 편의성이 높은 편은 아니지만, 효모 특유의 향이라든지 발효과정에서 생성되는 향미가 좋아 이를 선호하는 사람도 적지 않다.

▷ 인스턴트 건조효모

1970~80년대에 개발된 제품으로 생효모를 만들고, 동결 건조해서 과립형으로 가공한 것이다. 생효모보다 균 수가 3배 많아서 활성이 4~5배 높다. 그러니 생효모 10g을 2~2.5g으로 대체할 수 있다. 밀가루에 섞어 쓸 수 있는 만큼 사용이 간편한데다가 미개봉 상태라면 2년은 상온 보관할 수 있다.

▷ 반건조 효모

요즘 소규모 베이커리에서 선호하는 타입이다. 생효모와 건조효모의 중간에 해당하는 수분량(8~15g) 정도면 충분히 잘 녹고, 가루에 맞춰 필요할 때 필요한 양만큼만 쓸 수 있어 간편하다. 보존 기간은 미개봉 상태면 대략 2년이지만 개봉 후에는 밀폐 용기에 담아 냉장 혹은 냉동 보관해야 한다.

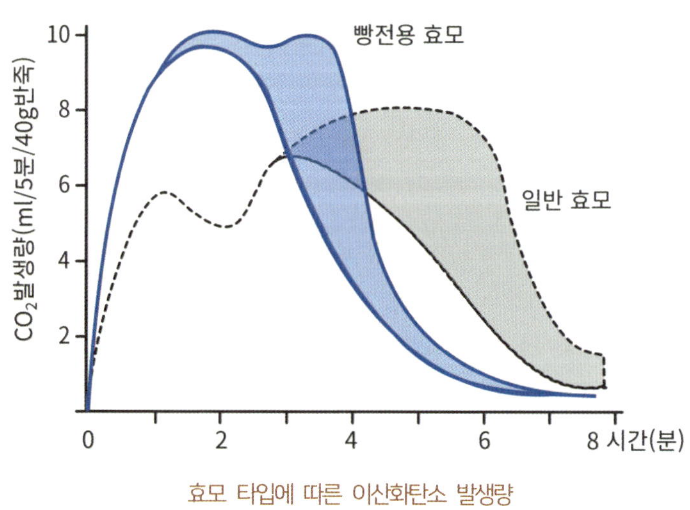

효모 타입에 따른 이산화탄소 발생량

양산형 효모 제품의 종류와 특성

분류		수분(%)	보존 기간	사용량	사용법
	생효모	65~70	개봉 후 2~3주	3	물에 넣고 잘 섞은 후 사용
건조 효모	액티브	7~8	개봉 4~6월 미개봉 1~2년	2.28	40℃ 물에 20분 정도 예비 발효 후 사용
	인스턴트 (동결건조)	4~4.5	개봉 1년 미개봉 2년	1	물 없이 반죽에 직접 섞어 사용

4. 소금: 반죽의 물성과 풍미의 완성

요즘 왜 소금빵이 인기일까?

세상에서 가장 맛있는 것은 무엇일까? 요즘은 정말 뛰어난 음식과 식재료가 넘쳐나지만, 그래도 나는 '소금'이라고 생각한다. 소금만큼 적은 양으로 음식에 강력한 효과를 주는 것은 없기 때문이다. 만약에 그런 원료가 있다면 소금 대신 사용해 나트륨을 쉽게 줄일 수 있을 것이다. 소금은 단순히 음식에 짠맛을 부여하는 것이 아니라 음식의 전반적인 풍미를 높인다. 그리고 부정적인 맛이나 이취는 줄이고, 단맛을 더 강하게 하고, 향을 풍부하게 한다. 또 지방과 함께 있으면 고소한 맛을 증가시켜 주고, 설탕과 같이 있으면 단맛을 높여준다.

식품 성분은 복잡하며 구성 성분을 하나하나 분리해서 맛을 보면 대체로 무미이거나 나쁜 맛인 경우도 많다. 그런데도 전체적으로는 맛이 괜찮은 까닭은 그것을 보완해주는 성분과 균형을 이루기 때문이다. 소금은 맛의 균형을 잡아 나쁜 맛은 감추고 좋은 맛은 더 좋게 하는 능력이 탁월하다.

예전에는 빵이라 하면 단팥빵, 크림빵, 소보로빵을 먼저 떠올렸지만 요즘은 카페나 빵집에 간다든지 빵 이미지를 검색하면 '소금빵'이 가장 먼저 뜬다. 어쩌다 소금빵이 이렇게 인기를 끌게 된 것일까? 소금빵은 일본 홋카이도에서 시작된 빵이다. '시오빵(塩パン)'이라는 이름 그대로 버터를 넣고 구워 바삭하고 속은 촉촉하며, 끝에 살짝 짠맛이 남는 것이 특징이다. 겉에 소금이 뿌려져 있고 이름도 소금빵이지만, 짠맛이 두드러지지 않고 오히려 버터의 고소함과 밀가루의 풍미가 더 또렷하게 느껴진다. 단맛보다 버터의 고소함과 소금의 짭짤함이 어우러져 혀에 닿는 맛을 증폭하고, 재료의 풍미를 돋보이게 한다.

요즘 소금빵의 인기에는 '단맛의 피로감'도 한몫한다. 이전 세대는 크림빵과 단팥빵으로 달콤한 위로를 받았지만, 요즘은 단맛이 너무 흔해서 소금이 오히려 새롭게 느껴진다. 또한 소금빵은 형태적으로도 단순하고 직관적이다. 별다른 필링이 들어 있지 않아 공정이 간단하고, 버터를 감싸 구우면 자연스럽게 겉은 바삭하고 속은 부드럽게 완성된다. 소비자는 '부담 없고, 먹기에도 깔끔한 빵', 제빵사는 '만들기 간단하면서도 차별화할 수 있다'라는 점이 동시에 맞아떨어진다.

소금빵은 커피와 조화도 뛰어나다. 단맛이 강하지 않아 카페라테나 아메리카노와 함께 먹을 때 균형이 좋고, 짠맛이 커피의 향을 더 도드라지게 만든다. 카페 문화가 일상화된 한국 사회에서 소금빵이 빠르게 자리 잡은 이유가 될 것이다. 소금빵은 결국 시간에 따른 감각 변화를 반영한 결과다. 과거의 빵이 달콤함으로 일상의 피로를 달랬다면, 지금의 소금빵은 절제된 맛으로 일상의 균형을 맞춘다.

왜 소금만큼은 별도로 첨가해야 할까?

소금은 통상 1.7~2.3%를 사용한다. 글루텐을 단단하게 해 반죽 시간을 증가시키므로 혼합 초기에 소금을 넣지 않고 글루텐이 형성된 다음 첨가해야 반죽 시간을 줄일 수 있다. 1.5% 이하를 첨가하면 맛이 잘 느껴지지 않고, 1% 이상의 소금은 발효를 늦추는 경향이 있다.

소금이 없으면 음식의 간을 맞출 수 없으니 대부분 요리가 빛을 잃는다. 이처럼 소금의 영향이 강력한 것은 우리 몸에 가장 부족하기 쉬운 미네랄이기 때문이다. 혈액의 86%는 염화나트륨이다. 그런데 피가 없는 식물은 땅에 나트륨과 칼륨이 같은 양이 있으면 칼륨만 흡수해 대부분 칼륨이 나트륨보다 100배는 많다. 밀에도 칼륨이 나트륨보다 훨씬 많다. 그러니 나트륨을 추가해 칼륨과 균형을 맞추면 그만큼 맛있어진다. 우리 몸은 몸에 필요한 것을 맛있게 느끼도록 설계되어 있다.

밀 배아의 미네랄 함량

미네랄	mg/ 100g
칼륨 (K)	1,567.6
인 (P)	389.5
나트륨 (Na)	272.1
마그네슘 (Mg)	224.3
칼슘 (Ca)	153.0
철 (Fe)	11.2
망간 (Mn)	5.4
아연 (Zn)	3.8
구리 (Cu)	2.7

소금은 어떻게 반죽의 탄력을 바꿀까?

소금의 기능은 매우 다양하다. 빵을 만들 때 설탕은 제외할 수 있어도 소금은 제외하기 어려울 만큼 결정적 역할을 한다. 소금은 반죽의 점탄성을 증가시키고, 단백질의 분해효소인 프로테아제의 활성을 억제하며, 발효를 조절한다. 소금이 너무 많으면 삼투압이 높아져 효모의 발효를 저해할 수 있으나, 적당한 양은 잡균의 번식을 억제한다. 빵에서 소금을 빼면 반죽은 무겁고, 점탄성이 부족하며 제대로 빵 맛이 나지 않게 된다.

소금이 식감에 미치는 영향은 소금이 들어간 빵 반죽과 들어가지 않은 빵 반죽을 비교해보면 알 수 있다. 소금이 들어간 반죽은 알맞은 탄력과 살짝 달라붙긴 하지만 표면이 부드럽게 완성되는 반면, 소금이 없는 반죽은 잘 늘어나지만 너무 끈적끈적해진다. 반죽에 추가된 소금이 점탄성을 높이기 때문에 '소금이 글루텐을 강화한다'라고 표현하는데 그 원인으로 '소금이 글리아딘을 수용화한다'라는 가설이 유력해지고 있다.

식품에서 소금이 단백질 용해도에 미치는 영향은 복잡하다. 유기물의 용해도는 이온의 종류와 강도의 영향을 받는데, 통상 미네랄이 일정 농도까지 증가할 때는 용해도가 증가하지만, 과량이 되면 탈수 현상으로 용해도가 감소한다. 미네랄이 용해도를 증가시키는 대표적인 사례는 어묵 제조에서 찾아볼 수 있다. 어육을 그냥 고기갈이 해서 가열하면 생선 단백질이 완전히 풀어지지 않아 보수성이 떨어져 다량의 물 빠짐이 발생하고, 가열해 응고해도 탄력 있는 겔이 형성되지 않는다. 이때 2~3%의 소금을 넣고 고기갈이를 하면 개별로 존재하던 생선 단백질이 훨씬 잘 풀어져 물을 많이 흡수한다. 그 상태에서 가열하면 풀어진 단백질이 수분을 흡수한 상태로 네트워크를 형성해 탄력 있는 겔이 된다. 소금이 생선 단백질의 용해도를 완전히 바꾸

반죽에 소금을 첨가한 효과

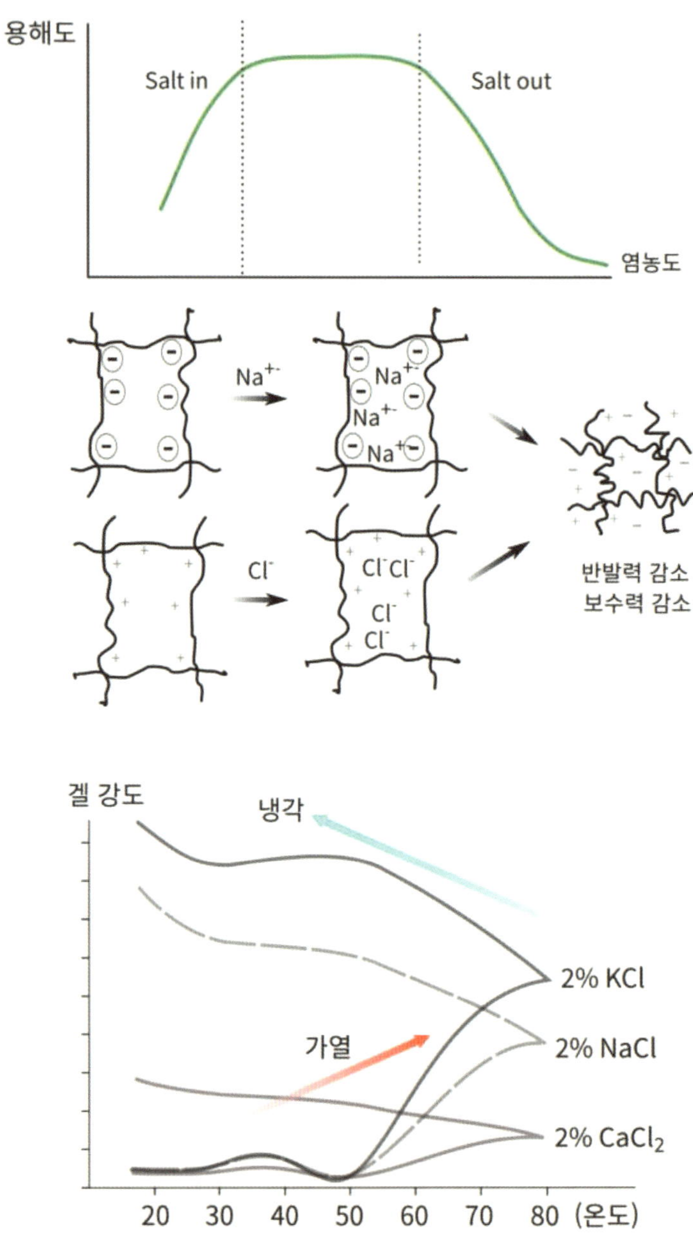

미네랄 용해도에 미치는 영향

는 것이다.

빵에서 소금(NaCl)은 나트륨 이온과 염소 이온이 다른 공유 결합과 수소 결합, 이황화 결합 등에 영향을 미치면서 글루텐 구조를 전체적으로 단단하게 만든다. 그렇게 만들어진 빵은 발효와 베이킹 과정에서 작고 치밀한 기포 구조가 형성된다.

소금이 달다고요?

소금은 빵의 풍미를 한결 끌어 올릴뿐만 아니라 감칠맛도 높인다는 주장이 있다. 소금의 종류에는 과거 바다였던 지역에서 캐는 암염, 바닷물을 햇빛에 말린 천일염, 가마에 끓여서 만든 자염, 이온교환수지를 이용한 정제염 등이 있다. 모두 염화나트륨이 80% 이상이라 짠맛이 지배적인데, "OO염은 감칠맛이 난다." 또는 "OO염은 단맛이 난다." 같이 평가하는 경우가 있다. 염화나트륨은 짠맛이고, 칼륨, 칼슘, 마그네슘은 쓴맛이다. 특히 고농도의 마그네슘은 견디기 힘든 쓴맛이다. 맛소금처럼 글루탐산나트륨(MSG)이 포함된 것이 아니라면 감칠맛 성분은 없다. 그러니 소금을 첨가했을 때 느껴지는 감칠맛이나 단맛은 미각 수용체로 느낀 것이라 할 수 없고, 만족스러운 맛일 때 뇌가 만드는 여운이라고 할 수 있다. 아무튼 맛있으면 우리 뇌는 단맛 성분이나 감칠맛 성분이 전혀 없어도 달거나 감칠맛이 있다고 느낀다.

- 맛의 균형과 증폭: 빵 반죽에 소금을 넣으면 버터의 풍미와 설탕의 단맛이 강해지고 쓴맛은 줄어들어 맛의 균형을 잡아준다.
- 풍미 강화: 소금은 빵의 주재료인 버터의 고소한 풍미를 더욱 살려주며, 빵의 향을 더욱 풍부하게 한다.

- 이취 감소 및 향미 증진: 소금은 빵의 이취를 억제하고, 고유의 향을 더 풍부하게 느끼도록 하는 역할을 한다.
- 미각 자극: 소금은 미각 신경의 반응을 활성화해 단맛이나 감칠맛을 더 잘 느끼게 해준다.
- 식감 개선: 소금은 빵 반죽의 글루텐을 강화해 겉은 바삭하고 속은 쫀득한 식감을 만드는 데 도움을 준다.
- 발효 조절: 소금은 이스트(효모)의 활동을 적절히 억제해 반죽이 너무 빨리 부풀어 오르는 것을 막는다. 하지만 고온에서 발효하면 식염 농도 2%까지는 발효에 큰 영향을 미치지 않는다.

소금이 들어가지 않는 빵은 맛있는 빵이라고 말하기 힘든 것이 많다. 소금 첨가량은 보통 밀가루 중량의 1.0~2.2% 정도이며, 실제로는 2.0%로 설정된 경우가 많다. 글루텐 함량이 적은 밀가루나 물이 연수일 경우 소금을 늘리고, 단맛 계열 빵의 경우 1.0% 전후로 줄인다. 2.0%를 넣으면 필링의 단맛과 빵 반죽의 짠맛이 불균형을 이루어 짜게 느끼기 때문이다. 만약 소금이 2.5%를 넘으면 짜서 먹기 힘든 빵이 된다. 이때 소금의 종류도 짠맛에 영향이 있다. 정제염은 수분이 1%인데, 천일염은 10%를 넘는 경우가 많다. 2%를 사용하면 염화나트륨이 0.2% 이상 차이가 나고, 이 정도의 짠맛 차이는 미각으로도 충분히 구분되기도 한다.

간수는 어떤 성분이며 어디에 쓰일까?

간수는 바닷물에서 소금을 얻을 때 마지막까지 결정화되지 않고 남는 액체로서 염화마그네슘($MgCl_2$)과 염화칼륨(KCl)이 주성분이다. 간수는 전통적으로 두부를 굳히는 데 사용되었다. 콩을 갈아 만든 콩물을 끓여서 단백질이 풀어지게 하고 간수를 넣으면 마그네슘이 풀어진 단백질 사슬 사이에 가교결합을 해 단백질이 응고된다. 간수가 단백질 응고제 역할을 하는 것이다.

간수는 제빵, 제면, 절임 등의 과정에서도 쓰이는데, 제빵에서 간수는 글루텐 단백질의 결합을 보조해 반죽의 구조를 강화하므로 점탄성과 수분 유지력이 높아진다. 면류 제조에서는 간수가 탄력과 색상에 영향을 준다. 중국식 면을 만들 때 일부 지역은 알칼리성 간수를 사용한다. 알칼리성에서는 단백질과 카로틴 색소의 용해도를 높여 노란색이 강화되고, 면발의 형성이 훨씬 쉬워진다. 그래서 면의 탄력이 강해지고 삶았을 때 쉽게 퍼지지 않는다. 이처럼 간수는 단백질 구조를 변화시켜 물성의 개선 효과를 준다.

5. 물: 물이 물성을 지배한다

수분의 함량은 식품의 종류마저 바꾼다

빵과 비스킷은 똑같이 밀가루로 만든다. 그렇다면 두 제품의 결정적 차이는 무엇일까? 바로 수분 함량이다. 비스킷(biscuit)의 유래는 고대 로마 시대까지 거슬러 올라간다. 당시에는 보존성을 높이기 위해 빵을 두 번 구워 건조하여 단단하게 만들어 군인의 전투식량으로 활용했다. 두 번(bis) 구운(coctus) 빵은 긴 시간 보관할 수 있었기에 여행자, 군인, 선원의 필수 식량이었다. 하지만 빵은 수분 함량이 무려 35%가 넘는다. 겉보기에는 물이 전혀 없어 보이지만 성분 속에 숨겨진 물이 많다. 그래서 잘 포장하거나 냉장 보관하지 않으면 2~4일을 버티기 힘들고, 최적으로 보관해도 1달을 넘기기 힘들다. 이처럼 수분 함량은 식품의 종류를 바꿀 정도로 결정적이다. 면도 수분 함량에 따라 생면과 건면으로 나눈다. 생면은 40~50% 내외, 건면은 14% 이하의 수분을 함유하고 있다. 갓 삶은 면의 경우 표면은 80~90%, 내부는 50~70% 정도의 수분을 가지고 있다.

밀가루 제품의 수분 함량(%)

제품 유형	수분 함량(%)
스프	85
푸딩	45(13~67)
빵	38(35~40)
케이크	17(5~30)
건면	13
패스트리	7
비스킷 (쿠키, 크래커)	5(1~6)

이처럼 물에 따라 식감과 제품의 형태와 두께 등이 달라지고 보관 조건과 취식성 등이 완전히 달라진다. 물은 모든 생명체의 주성분이고, 우리가 즐겨 마시는 차, 커피, 술 등 모든 음료뿐 아니라 국, 찌개, 요리 등 대부분 음식의 주성분도 물이다.

빵에서 수분의 역할

빵을 만들 때 물이 없으면 반죽 형성이 되지 않는다. 그렇다고 너무 많아도 반죽은 너무 풀어져 빵으로 형태를 갖출 수 없다. 미생물의 발효도 수분이 있어야 일어나고, 소금이나 설탕이 녹는 것도 수분이 있어야 가능하다. 대부분 빵은 밀가루 무게의 55~65% 정도 되는 물을 흡수한다. 그밖에도 빵에서 수분의 역할은 매우 많다.

- 글루텐 형성: 글루텐은 자기 중량의 2배 정도 되는 물을 흡수해 점성과 유동성이 생기며, 여기에 기계적 힘이 가해져 글루텐이 형성된다.
- 전분의 팽윤과 호화: 전분 입자는 자기 중량의 0.4배, 손상전분은 2배 정도의 물을 흡수한다. 이 정도 양은 전분의 완전한 호화에는 크게 부족하고, 가열 중에 단백질이 배출한 수분을 흡수해 좀 더 호화된다.
- 각 원료의 결합.
- 설탕, 소금 등 수용성 결정체의 용매.
- 효모 대사.
- 적절한 식감 부여: 최종 제품에 남는 수분이 식감에 핵심적인 영향을 준다. 수분이 없으면 촉촉함이나 탄성은 사라진다.

(−)
0.1nm
O
H H
(+) (+)
104.5°
0.18nm
0.1nm
Tetrahedral
coordination
링구조
20 water cluster
280 water cluster

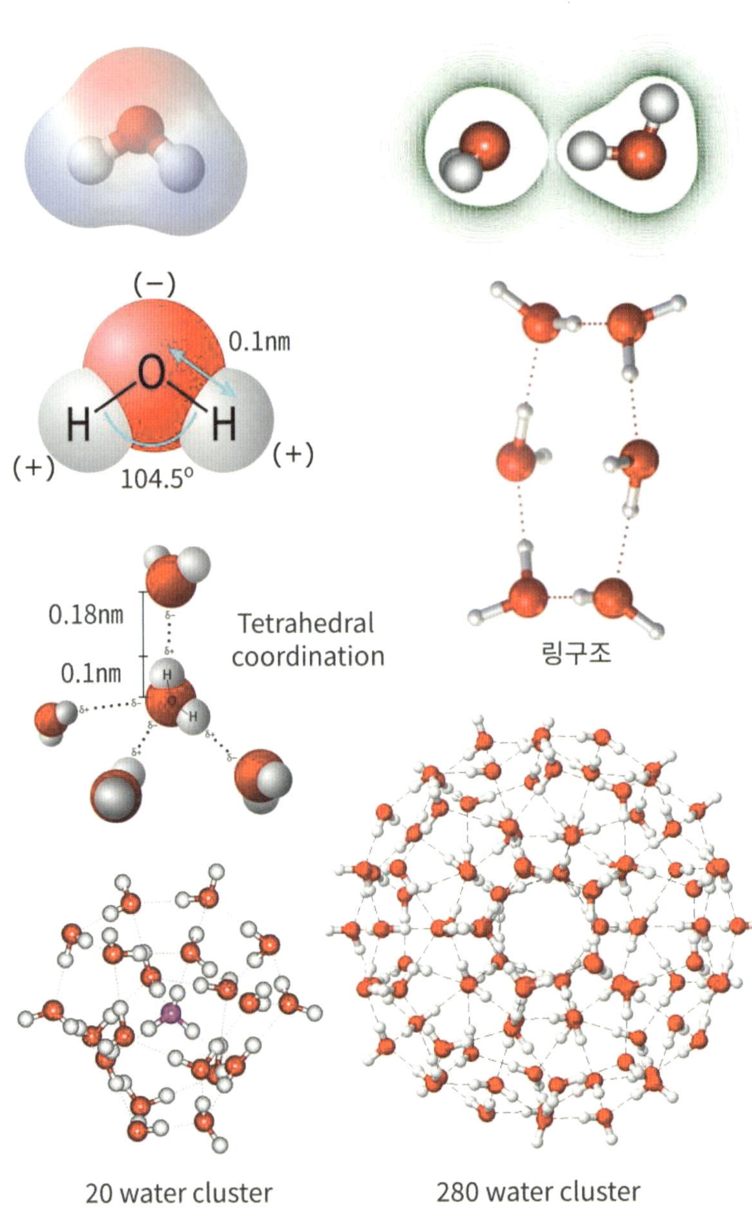

물 분자의 수소결합 형태

빵에서 수분의 역할은 나중에 좀 더 다루겠지만, 물은 결코 다른 물질로 대체할 수 없는 식품과 생명체에 절대적 성분이자 세상에 유일무이하다고 할 정도로 독특한 분자이다. 물(H_2O)은 세상에서 가장 작은 분자의 하나로서 많은 수소결합에 의해 가장 자유로우면서 동시에 가장 결속력이 강한 집단처럼 행동해 온갖 기이한 현상을 만들어낸다. 그래서 물에는 다른 분자에서는 볼 수 없는 60여 가지 유별난 성질이 있다.

물의 잠열도 그런 특성이 반영되었다. 물은 100℃의 액체가 100℃의 수증기가 될 때 540Cal/g의 잠열이 필요하다. 이런 잠열이 없으면 국을 끓이다가 잠시라도 한눈을 팔면 순식간에 100℃를 넘기고 그 순간 물 18g(1몰)이 22,400ml의 수증기로 변하면서 국물이 사라질 것이다. 18ml의 물이 22,400ml의 기체가 되면 부피가 1,200배 증가하면 폭발이 일어난다. 그리고 수분이 없는 건더기는 순식간에 온도가 올라서 음식이 타버릴 것이다. 우리가 음식을 삶거나 구울 때 적당한 시간을 확보할 수 있는 것은 이런 물의 잠열 덕분이다.

빵을 200℃ 오븐에서 20분 이상 구울 때도 빵의 중심 온도는 99℃를 넘지 않는다. 빵은 구운 후에도 35% 이상의 수분이 있는데, 자유수 상태의 수분이 모두 증발하기 전에는 물의 큰 잠열 덕분에 더 이상 온도가 올라가지 못하는 것이다.

자유수와 결합수, 수분은 여러 식품 현상에 결정적이다

빵과 비스킷은 똑같은 밀가루로 만들지만, 비스킷은 수분이 적어서 상온에서 오래 보관할 수 있다. 결합수 상태의 물은 미생물이 이용하지 못하고, 산화를 제외한 대부분의 식품 현상이 매우 느려지기 때문이다. 식품에서 결합수(bound water)는 식품 중 단백질이나 탄수화물에 수소결합으로 단단히 묶여 있는 물을 말한다. 이렇게 결합한 물은 일반적인 물(자유수)과 그 특성이 완전히 다르다. 쉽게 증발하지도 않고, 미생물이 생육에 이용할 수 없고, 다른 화학반응에 관여할 수도 없고, -40℃ 이하의 저온에서도 얼지 않는다.

① 자유수(=free water)

- 보통의 물로 운동이 자유로운 수분이다.

- 자유수는 용매 또는 분산매로 작용한다.

- 건조할 때 쉽게 증발하며, 0℃ 이하에서 잘 언다.

- 식품이나 원료에 약 6~96% 정도 함유되어 있다.

- 저장성에 영향이 크다. 변질이나 부패에 직접 관여한다.

② 결합수(=bound water)

- 탄수화물의 -OH, 단백질의 $-NH_2$와 -COOH, 지질의 -OH 등과 수소결합 등으로 단단하게 결합한 수분이다.

- 보통 100℃에서 증발하지 않고, 영하 -18℃에서도 잘 얼지 않는다.

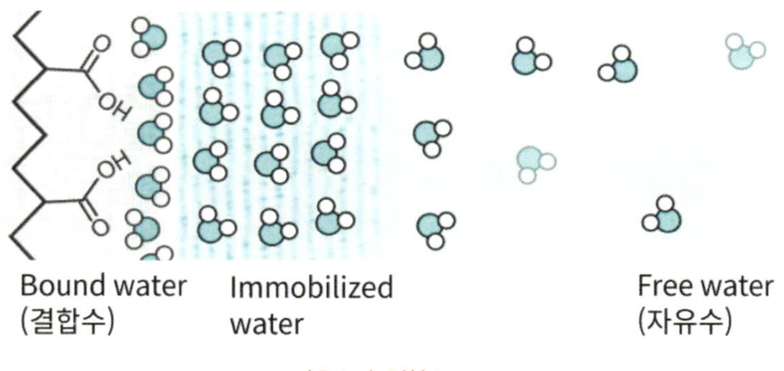

자유수와 결합수

빵에 적합한 수질 조건

빵 반죽에 쓰이는 물의 적성은 다음과 같다.

- pH 6.2~7.0으로 약산성에서 중성.

- 경도 50~120ppm인 약간 연수에서 약간 경수.

완성된 빵 반죽은 pH 5.2~5.5, 다 구워진 빵은 pH 5.7~5.8이 표준이다. 효모가 산성 영역에서 더 잘 활성화되기에 효모만 고려하면 pH 4.5 이하가 적절하지만, 일부 빵 종류를 제외하면 pH가 너무 낮으면 빵이 시큼해서 기호도가 떨어진다.

수질의 대표적인 요소는 경도(hardness)이다. 센물 또는 경수(硬水)는 칼슘이나 마그네슘 이온 같은 2가 양이온을 많이 포함한 물이다. 센물은 비누를 지방과 결합해 잘 풀어지지 않게 하고, 탄산염(CO_3^{2-})과 결합해 탄산칼슘으로 쉽게 결정화되어 보일러 등의 설비에 성능 저하와 고장의 원인이 된다. 그래서 유럽처럼 경수가 많은 지역은 물의 경도 관리가 필수이다. 세계보건기구(WHO)는 120 이하를 연수, 120 이상의 물을 경수라고 정의하지만, 국가별로 세부 기준은 조금씩 다르다.

우리나라와 일본의 수돗물은 연수이다. 빵을 만드는 데 전혀 무리가 없다. 오히려 적당한 미네랄은 소금과 같은 효과를 내서 반죽 속 글루텐 분자에 작용해 분자 사이의 구조를 단단히 한다. 오히려 50ppm 이하의 연수는 순수(0ppm)에 가까울수록 빵 반죽이 달라붙는 경향이 있다. 마치 반죽에 소금을 쓰지 않을 때처럼 글루텐의 탄력이 부족하고, 잘못하면 볼륨 없이 푹 꺼진 빵이 된다. 경도가 높아도 경도 300ppm까지는 별 문제 없이 반죽 상태가 안정적이다. 만약 일부러 경도 1,500ppm인 생수를 쓰게 되면 식감이 딱딱하고 거친 빵이 된다.

3장. 빵의 부재료: 당류, 유지, 달걀, 유제품

1. 당류의 역할

당류는 효모의 가장 중요한 식량자원

세상에는 수많은 음식이 있지만, 구성 성분은 생각보다 단순하다. 물과 탄수화물, 단백질, 지방이 95% 이상을 차지한다. 탄수화물은 주로 포도당으로 되어 있고, 단백질은 20종의 아미노산, 지방은 지방산이 10여 종이 대부분이다. 알고 보면 정말 단순한 것이다. 우리가 음식을 먹는 목적도 단순하다. 음식의 90% 정도가 살아가는 데 필요한 ATP(에너지)를 만드는 데 쓰인다. 자동차에서 매일 소비되는 것은 부품이 아니라 연료인 것처럼, 우리 몸도 끊임없이 사용하는 것은 탄수화물 같은 열량소이다. 우리는 산소를 이용해 열량소를 이산화탄소와 물로 분해하고, 이때 만들어지는 ATP를 생명의 배터리로 사용하며 살아간다.

우리 몸이 에너지원으로 가장 잘 활용하는 것이 당류(탄수화물)이고, 미생물도 마찬가지다. 효모는 포도당은 바로 사용하고, 설탕은 포도당과 과당으로 분해해서 사용하고, 맥아당은 투과효소가 있어서 세포막을 통해 세포 안으로 흡수한 후 포도당 2분자로 분해해서 사용한다.

설탕은 세포 밖에서 포도당과 과당으로 분해한 후 세포 안으로 흡수해 에너지원으로 사용한다. 빵에 탈지분유를 추가하면 우유에 포함된 이당류인 유당(포도당+갈락토스)도 공급되지만, 효모는 유당 분해효소가 없어서 영양분으로 활용하지 못한다.

발효는 효모 말고도 젖산균 등 다양한 미생물이 참여하는데, 미생물에 따라 이용할 수 있는 당류가 달라진다. 발효든 호흡이든 포도당을 피루브산으로 분해하는 과정은 같지만, 젖산발효는 피루브산을 젖산으로 전환하며 끝나고, 알코올발효는 피루브산을 에탄올과 이산화탄소로 분해하며, 아세트산(초산) 발효는 에탄올을 다시 아세트산으로 전환하는 차이가 있다.

빵에 주로 첨가되는 당류는 설탕이다. 대형 빵 회사에서는 그밖에 통칭 '액당'이라고 부르는 전화당, 이성화당 등도 쓰고, 때로는 빵에 특징을 주기 위해서 벌꿀이나 과즙을 넣기도 한다.

효모의 영양분이 되고 남는 당류는 감미를 부여하는 역할도 하고, 가열

젖산균의 종류에 따른 활용 가능한 당류의 차이

젖산균	포도당	유당	설탕	맥아당
Lactobacillus lactis	+	+	+	+
Lactobacillus bulgaricus	+	+	+	-
Lactobacillus brevis	+	-	-	+
Lactobacillus casei	+	+	-	+
Lactobacillus bifidus	+	-	+	+
Lactobacillus delbrueckii	+	-	+	+
Lactobacillus casei	+	+	-	-

에 의한 향미 성분 생성의 원천이 되기도 한다. 메일라드 반응과 캐러멜 반응의 원료로 작용하는 것이다.

▷ 메일라드 반응: 환원당 + 아미노산

단당류는 알데하이드 또는 케톤기가 있어서 자신은 산화되면서 다른 분자를 환원할 능력이 있다. 그래서 환원당이라고도 하는데 이당류나 다당류가 될 때는 이 환원기가 사라지면서 반응성이 낮아진다.

메일라드 반응은 고온에서 당의 알데하이드기와 친화력이 있는 아미노산의 아민과 결합하고 이어지는 일련의 반응을 통해 다양한 맛, 향, 색소 분자가 만들어지는 과정이다. 캐러멜 반응보다 낮은 온도에서도 일어나며, 여기에 아미노산에서 유래한 질소와 황이 결합하면서 캐러멜 반응에 비해 훨씬 복잡한 향미 물질이 만들어진다. 질소화합물은 내열성이 있어서 축적되는 것이 있고, 황화합물은 역치가 낮아 소량으로도 강력한 향미 물질이 된다.

당류의 감미도

이름	탄소 수	감미도	Kcal
설탕 Sucrose	12	1.0	3.9
맥아당 Maltose	12	0.3	3.8
유당 Lactose	12	0.2	3.8
포도당 Glucose	6	0.7	3.7
과당 Fructose	6	1.7	3.8
갈락토스 Galactose	6	0.3	3.8
알룰로스 Psicose(allulose)	6	0.7	
자일로스 Xylose	5	0.63	

▷ 캐러멜 반응: 당류의 분자 탈수

캐러멜 반응은 아미노산 없이 당류만을 가열했을 때 일어나는 화학 반응이다. 이 반응을 통해 무색무취한 당에서 놀랍도록 다양한 향이 만들어진다. 당을 가열하면 단맛은 줄어들고, 색깔이 짙어지며 향이 강해진다. 반응이 지나치면 탄화로 쓴맛이 강해진다. 캐러멜은 대개 설탕으로 만드는데, 설탕은 구성 성분인 포도당과 과당으로 분해된 후 새로운 분자들로 재결합된다. 설탕은 포도당과 과당이 결합하면서 분자 내에 알데하이드가 사라져 반응성이 낮고 안정적이다. 캐러멜 반응의 온도가 과당은 110℃로 낮은 데 비해 설탕은 160℃로 훨씬 높은 이유이다.

당류의 기타 다양한 기능

▷ 보존성: 삼투압과 Aw(수분활성도)

미생물은 자유수를 이용해서 살아간다. 당분은 주변의 물과 결합해 결합수 상태로 만든다. 당분은 미생물이 살아가는데 유용한 에너지원이라 어느 정도까지는 미생물의 생육을 촉진한다. 하지만 전부 결합수가 될 정도로 당분이 많으면 결합수 상태가 되어 미생물이 이용할 수 있는 물이 사라지며, 높은 삼투압으로 미생물이 보유한 물마저 빼앗겨 사멸된다. 염장은 고농도의 소금을 이용한 보존법이고, 당침은 높은 당도를 이용한 보존법이다.

▷ 보습성, 전분의 노화 방지, 유화 효과

당류에 붙잡힌 물은 결합수 상태가 되며, 사실상 기름과 물 사이의 중간적 성격을 가진다. 그만큼 물을 붙잡아 유화 상태를 유지하는 데 도움을 주고, 전분을 붙잡아 노화를 지연시키는 역할 등을 한다.

▷ 점도 부여, 수분의 비율을 낮추고 수분을 붙잡는다

당류가 물에 녹는다는 것은 그만큼 물을 붙잡는 것을 의미한다. 식품에서 수분이 줄면 점점 점도가 높아진다. 자유수가 없어지고 결합수가 남는 상황이 되면 점도가 급격히 증가한다. 간단한 사례가 설탕 용액이다. 20% 설탕 용액은 점도가 물과 비슷하며, 40%가 되면 우유의 2배 정도가 된다. 60%가 되면 물보다 57배나 점도가 높아지고, 그러다 80%가 되면 40,000으로 꿀보다 4배 끈적이게 된다. 설탕이 끈적인다는 것은 음료 또는 소금물에 젖으면 그 당시에는 느끼기 힘들지만 마르면 매우 불쾌하게 끈적이는 것에서 알 수 있다.

▷ 강도 부여

설탕을 물에 녹여서 가열하면 110℃가 넘어가면서 점점 분자의 축합이 일어난다. 설탕을 150℃ 이상 가열하면 수분이 거의 없어 휘젓기 어려울 정도의 점도가 생기고, 식히면 돌처럼 단단해지고 유리 같은 광택을 띤다.

▷ 거품 안정성 향상

머랭을 만들 때 흰자만큼 중요한 역할을 하는 재료가 '설탕'이다. 머랭을 칠 때 일어나는 거품은 불안정하다. 설탕을 넣으면 거품층의 점성이 증가해 기포가 안정화된다.

▷ 물성: 빙점 강하와 부드러움

순수한 물이라면 0℃에서 얼지만, 물에 용매가 녹으면 얼기 시작하는 온도가 낮아진다. 이러한 현상을 '빙점 강하(어는점 내림)'라 하는데 물질의 종류에 무관하게 물에 녹은 분지의 숫지에 비례한다. 저DE 물엿보다는 고DE 물엿, 이당류보다는 단당류가 분자량이 적어서 같은 무게면 숫자가 그만큼 많아서 효과적이다. 소금이 녹으면 2개로 이온화되므로 2배 효과적이다. 이런 빙점강하 효과는 빵을 냉동시켜도 덜 딱딱하게 만든다.

▷ 부형제(bulking agent)

감미도가 낮은 당류는 고형분 중에서도 맛이 중립적이라 다른 맛에 영향이 적고, 물에 잘 녹고, 가격도 가장 저렴한 편이다. 이런 특성은 부형제로 적합하다. 고형분의 함량을 맞추는 데도 유용하다.

감미료 중 설탕이 가장 인기 있는 이유

일반적인 식품에서 설탕이 하는 일은 정말 다양하다. 단맛을 부여하는 정도의 역할이 아니라 식품의 정말 다양한 면모를 바꾼다. 지금까지 많은 대체당이 개발되었지만, 감미료 시장에서 여전히 설탕이 독보적인 위치를 점하는 것은 그만큼 단맛 품질이 뛰어날 뿐 아니라, 경제적이면서 식감, 물성 등 다른 면에서도 효과가 좋기 때문이다.

설탕은 물에 매우 잘 녹는다. 그만큼 물과 결합력이 좋은데 소량이면 점도에 영향이 없지만, 물의 비율이 일정 비율을 넘으면 점도가 높아져 매우 끈적거린다. 설탕의 물과 결합 능력은 요리할 때에 빵과 비스킷이 수분을 유지하고 부드러움을 유지하는 데 큰 도움이 된다. 설탕은 음식의 모든 재료에 접착 매트릭스 역할을 하며 음식을 윤기 있게 한다. 또한 고농도에서는 부패균이 물을 이용하는 것을 막아 식품의 보존에 도움이 된다. 이런 설탕의 특성을 무시하고 배합비에서 설탕을 줄이면 예기치 않은 문제가 발생한다.

설탕은 음료에서 바디감을 높이고, 과일의 맛과 색을 강화하며, 아이스크림에서는 어는 온도를 낮추어 부드럽게 하는 중요한 특성도 있다. 또한 향에도 영향을 주어 조화를 통해 향이 더 풍부하게 느껴지도록 한다. 이런 향의 시너지효과를 넘어 설탕 자체가 향기 물질의 원천이 되기도 한다. 설탕을 높은 온도로 가열하면 캐러멜 반응이 일어나고 아미노산과 같이 있으면 메일라드 반응으로 온갖 풍미 물질이 만들어진다.

한식에서 설탕은 온갖 양념과 한식의 핵심인 고추장, 된장, 간장의 텁텁한 끝맛을 상쇄해 준다. 짠맛·감칠맛과 조화를 이루면 강렬한 냄새와 자극마저 완화하는 힘이 있다. 요리에 설탕을 대체하는 온갖 팁이 있지만 가장 중립적이고도 정확한 맛을 주는 감미료는 좋든 싫든 백설탕이다.

설탕을 고온으로 가열하면 설탕끼리 결합해 끈적이거나 단단한 물성을 만든다. 대표적인 것이 사탕이다. 사탕은 110~140℃까지 고온으로 가열하는 과정에 의해 수분이 1~4% 정도만 남고 설탕 분자가 서로 결합해 단단해진다. 사탕은 결국 설탕의 다양한 변형인데, 사탕을 만드는 사람은 설탕과 물이라는 똑같은 재료를 이용하면서도 그 비율이나 처리 과정을 달리해 전혀 다른 질감을 창조해 낸다.

설탕은 효모나 젖산균 등의 좋은 영양소가 된다. 그만큼 발효가 잘 일어나고, 발효과정에 생성된 이산화탄소로 빵 조직 안에 미세한 거품이 잘 생성된다. 빵의 텍스처에 기여하는 것이다. 그리고 베이킹 과정에서는 향과 색의 발현에 큰 역할을 한다.

빵을 구울 때 만들어지는 황금색~갈색의 크러스트 색상은 빵 반죽 속에 있는 밀가루의 전분에서 유래한 당질(맥아당, 포도당 등)과 첨가한 당류(설탕, 탈지분유의 유당 등)에 따라 달라진다. 당류가 적으면 갈변반응이 적어서 빵이 옅은 색으로 구워진다. 굽는 과정에서 일어나는 메일라드 반응은 빵 반죽이 130~150℃ 정도일 때 강하게 일어나기 시작해 크러스트를 살짝 연한 황갈색으로 만든다. 다음으로 160~190℃의 온도 범위에서 캐러멜화 반응이 일어나 색이 더 강해진다. 이런 갈변반응의 결과 최종적으로 멜라노이딘이 생성되는데, 커피는 빵보다 훨씬 강하게 로스팅해 고형분의 무려 25%까지도 멜라노이딘으로 변하기도 한다. 품온이 250℃ 이상 올라가면 탄화가 일어나기 시작한다. 메일라드 반응, 캐러멜 반응, 탄화 반응이 각자 따로따로 일어나는 것은 아니고 일정 부분 겹쳐서 일어나지만, 그래도 메일라드 반응, 캐러멜 반응, 탄화의 순서로 일어난다.

첨가한 설탕은 효모의 먹이가 되어 발효를 촉진하고, 반죽의 수분과 단백질 구조에도 영향을 미친다. 따라서 설탕의 양은 빵의 부풀기 정도, 색,

주요 단맛 원료의 당류 조성

단맛 원료	과당	포도당	설탕	기타 당
설탕	0	0	100	0
옥수수 시럽	0	98	0	2
캐러멜	1	1	97	1
메이플 시럽	1	4	95	0
당밀	23	21	53	3
과당 HFCS-42	42	53	0	5
꿀	50	44	1	5
과당 HFCS-55	55	41	0	4
과당 HFCS-90	90	5	0	5

질감 모두에 중요한 변수가 된다. 적정량의 설탕은 효모에 필요한 영양원을 제공해 발효 속도를 유지한다. 그만큼 이산화탄소가 잘 만들어져 반죽이 팽창한다. 하지만 설탕이 과도하면 그만큼 물과 결합해 반죽 속에 미생물이 활용할 수 있는 자유수를 줄인다. 발효 속도가 느려지고, 이산화탄소 발생량이 줄어 빵의 부피가 작아진다. 삼투압을 높여 효모 세포막의 탈수를 유발하면 효모의 대사가 느려지고 반죽의 팽창력이 약해진다. 단맛이 강한 브리오슈나 단과자 빵이 일반 식빵보다 더 오래 1차 발효가 필요한 이유이다. 설탕 비율은 빵의 종류에 따라 다르지만, 일반적인 기본 반죽에서는 밀가루 중량 대비 5~8%가 안정적이다. 설탕은 이처럼 단맛, 발효, 질감, 색상, 향미의 균형을 결정하는 다재다능한 조정제이다.

2. 유지의 역할

식품에서 지방의 다양한 역할

무미, 무취, 무색인 지방도 생각보다 강력하게 오감에 영향을 준다. 시각으로는 색과 윤기를 주어 외관을 좋게 하고, 촉각으로는 제품을 부드럽게 하거나 혀에 닿는 느낌을 부드럽게 하고, 스테이크에서 육즙의 느낌을 높여주기도 한다. 후각으로는 가열할 때 만들어진 고소한 향으로 우리를 유혹하고, 청각으로는 바삭하는 소리로 군침이 돌게 한다.

탄수화물은 단맛으로, 단백질은 감칠맛으로 그 존재를 확인하는데, 이들과 함께 3대 영양소의 한 축을 담당하는 지방을 감각하지 않는 것은 납득하기 쉽지 않다. 물론 지방은 물에 녹지 않는 성분이라 혀의 미뢰에 있는 미각 수용체에 닿기 힘들지만 우리는 지방의 존재를 음식을 보는 즉시 알 수 있다. 특히 우리의 내장 기관은 지방의 총량뿐 아니라 지방산의 종류별로 그 양이 얼마만큼 들어왔는지까지 파악한다. 단맛, 짠맛, 신맛, 쓴맛, 감칠맛에 이은 6번째 맛의 가장 강력한 후보가 지방인 것도 바로 그런 이유다.

물은 100℃에서 끓어서 기화되지만 기름은 200℃가 넘어도 끓지 않는다. 이런 특성을 활용해 튀김처럼 높은 온도로 가열하는 음식이 탄생했다. 가열 반응은 종류별로 적합한 온도 범위가 있다. 그러니 200℃에서 단시간 가열해서 만들어지는 향미를 100℃에서는 아무리 오랫동안 가열해도 만들어지지 않는다.

고온에서 만들어진 고소한 향은 아주 유혹적이다. 지방 자체는 맛이 없고 느끼하지만, 아미노산, 당과 함께 반응하면 너무나 매력적인 향이 만들어진다(메일라드 반응). 당과 시스테인에 소기름이 있으면 소고기 향, 돼지기름이 있으면 돼지고기 향, 닭기름이 있으면 닭고기 향이 만들어진다. 그리고 향기 성분은 원래 지방에 잘 녹는 성분이라 가열 중에 생긴 향이 지방에 잘 포집되어 풍부한 향을 즐길 수 있다. 그래서 삼겹살이나 마블링이 좋은 고기가 맛있다.

지방은 향의 방출 패턴에 큰 영향을 준다. 지방이 있으면 향이 지방 속에 녹아 들어가 붙잡혀 있다가 조금씩 방출된다. 향료는 수십~수백 가지 물질로 구성되는데, 물질별로 모두 지방에 녹는 정도와 방출되는 정도가 달라서 같은 향도 어디에 녹아 있는지에 따라 향의 느낌이 달라진다. 보통 지방이 있으면 향의 방출이 완만하고 느려진다. 그만큼 부드러워지며 약해지기

식품에서 지방의 역할

구분	역할
외관	색, 기름짐, 윤기와 광택, 표면의 균일성.
물성	점도: 자체가 점도가 있고, 유화물을 만들면 더 큰 점도를 준다. 유화: 마요네즈, 드레싱, 크림수프, 소스. 가소성: 제과, 아이싱, 페이스트리. 불용성: 물에 녹지 않아 차별성 부여.
식감	크림성, 바삭거림, 녹는 느낌, 크리미, 매끄러운 정도, 무거운 느낌. 입을 코팅하는 정도, 시원한 느낌 또는 따뜻한 느낌. 쇼트닝(바삭거림): 비스킷, 페이스트리, 케이크, 쿠키. 부드러움: 캔디, 시폰 케이크.
풍미	가열할 때 당류 아미노산과 반응해 특유의 향이 만들어진다. 향의 release 시간에 따른 향미 프로파일에 많은 영향을 준다. 지방이 없을 때보다 톱노트는 약해지고, 상큼한 느낌은 줄어들지만 부드럽고 풍부한 느낌을 준다.
포만감	자체로 포만감을 주며, 유화물로 만들면 더 큰 포만감을 준다.
열전달	튀김, 볶음에서 160℃ 이상의 고온 조리가 가능하게 한다. 수분을 쉽게 제거해 바삭하는 식감을 갖게 한다.

도 한다. 향의 양이 많으면 약하다는 느낌 대신 풍성한 느낌을 준다. 그리고 지방은 맛과 향뿐 아니라 물성에도 많은 영향을 준다.

빵에서 피막 효과와 윤활 효과

빵 반죽에 유지를 넣으면 반죽의 글루텐 망 사이사이에 미끄럼판을 까는 효과가 나타난다. 그래서 탄력 있지만 쉽게 쭉쭉 늘어나는 반죽이 된다. 이렇게 되는 이유는 반죽 과정에서 글루텐이 압력이 가해진 방향으로 늘어나면서 동시에 유지도 같은 방향으로 형태를 갖추기 때문이다. 그 결과 글루텐 사이에 얇은 기름막이 생겨서 글루텐을 감싸게 된다. 글루텐과 글루텐이 강하게 결합하는 것을 줄여 주고 적당히 미끄러지는 유지의 피막(코팅) 효과를 주게 된다.

이러한 유지의 특성으로는 1)반죽의 늘어나는 성질이 좋아진다. 2)반죽 작업이 쉬워진다. 3)발효 때 반죽이 더 쉽게 팽창한다. 4)구울 때 반죽이 더 잘 부푼다. 5)완성된 빵의 부피가 늘어난다. 6)보관할 때 수분 증발을 억제하는 것 등이 있다. 밀가루에는 2% 정도의 지방이 있는데, 이런 지방도 첨가한 지방과 같은 역할을 한다.

바삭바삭한 식감을 주는 쇼트닝의 비밀

쿠키나 비스킷을 만들 때 쓰는 가소성 고형 유지에는 버터, 마가린, 쇼트닝이 있다. 이들은 상온에서 고체지만 완전히 굳어 있지는 않아 힘을 가하면 형태가 변하는 적당히 부드러운 유지들이다. 이 중 마가린(margarine)은 그리스어 'margarite(진주)'에서 유래한 용어로 1869년 나폴레옹 3세가 당시 프랑스에 버터가 부족해지자 대체품을 찾다가 이폴리트 메주 무리에스

(Hippolyte Mege Mouries)라는 과학자의 제안으로 채택된 것이다. 처음에는 우지(소기름)에 우유, 소금 등을 넣고 식힌 뒤 굳혀서 쓰다가 19세기 말부터는 마가린의 주원료로 우지 대신 식물성 기름이 대다수를 차지하게 되었다. 지방에 물, 소금, 분유, 향료, 색소 등을 넣고 섞은 다음 식혀서 굳힌 것으로 최대한 버터와 닮은 향과 물성을 가지도록 만들어진 기름이 마가린이다.

쇼트닝은 마가린 이후 19세기 말 미국에서 반죽 전용으로 라드(돼지기름)의 물성을 가진 대용품으로 개발되었다. 지방은 딱딱하지 않고 물컹한 편인데 쇼트닝이라고 부르는 것은 15세기에는 영어 단어 short가 '부스러지기 쉬운(crumbly)'이란 뜻으로도 쓰였기 때문이다. 빵에 쇼트닝을 사용하면 바삭하는 식감을 가지게 된다. 쇼트닝의 주원료는 식물성 기름, 동물성 기름, 생선 기름이었다. 거의 100% 유지로 구성된 흰색에 무미·무취인데, 버터에서 맛과 색은 빼고 지방을 경화 처리해 물성만 비슷하게 만든 가공유지가 바로 쇼트닝이다.

마가린은 버터의 맛과 식감을 흉내 낸 것이라 버터처럼 그대로 빵에 발라 먹을 수 있고, 요리와 과자, 빵 가공 등에 폭넓게 쓰인다. 반면 쇼트닝은 무미·무취로 개발된 것이라 그대로 먹지는 않고, 과자나 빵을 만들 때나 튀김용으로 사용한다. 물성을 만드는 용도인 것이다.

빵 반죽에 버터를 사용한 것과 쇼트닝을 사용한 것을 비교하면 맛과 냄새부터 차이가 난다. 쇼트닝을 쓴 쿠키는 식감이 가볍고 바삭바삭하다. 이러한 유지의 가소성을 쇼트닝성이라고 한다. 이런 성질은 고체 지방의 비율이 15~25%일 때 가장 잘 나타난다. 고체 지방이 많으면 너무 딱딱하고, 작으면 액체성이 강해 쇼트닝성이 약해진다. 적당한 융점의 고형 유지에 공통되는 성질인데, 특히 쇼트닝이라고 상품화된 것이 그 효과를 극대화한 것이다. 빵에 쇼트닝을 쓰면 쿠키와 비스킷만큼의 바삭바삭한 식감은 없지만, 그래도 버터나 마가린을 쓴 경우에 비해서는 쇼트닝성이 있다.

버터나 마가린 같은 가소성 고형 유지는 먼저 반죽 속 글루텐과 글루텐 사이에 기름 필름층을 만들어 글루텐끼리 달라붙는 것을 억제한다. 그만큼 글루텐층은 쉽게 미끄러져 가소성이 좋아진다. 그리고 글루텐끼리 붙는 성질이 줄면, 그 사이에 기포가 만들어지기 쉬워진다. 그만큼 발효와 굽기 과정에서 만들어진 기체가 쉽게 글루텐망을 부풀려 빵의 부피도 증가하고 식감도 좋아진다.

그런데 쇼트닝이 빵의 식감을 개선하는 것은 마가린이나 버터와는 좀 다른 기작이다. 쇼트닝은 글루텐망 사이에 얇은 필름 형태로 분포하는 것이 아니라 미세한 기름방울 형태로 존재한다. 버터, 마가린과 달리 수분이나 다른 성분이 없는 100% 지방이라서 반죽 속에 순수한 기름방울로 있기 쉬운 상태다. 반죽 상태에서는 글루텐과 독립적으로 반죽 속에 기름방울 상태로

마가린과 쇼트닝의 차이점과 용도

마가린	쇼트닝
식물성 경화유 80% 이상과 물	100% 식물성 경화유, 물 없음
상대적으로 낮은 녹는 점	녹는 온도 높음
버터 같은 맛을 위해 향 사용	무향이거나 중립적인 맛
버터와 유사한 물성 효과	글루텐 형성을 억제해 부드러운 촉감 부여
제빵, 요리, 스프레드 등에 버터 대신 활용	제과 제빵에 물성 조정용으로 사용

구석구석까지 확산·분포되어 있다가 구울 때 기름방울 근처에 있는 글루텐 망에 흡수된다. 이런 차이로 쿠키와 비스킷은 더욱 바삭바삭하게 빵은 좋은 식감을 가지게 한다.

쇼트닝의 효과가 가장 잘 발현된 경우는 파이 크러스트나 퍼프 페이스트리다. 퍼프 페이스트리는 고형의 유지와 반죽을 한 겹씩 교대로 쌓아 올려 각각의 층이 별개의 페이스트리 층으로 구워 만든 것이다. 케이크와 빵의 경우에는 지방이 이처럼 선명하지는 않지만 그래도 충분히 역할을 한다. 밀가루와 물을 치대 글루텐을 발달시킨 다음, 유지를 소량만 넣어도 상당한 정도로 부피가 늘어나고 질감이 가벼워진다.

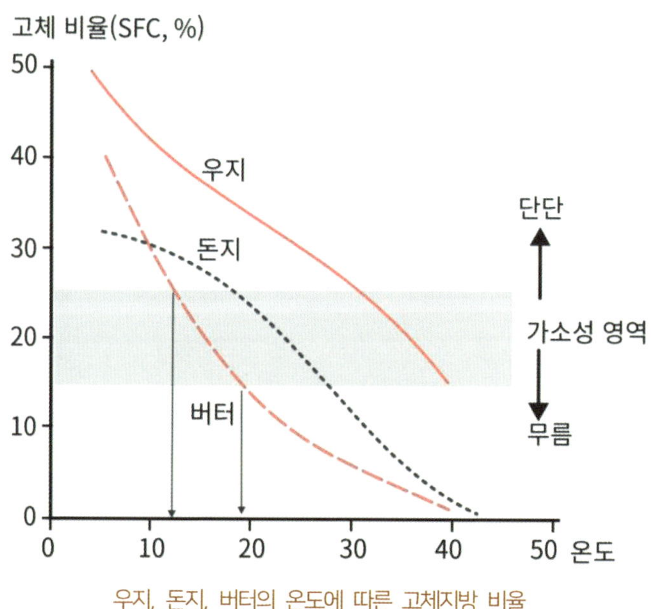

우지, 돈지, 버터의 온도에 따른 고체지방 비율

- 쇼트닝성: 부드러움과 파삭파삭함을 주는 기능. 쇼트닝이 혼합 중에 얇은 막을 형성해 제품에 윤활성을 주기 때문이다.
- 공기의 혼입: 혼합 중 지방이 포집하는 공기는 작은 공기 방울 형태가 되어 굽기 중 팽창해 적정한 부피, 기공과 조직을 만든다.
- 크림화: 혼합 중에 공기를 흡수해 크림이 되는 것으로 설탕과 쇼트닝을 3:2로 혼합하면 200% 내외의 공기와 결합한다. 달걀을 서서히 첨가하며 혼합하면 275~350%를 함유한다.
- 안정화: 지방이 크림으로 될 때 무수한 공기 세포를 형성 보유해 반죽에 기계적 내성을 주어 글루텐 구조가 응결되어 튼튼해질 때까지 꺼지지 않는 성질을 부여한다.

마가린에 트랜스지방이 없어진 지 20년이 지났다

요즘은 버터가 인기이다. 버터는 짧은 지방산이 상당히 많아서 특유의 향취가 있다. 여러 종류의 지방산이 혼재되어 낮은 온도에서 높은 온도까지 넓은 범위에서 녹는다. 그만큼 반고체 상태라 빵에 발라 먹기 좋다. 너무 딱딱하면 빵에 바르기 힘들고, 완전한 액체라면 적시는 것은 가능해도 바르는 것은 불가능하다.

그런데 1950년대부터 버터는 심장병을 일으키는 최악의 지방으로 매도되었다. 동물성 지방이라 포화지방이 많고, 콜레스테롤이 많아 청산가리처럼 위험한 물질이라는 것이었다.

이때 등장한 대안이 마가린이다. 당시 식물성이라고 하면 무조건 순하고 순수한 이미지였고, 식물성 유지는 콜레스테롤도 없어 최고의 기름으로 찬양했다. 그래서 식품회사는 칭찬받는 식물성 기름을 이용해 버터를 대체하려 했다. 액체인 식물성 기름을 고체화(경화)해 버터의 물성을 흉내 낸 것이다. 결국 마가린 사용을 부추긴 것은 역설적으로 동물성 지방과 콜레스테롤 유해론이다.

경화유는 액체 상태의 식물성 기름에 수소를 첨가해 고체 또는 반고체 형태로 '경화(硬化, hardening)'해서 만든 기름을 말한다. 지방을 구성하는 지방산은 포화지방산과 불포화지방산으로 구분하는데, 포화지방산은 탄소의 이중 결합이 없어서 산화에 안정적이며, 지방산 길이가 길수록 녹는점이 높아 통상 상온에서 고체(Fat)로 존재한다. 불포화지방산은 탄소 사슬에 불포화 결합이 있어서 산화에 불안정하지만, 사슬이 꺾인 형태라 녹는점이 낮아 상온에서 액체(oil)로 존재한다. 콩기름, 옥수수기름, 면실유 같이 불포화지방산이 많은 기름은 상온에서 액체이다. 이런 지방을 버터처럼 상온에서 반고형의 상태로 바꾸는 방법이 경화(hardening)인데, 고온에서 금속 촉매를 사용해 수소를 첨가해 불포화결합을 포화상태로 바꾸는 것이다. 그래서 경화(hardening)라고 하고 수소화(hydrogenation)라고도 한다.

문제는 경화유의 제조 공정에서 일부가 포화지방으로 바뀌다가 이중 결합 부분에 같은 쪽이 아닌 반대쪽에 수소가 결합한 트랜스(trans: 횡단)형으로 변할 수 있는 점이다. 천연으로 존재하는 불포화지방산은 주로 이중 결합(C=C)의 탄소 원자의 남은 결합 위치에 수소 원자 하나가 같은 방향에 결합해 있고, 같은 방향에 위치해 공간을 차지하고 있기에 반대쪽이 접히는 시스(cis: 같은 쪽)형이다. 식물유의 모든 불포화지방을 완전히 경화하면 트랜스지방은 없지만 너무 딱딱해져서 사용이 곤란하고, 부분적으로 경화하면 불포화지방이면서도 포화지방의 성격을 가진 트랜스지방도 함께 만들어진다는 문제점이 있다. 이렇게 만들어진 경화유로 마가린을 제조하면 최대 15%

정도의 트랜스지방을 함유하게 되는데 트랜스지방은 불포화지방(액체 기름)과 포화지방(고체 기름)의 중간적 성격으로 융점이나 체내 잔류 기간이 포화지방과 불포화지방의 중간 정도이다.

- 스테아르산(C18-0, 포화): 융점 73℃, 체내 반감기 43일.
- 엘라이드산(C18-1, 불포화 trans형): 융점 42℃.
- 올레산(C18-1, 불포화 cis형): 융점 5.5℃, 체내 반감기 18~27일.

이렇게 만들어진 트랜스지방은 인체에서 잘 대사되지 않아, 장기간 과다 섭취하면 혈중 LDL은 증가하고 HDL은 감소해 동맥경화 등 심장 질환을 유발할 가능성이 높다고 보고되었다. 그래서 미국심장협회는 성인 남성은 하루 2.8g, 여성은 2.2g 이하 섭취를 권고하고 있다. 2015년 하루 평균 섭취량은 일본은 0.7g, 한국은 0.37g 정도이고, 캐나다 8.4g, 미국은 5.6g 정도이다.

우리나라는 처음부터 트랜스지방을 위험할 정도로 많이 먹지 않았지만, 트랜스지방 유해성 논란 이후 가공유지를 만드는 식용유 회사는 마가린과 쇼트닝을 제조할 때 사용하는 기름을 수소첨가에 의한 경화유 대신에 트랜스지방이 생기지 않는 '에스터 교환법'을 통해 지방산 비율을 조절하는 방식으로 완전히 바꾸었다. 그래서 2005년 이후 트랜스지방 사용량이 순식간에 급감해 실질적으로 제로 수준이 되었다. 이제는 버터 등에 자연적으로 존재하는 트랜스지방만 먹고 있는 것이다.

자연에는 트랜스형은 없고 가공할 때만 트랜스지방이 생긴다고 하는 사람도 있지만, 반추동물(소, 양 등)의 젖이나 지방에는 2~5%의 트랜스지방이

들어 있다. 심지어 모유에도 1~7%의 트랜스지방이 있다. 그리고 라이코펜, 토코페롤, CoQ10, 공액리놀렌산 같은 이소프레노이드 계통의 건강 기능성 성분도 트랜스지방의 형태이다.

내가 트랜스지방에 관련해 주목한 현상은 '트랜스지방을 줄인 효과가 무엇이었는가?'이다. 설탕을 포함해서 유해론이 심각해진 모든 품목은 결국에는 소비가 줄지만, 그 속도가 10년 이상 걸려 천천히 일어나고 절반 수준으로도 줄이기 힘들다. 하지만 트랜스지방은 식용유 회사의 노력으로 순식간에 제로 수준으로 줄었다. 우리나라는 2005년부터 본격적으로 트랜스지방이 없는 마가린과 쇼트닝으로 대체해 불과 3년 만에 자연발생의 트랜스지방을 제외하면 제로 수준으로 줄였다. 트랜스지방이 소문처럼 그렇게 유해한 것이었다면 소비가 그렇게 급감한 만큼 조금이라도 심장 질환 등이 개선되었다는 뉴스가 나올 만한데 여전히 아무 말도 없다.

미국이나 캐나다는 우리보다 트랜스지방을 20배 정도 많이 먹다가 지금은 섭취량이 크게 줄었지만, 그 이후 건강 문제가 해결되었다는 소식은 들

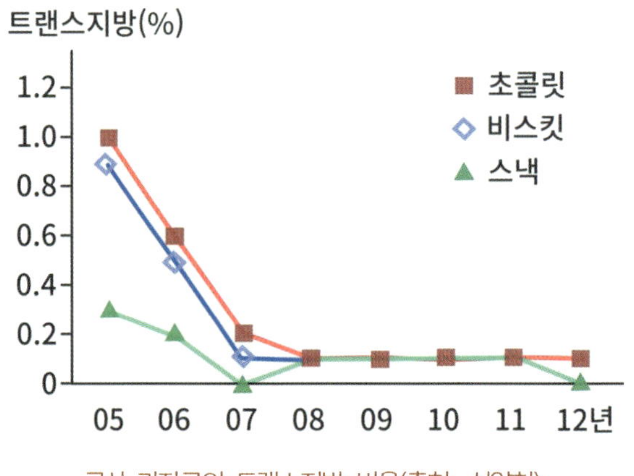

국산 과자류의 트랜스지방 비율(출처: 식약처)

려오지 않는다. 미국 미네소타대학 연구팀은 2020년 미국 시장에서 판매된 83가지의 마가린과 버터를 분석 및 비교했더니 마가린이 버터보다 나았다는 결론을 내놨다. 마가린은 평균적으로 칼로리는 물론 포화지방과 콜레스테롤 함량도 버터보다 낮았고, 트랜스지방 역시 없었다. 최소한 마가린을 걱정할 필요가 없어진 지 20년이 넘었는데, 여전히 위험하다고 느끼는 사람이 많은 것은 과연 누구의 책임일까?

3. 달걀의 역할

달걀은 만능 식품소재

달걀만큼 단순하지만 복잡하고 모든 것을 갖춘 식재료가 또 있을까? 세상에 식재료는 정말 다양하지만, 달걀만큼 다양한 용도로 쓰이고 유용한 식재료도 없을 것이다. 달걀은 특유의 색과 향이 있고, 여러 가지 물성을 부여하는 능력이 있다. 달걀의 응고성은 달걀찜, 푸딩 등에서 탱탱한 물성을 주고, 다른 물질과 결합하는 특성은 부침개나 튀김을 만들 때 결합의 역할을 하고, 그런 능력을 이용해 콩소메나 맑은장국에서 청정제로도 사용된다.

지방이 없는 난백은 기포성이 좋아서 거품을 이용한 시폰 케이크, 머랭의 기본원료가 된다. 마요네즈는 달걀의 유화력을 잘 이용한 대표적 경우이다. 달걀이 가진 유화력을 이용하면 마요네즈 말고도 다양한 소스를 만들 수 있다. 달걀만큼 저렴한 가격에 훌륭한 풍미를 부여하고 유화력과 물성을 부여하는 원료도 없다.

달걀은 빵을 만들 때 당류, 유지, 유제품에 이어 반죽이 잘 되게 하는 훌륭한 부재료의 하나다. 특히 노른자의 효과가 다양하다. 달걀의 35~40%를 점하는 노른자의 평균 성분비는 수분 50%이다. 즉 고형분이 50%인데도 액체 상태인 점이 정말 특별하다. 지질 30%, 단백질 15%, 기타(미네랄, 비타민 등) 5%로 되어 있다. 그리고 지질은 중성지방 65%, 인지질(레시틴) 30%, 콜레스테롤 5%로 이루어져 있다.

달걀노른자가 노란 이유는 카로티노이드계 색소가 풍부하게 들어 있기 때문이다. 노른자의 색은 닭이 먹는 모이의 색에 따라 조금씩 달라진다. 모이에 옥수수가 많으면 노란색이 많이 반영되고, 파프리카나 갑각류가 많으면 붉은 기가 많아진다. 노란색에 어느 정도의 붉은색이 들어가기 때문에 실제로는 주황처럼 보인다. 노른자에 포함된 카로티노이드는 크산토필과 카로틴으로 크게 구분하는데, 대부분 크산토필류이다. 크산토필류에는 노란색 계통과 붉은색 계통이 있는데 옥수수와 파프리카에서 비롯한 것이다.

제빵에서 달걀노른자는 감칠맛(풍미) 공급, 종합적인 영양 공급, 더욱 선명한 크러스트의 색과 살짝 노란빛을 띠는 크럼의 색을 만드는 데 기여하고 기름이 있다면 반죽의 유화에도 도움이 된다. 그렇게 지방이 빵 반죽에 분산 및 확산되면 반죽이 더 유연하고 매끄럽게 되어서 점탄성이 늘어난다.

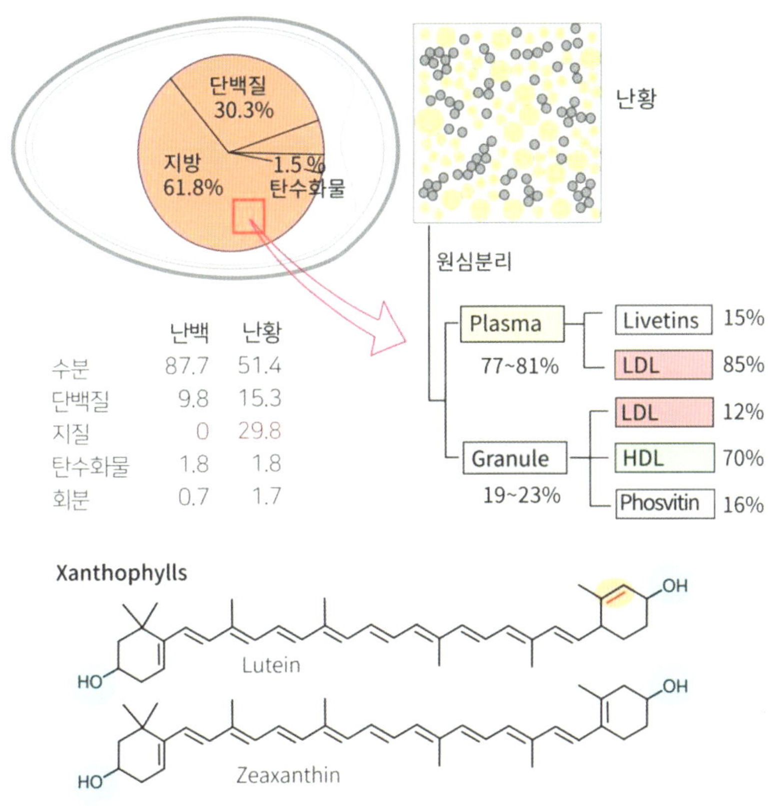

달걀의 성분 및 색소

그래서 발효 때도 잘 늘어나고 구울 때도 더 잘 부풀어 오른다. 그 결과 훨씬 볼륨감 있는 빵이 완성된다.

이런 에멀션 상태는 식감이 부드럽고 입에서 잘 녹는 느낌이 들게 한다. 에멀션 구조는 전분에 작용해 노화를 늦춘다. 그래서 빵을 더 오래 보존할 수 있게 한다. 그만큼 노른자는 리치 계열 빵에 없어서는 안 될 부재료라고 할 수 있다.

노른자뿐 아니라 빵의 종류에 따라서는 적정량의 흰자도 필요하다. 달걀 흰자는 약 90%가 물이고, 나머지 10%가 고형분이며 이 고형분의 90%가 단백질이다. 그리고 이 단백질의 54% 정도가 오브알부민이라는 단백질로 되어 있다. 달걀흰자의 기포성(머랭, 스펀지케이크)과 열응고성은 오브알부민의 역할이 크다. 흰자의 단백질은 80℃ 전후일 때 완전히 응고되어 하얗게 굳으므로 글루텐과 마찬가지로 빵의 골격 구조로 훌륭히 작용한다. 다만 흰자의 총량이 10%를 넘으면 비린내가 나고 푸석푸석한 느낌이 늘어나면서 식감이 오히려 나빠진다. 그러니 5% 전후로 사용하는 것이 바람직하다.

- 결합제 역할: 단백질 변성에 의한 농후화 됨(커스터드 크림).
- 팽창작용(기포성): 피막을 형성해 열팽창에 의해 부피를 크게 함.
- 유화제 및 쇼트닝(제품을 부드럽게) 역할을 함.

▷ **달걀의 열응고성**

달걀은 열에 약한 단백질을 많이 함유하고 있어서 쉽게 가열에 의해 변성된다. 흰자는 62℃에서 익기 시작하고, 노른자는 65℃에서 익기 시작한다. 이와 같은 성질은 여러 음식 요리와 제과에 이용되고, 육류나 수산가공품에서도 결착 등의 목적으로 활용된다. 빵에서도 조직을 단단하게 하는 역할을 하고, 표면 광택제로도 사용된다. 포도당 같은 당류를 첨가하면 열응고 온도가 높아진다.

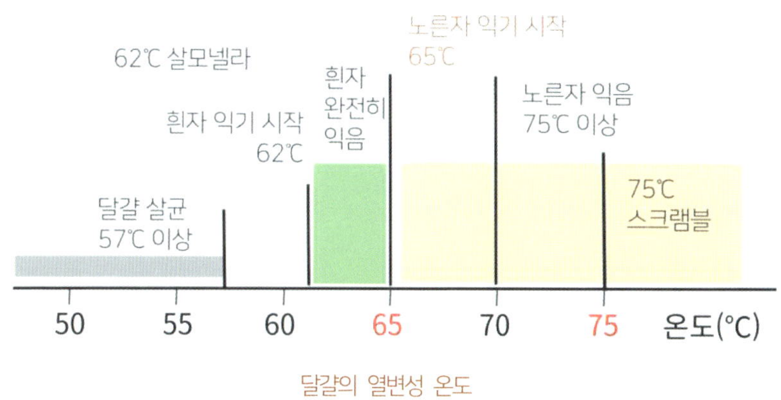

달걀의 열변성 온도

▷ 달걀의 유화성

식용유 200g, 달걀 1개, 레몬즙이나 식초 15g, 소금 1/3 스푼이면 훌륭한 마요네즈를 만들 수 있다. 단백질 사슬에는 친수성 부위와 소수성 부위가 있어서 물과 기름 모두에 작용할 수 있기 때문이다. 빵에도 달걀을 첨가하면 원료들이 더 미세하고 균일하게 분산되어 안정적인 반죽을 만드는 데 도움이 된다.

▷ 달걀의 기포성: 폭탄 달걀찜은 왜 그렇게 부풀어 오를까?

식당에서 나오는 폭탄 달걀찜을 보면 언제나 신기하다. 뚝배기 안에서 부글부글 끓으며 위로 솟아오르는 모습은 마치 오븐 속에서 빵 반죽이 부풀어 오르는 장면과 닮아있다. 재료는 달걀, 물, 소금, 그리고 때로는 베이킹파우더 한 스푼으로 단순하다. 이 단순한 재료로 만들어낸 폭신한 질감은 단순한 끓임의 결과가 아니라, 단백질과 기체가 함께 만들어낸 결과이다.

달걀찜이 부풀어 오르는 원리는 달걀 단백질의 구조 변화에서 시작된다. 달걀을 풀면 단백질이 고르게 분포하게 되는데, 여기에 열이 가해지면 단백질이 풀리면서 서로 뒤엉켜 네트워크를 만든다. 그리고 물에 녹아 있던 기체와 가열로 만들어진 수증기가 빠져나가지 못하고 단백질망 안에 갇히면서 부피가 커진다. 결국 달걀찜의 팽창은 효모가 만든 기체가 글루텐망 안에 갇혀 빵을 부풀리는 원리와 거의 같다. 다만 달걀찜에서는 미생물 대신 열과 기체의 작용이 그 역할을 대신한다.

여기에 베이킹파우더를 넣으면 부풂이 더 극적으로 일어난다. 베이킹파우더가 분해되면 이산화탄소가 만들어지는데, 열이 가해지면 기체가 빠르게 생성되어 달걀 단백질망 내부에 미세한 기공이 생기며 스펀지 같은 조직이 만들어진다. 이렇게 형성된 구조가 달걀찜의 폭신하면서 부드러운 질감을 만든다.

달걀찜의 성공을 좌우하는 요소는 속도와 온도다. 달걀 단백질은 약 62~70℃에서 응고를 시작하는데, 이 시점에 기체가 만들어지면 균일하고 부드러운 조직이 형성된다. 폭탄 달걀찜은 미생물이 일으키는 생물학적 발효가 아니라 화학 반응과 열의 팽창으로 일어나는 현상이지만, 기본 원리는 같다. 기포를 포집할 구조를 만들고 여기에 적절한 기포를 만들어 부풀림으로서 원하는 부드러운 식감을 가지게 하는 것이다.

4. 유제품의 역할

유제품의 특성

유제품에는 우유를 비롯해 버터, 생크림, 요구르트, 치즈 등이 있는데 빵에서 버터는 통상 지방으로 구분하고 있고, 빵은 과자와 달리 우유, 생크림, 요구르트, 치즈를 많이 쓰지 않는다. 그래서 유제품 하면 주로 탈지분유를 말한다. 탈지분유는 크러스트 색상의 개선, 우유 향미 제공, 영양분의 추가 등의 역할을 한다.

탈지분유(MSNF: milk solid non fat)는 우유를 원심 분리기에 넣어 유지방분을 분리한 탈지유를 건조한 것으로 유당과 유단백질이 주성분이다. 식품소재로 활발히 사용되는 단백질의 하나인 유단백질은 우유 고형분의 1/3 정도를 차지하는데, 산에 응고되는 카세인(카제인, casein)과 열에 응고되는 유청단백질로 나눌 수 있다. 80% 정도가 카세인이고 나머지 20%가 유청단백질이다.

카세인과 유청단백은 우유에 존재하는 형태가 완전히 다르다. 유청은 개별 단백질로 존재하는데, 카세인은 50~150㎚의 거대한 크러스터 구조를 형

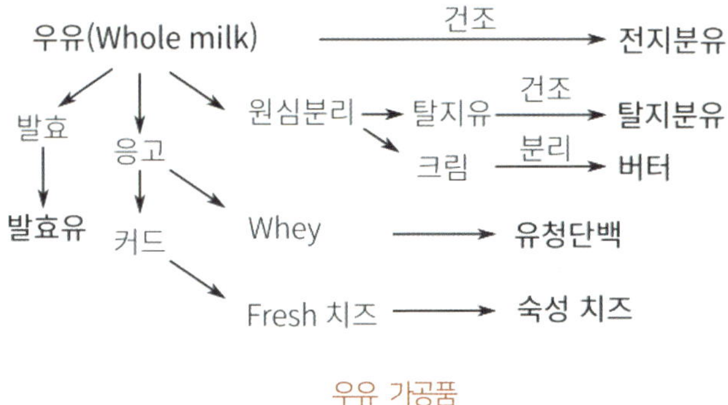

우유 가공품

성한다. 수많은 카세인 단백질이 모여 군락을 형성한 것이다. 그래서 응고되는 패턴도 완전히 다르다. 카세인은 열에는 강하지만 산에 의해 쉽게 응고되어 요구르트와 치즈 제조 공정의 주역이다. 우유를 유산균으로 젖산발효하면 생성된 젖산 때문에 카세인이 응고된다. 치즈를 만들 때는 우유에 응유효소(레닛, 단백질 분해효소인 '키모신과 펩신')를 작용시켜 카세인의 친수성 부분을 절단해 소수성으로 만들어 카세인끼리 응집해 침전하게 만든다. 이때 유지방도 같이 응고되어 치즈가 되며, 응고되지 않고 물과 함께 분리되는 것이 유청단백질이다.

유청단백질은 락토글로불린, 락토알부민, 락토페린 등으로 구성되는데 산이나 응유효소로는 거의 응고되지 않지만, 가열하면 60℃ 전후에서 쉽게 열응고된다. 우유를 가열하면 표면에 얇은 막이 생기는데, 이는 우유 표면에 노출된 락토글로불린 같은 유청단백질이 열변성되어 굳은 것이다.

- 카세인(casein): 열에 강하고, 산에는 약하다.
  - 유화력이 좋고, 단백질 중에서 열에 가장 안정한 편.
  - 등전점에서 침전(~pH 4.6).
  - 칼슘에 민감한데, k-카라기난으로 산에 안정성(stability) 향상.
- 유청단백질(whey protein): 열에 약하고, 산에는 강하다.
  - 열에 불안정한데, 등전점(pH 4.6)에서도 안정.
  - 치즈 제조 시 응고되지 않을 정도로 산에 안정적.

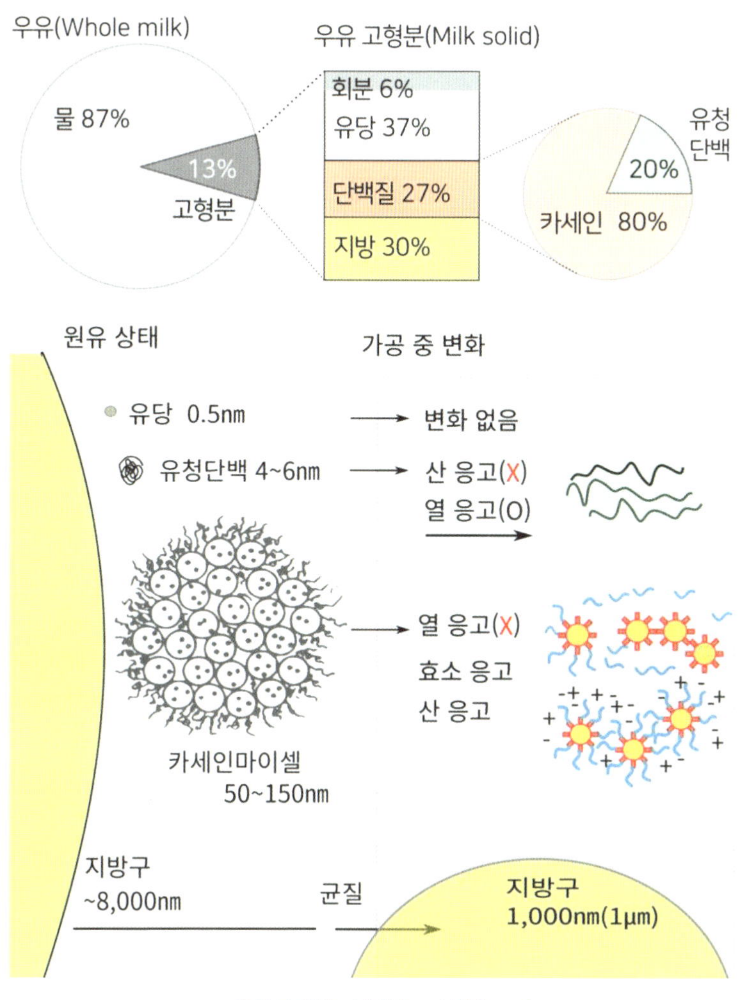

우유의 주요 성분의 조성 및 크기

빵에서 탈지우유(유당과 유단백질)의 역할

유당(lactose)은 우유 고형분의 1/3 정도인 4~5% 함량으로 우유에 포함된 탄수화물의 대부분을 차지한다. 모유는 유당이 7%로 우유보다 탄수화물은 많고 단백질은 훨씬 적다. 유당은 포도당과 갈락토스로 된 이당류인데, 감미도는 설탕(sucrose)의 1/4 정도로 별로 달지 않다. 빵에 첨가된다 해도 감미료로 역할을 하지 못하고, 효모 역시 유당을 소화해 활용할 수 없으므로 그대로 남아 있다가 가열 시 갈변 반응에 참여한다.

빵에 탈지분유를 첨가하면 크러스트 색상이 개선되는 것은 유당과 단백질이 메일라드 반응을 하기 때문이다. 설탕은 내열성이 있어서 메일라드 반응이 130~160℃에서 많이 일어나지만, 탈지분유에 포함된 유단백질과 유당에 의한 메일라드 반응은 100℃로 비교적 낮은 온도 범위에서 일어난다. 유당의 캐러멜화도 125℃를 넘으면 색깔이 변하기 시작해서 다른 당류보다 빨리 일어난다. 그만큼 색상이 잘 발현된다.

- 탈지분유에 함유된 단백질은 pH 버퍼로 작용해 pH 저하를 늦춘다. 그만큼 발효는 안정적이 된다.
- 반죽에 점도를 조정해 배합이 지나쳐도 잘 회복된다.
- 반죽의 흡수율을 높여 수율을 증가시킨다(탈지분유가 1% 증가하면 수분 1% 증가).
- 탈지분유의 유당은 갈변반응에 활용된다(색과 물성 개선).
- 수분증발과 노화를 지연해 보존성을 향상시킨다.
- 밀가루에 부족한 아미노산(라이신), 비타민(B2), 칼슘의 보충효과가 있다.

우유로 만든 빵과 물로 만든 빵의 맛 차이

물은 반죽할 때 꼭 필요한 재료다. 그런데 우유도 88%가 물이라 대신 사용할 수 있다. 우유를 사용하면 전지분유를 12% 사용하거나 탈지분유와 버터를 첨가하는 것과 같은 효과를 보인다.

빵이 글루텐을 형성할 때 우유에 포함된 지방의 효과는 앞서 유지 파트에서 설명한 것처럼 글루텐에 윤활층을 형성해 빵을 부드럽게 하고, 여기에 우유의 나머지 고형분은 탈지분유를 소량 사용한 효과를 준다. 열에 설탕보다 훨씬 쉽게 갈변하는 유당이 메일라드 반응과 캐러멜 반응의 원료가 되어 노릇한 색과 고소한 향을 강화한다. 우유의 단백질은 수분을 붙잡아 오래 지나도 촉촉함을 유지하게 한다. 그래서 물로 배합한 빵보다 우유로 만든 빵이 속이 부드럽고, 향이 고소하며 달콤한 여운이 남는다.

물 반죽은 밀가루 본연의 고소한 맛과 효모의 향이 살아 있고, 쫄깃하게 씹히는 식감이 특징이다. 반면 우유 반죽은 단맛이 은근하게 퍼지고, 지방이 풍미를 감싸 입안에서 부드럽게 녹는다. 그래서 물로 만든 빵은 식탁 위 주식용으로, 우유로 만든 빵은 간식이나 디저트로 자주 쓰인다. 한쪽은 든든한 식사의 느낌, 다른 한쪽은 포근한 여유를 준다.

PART III
빵의 구조

1. 빵의 기본 공정

배합비, 공정 그리고 시간의 의미

빵의 기본 재료는 단순하다. 밀가루, 물, 소금, 효모만으로도 충분히 빵을 만들 수 있다. 이처럼 단순한 재료로 놀랍도록 다양한 빵을 만들 수 있는 것은 원료의 사용량, 순서, 온도, 시간에 따라 재료의 특성이 달리 표현되기 때문이다. 결국 빵 맛을 결정짓는 핵심 요소는 재료 자체가 아니라 재료의 특성을 얼마나 제품으로 잘 발현할 수 있는지에 달려 있다.

빵을 만들 때 첫 번째 관리 변수는 순서와 시간이다. 반죽 시간이 부족하면 글루텐 형성이 불충분하고, 발효 시간이 짧으면 반죽의 팽창과 향이 부족하고, 너무 길면 산미가 강해진다. 오븐에서 2분만 모자라도 속이 덜 익고, 길어지면 껍질이 과도하게 굳는다.

온도는 반응의 속도를 좌우한다. 온도는 분자의 움직임 정도인데, 온도가 높아질수록 분자의 운동이 활발해져 품온이 10℃ 올라갈 때 반응은 2~3배 빨라진다. 180℃와 200℃의 차이는 10%의 온도 차이가 아니라 반응속도를

4배 이상 빠르게 하는 차이다. 결국 온도는 화학적 변화를 조율하는 중심축이다.

pH는 용해도와 미생물의 생존에 온도만큼 절대적인 변수이다. 모든 생명체는 수소이온(H+)의 농도 차를 이용해 ATP를 합성해 살아가기 때문이다. 그리고 수소이온(H+) 용해도를 좌우하는 절대 변수이다. 일부 질소화합물을 제외한 대부분 유기물은 알칼리가 될수록 분자 간의 반발력이 증가해 용해도가 증가하고 색상이 진해진다.

수분 함량은 제품의 물성을 좌우하는 절대 변수다. 빵에서 물은 반죽에 글루텐을 형성하고, 전분과 결합해 촉촉한 속살을 만든다. 굽는 동안 수분이 빠져나가는 속도와 양의 차이는 껍질과 속의 질감을 결정한다.

그리고 이런 변수는 결코 독립적으로 작용하지 않는다. 시간은 발효의 정도, 온도는 그 속도, 습도는 빵에 남는 수분을 통해 질감을 결정한다. 이들의 관계가 어긋나면 전체 균형이 무너진다. 세 요소가 잘 맞물려 어울릴 때 빵은 제대로 된 구조와 물성을 가지고 맛은 안정된다.

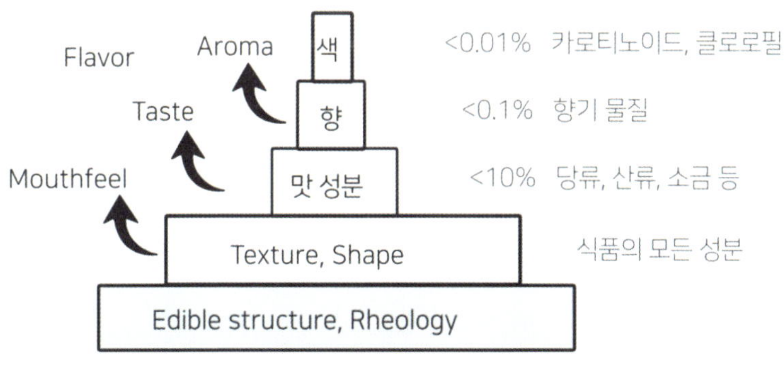

식품의 구조를 만드는 성분과 식감의 관계

빵의 기본 공정

빵은 다양한 종류만큼이나 만드는 방법도 다양하다. 이 책에서 다루고자 하는 것은 물성과 맛이 만들어지는 핵심 공정의 원리를 이해하는 것이다. 오늘날 주류를 이루는 빵의 제조 방식은 '스트레이트법'과 '중종법'이다. 여기에서는 스트레이트법을 기준으로 배합, 발효, 굽기 과정 위주로 설명하고자 한다. 스트레이트법은 모든 재료를 한꺼번에 넣고 반죽을 끝내는 방법이다. 이것은 1900년 무렵에 유럽과 미국에서 산업용 효모가 개발된 것을 계기로 만들어진 획기적인 빵 제법이다. 이전에 발효종을 이용해 빵을 만들

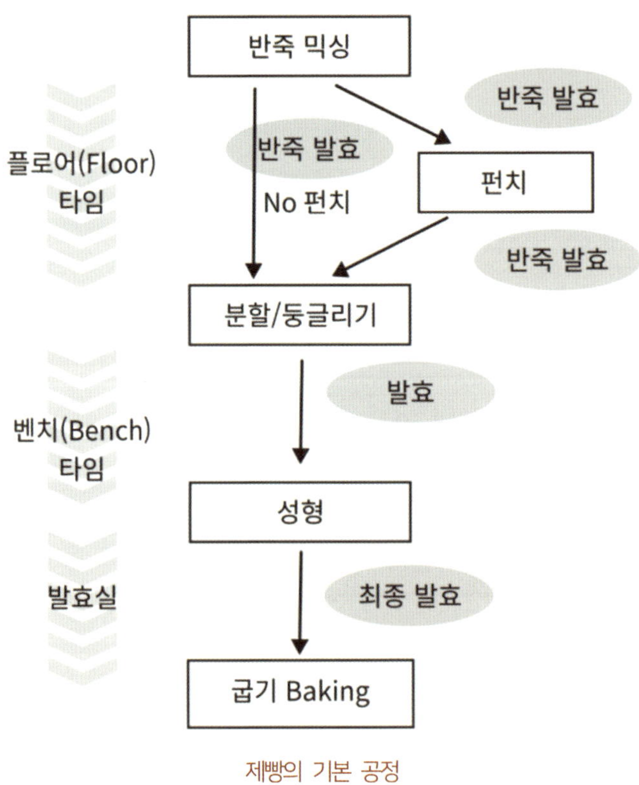

제빵의 기본 공정

때는 며칠씩 걸린 것에 비해 탄산가스를 잘 만드는 효모를 순수 배양한 것을 대량 투입해 발효 시간을 획기적으로 줄였다. 그래서 빠르면 2~3시간, 늦어도 5~6시간이면 빵이 완성된다.

이 공정을 기준으로 반죽(글루텐 형성), 발효(반죽 팽창), 베이킹(가열)의 과정에서 빵의 구조는 어떻게 만들어지고 그것이 식감에 어떻게 영향을 주는지를 분자의 관점에서 설명하고자 한다.

▷ 반죽 혼합(dough mixing): 글루텐 형성

혼합이란 만드는 빵에 맞게 반죽을 하는 것이다. 빵 종류와 제법에 맞게 배합 정도를 결정한다. 스트레이트법의 경우는 모든 재료를 반죽기에 한꺼번에 넣고 완성하기 때문에 더 꼼꼼하게 반죽한다.

▷ 반죽 발효(dough fermentation/floor time)

완성한 빵 반죽을 적절히 발효해 팽창시킨다. 효모가 알코올발효하면서 생긴 탄산가스가 반죽 속에 남게 되는데, 탄산가스가 많이 생성될수록 반죽이 부풀어 오른다. 이 공정을 '플로어 타임'이라고 한다. 예전에는 반죽 통을 바닥(floor)에 두었기 때문에 붙여진 이름이다.

펀치/가스 빼기(punch)는 팽창한 반죽을 때리거나 누른 후 반죽을 접어서 발효 용기에 넣고 다시 발효시키는 것을 말한다. 반죽 속 탄산가스의 일부를 빼고 산소를 새로 공급해 효모를 활성화하고, 반죽이 팽창하면서 늘어난 글루텐 조직을 펀치(때리고 접기)를 통해 글루텐 조직을 재구성한다. 이 과정을 생략하는 때도 있다.

▷ 완성 공정(make up process)

발효가 끝난 반죽을 발효 용기에서 꺼내 다음 작업인 분할(나누기)·둥글리기로 들어간다. 분할이란 반죽을 일정한 중량으로 나누는 것인데, 이때 중요한 것이 단시간에 작업을 끝내는 것인데, 반죽이 발효되면서 계속 팽창하기 때문이다. 시간이 너무 길어지면 처음과 끝의 팽창 정도가 달라서 중량에 차이가 생긴다.

분할을 마치면 둥글리기 작업을 한다. 이를 통해 반죽 표면을 팽팽한 상태로 만든다. 둥글리기 작업이 필요한 이유는 이완된 글루텐에 다시 긴장감을 줘서 탄성을 회복하기 위해서이고, 또 둥근 모양으로 해두면 다음 성형 작업 때 다양한 형태로 바꾸기 쉬워서이다.

이어지는 벤치 타임은 둥글리기로 긴장시킨 글루텐을 이완해 반죽의 점탄성을 회복시키는 시간이다. 통상 15~20분인 벤치 타임 과정에 발효가 계속 일어나 반죽이 더 크게 팽창하면서 글루텐이 이완하기 때문에 공 모양에서 조금 편평해진다.

최종적으로는 빵의 형태를 만드는 성형 작업을 한다. 벤치 타임으로 적당히 휴지시킨 반죽을 늘리거나 접거나 감아서 다양한 형태로 만든다. 여기서는 반죽에 손상을 주지 않는 정도의 스트레스를 줘서 반죽에 긴장감을 높인다.

분할에서 성형으로 이어지는 일련의 시간은 제빵 과정에서 가장 밀도 높은 작업 과정이다. 반죽은 이 과정에서 긴장과 완화가 반복된다. 중간 발효의 시간은 글루텐이 팽창하면서 구조가 새로 만들어지는 과정이고, 분할, 굴리기, 성형의 과정은 구조를 적당히 파괴하고 긴장을 주어 재구성하는 기간이다. 구성과 파괴의 반복을 통해 반죽은 맛있는 빵이 될 준비를 마치게 된다.

▷ 빵의 굽기(baking process)

발효된 빵 반죽을 오븐에 넣고 일정 시간 가열해서 빵을 구워내는 작업이다. 굽기 과정을 통해 갈변반응으로 인한 색, 향, 맛 성분이 만들어지고, 가볍고 다공성의 구조를 가진 바삭한 껍질과 촉촉한 속살의 빵이 완성된다.

분자의 관점에서 제빵 과정 돌아보기

빵의 제조과정은 구조를 만들고 해체하는 과정의 연속이다. 반죽과 발효로 만들어진 구조를 적당히 펀치해 좀 더 균일하고 만들고, 다시 발효해 구조를 만들다가 다시 자르고 누르고 성형하면서 구조를 압박한다. 그리고 최종 발효로 적합한 구조를 회복한 후 굽기로 최종 구조를 완성하는 과정이다. 결국 반죽에 여러 층위로 구조를 단계적으로 쌓아 올린 후 마지막으로 굽고 식혀서 원하는 식감의 빵을 만들어낸다.

빵의 매력에 맛과 향도 중요하지만, 그것은 다른 식품을 고온에서 베이킹 했을 때의 향과 크게 다르지 않다. 캐러멜 반응, 메일라드 반응 같은 갈변 반응이 빵이 가진 특유의 향이라고 하기는 힘들다. 오히려 글루텐을 중심으로 만들어진 섬세한 식감이 빵의 특별함이라고 할 수 있다. 제빵에서 가장 중요한 것은 반죽이 효모가 만든 가스를 적절히 수용해 팽창할 수 있게 만드는 것이다.

제조과정 중 빵의 구조가 어떻게 만들어지는지 물성의 관점으로 살펴보면, 식품의 주성분은 물이고, 물·전분·단백질 같은 고분자(bio polymer)들이 네트워크 구조를 만들어 제품 특유의 텍스처(texture)를 만들고, 우리는 그것을 식감(우연이 아니라 feel)으로 느낀다고 말할 수 있다.

식품에서 물성이 사라지면 단순히 식감이 달라지는 수준이 아니라 정체성 등 너무나 많은 부분이 사라진다. 물성이 가진 의미는 과일, 채소, 고기 등을 믹서에 넣고 갈아보면 알 수 있다. 스낵은 가볍게 바삭하고 부서지는 매력이 있고, 젤리는 탱탱하고 쫀득한 것이 입안에서 씹히면서 살짝 녹는 매력이 있다. 우리는 먼저 물성으로 만들어진 외형을 눈으로 감각하고, 입으로 먹으면서 맛 성분과 향 성분의 방출 패턴에 따라 감각하고, 씹을 때 나는 소리를 귀로도 듣는다. 물성은 맛의 전부에 영향을 주는 것이다.

이 책은 목적은 개별 빵을 만드는 레시피나 기술을 다루는 것이 아니다. 빵에 등장하는 물성의 기술을 보편적 식품의 원리에서 살펴보는 것이다. 그래서 점탄성이나 가소성과 같은 용어가 자주 등장한다.

- 점성(viscosity): 유체가 흐름에 저항하는 정도, 반죽의 끈적한 상태.
- 탄성(elasticity): 빵 반죽을 눌렀을 때 원래 상태로 돌아가려는 성질.
- 점탄성(viscoelasticity): 점성과 탄성이 결합해 반죽이 찢어지지 않고 가스를 머금어 부풀어 오를 수 있게 하는 성질.
- 신전성(伸展性, extensibility): 반죽이 늘어나는 정도.
- 신장성(stretchability): 재료가 늘어나는 성질.
- 소성/가소성(plasticity): 외력이 제거된 후에도 변형된 모양이 영구적으로 유지되는 물질의 성질, 탄성의 반대말.

2장. 반죽: 글루텐이 만들어지는 시간

반죽의 단계별 주요 현상

빵 만들기의 시작인 '반죽'은 밀가루를 비롯한 재료를 잘 섞고 글루텐이 잘 형성되도록 하는 과정을 말한다. 반죽은 서서히 완성되며, 이런 혼합 공정은 모두 4단계로 나눌 수 있다.

1단계는 재료 혼합 단계(Initial Stage, blending)이다. 주원료인 밀가루, 물, 효모를 비롯한 각 재료를 균일하게 분산시켜 혼합하면 설탕, 소금 등 수용성 물질이 녹기 시작한다. 이 단계에서는 아직 글루텐이 생기지 않아서 반죽이라고 부르기는 힘든 상태다.

2단계는 반죽이 시작되는 단계(Pick-up Stage)이다. 밀가루 속 단백질에 물의 일부가 흡수되고, 다른 재료도 같이 흡착되면서 점점 반죽이 되어간다. 반죽을 잡아당기면 잘 끊어지는 상태이며, 표면이 끈적끈적한 상태가 된다.

3단계는 수화 단계(Clean up Stage)이다. 글루텐이 형성되면서 모든 밀가루가 수화되어 반죽은 건조해지고 반죽 표면이 끈적거리지 않게 된다. 이

제 반죽은 볼의 벽면에서 완전히 떨어져 나와 한 덩어리를 형성한다. 유지를 첨가하기 전에 이 단계를 완성하는 것이 좋다. 그래야 반죽 표면에 물이 없어져 유지의 침투가 쉬워진다.

4단계는 반죽이 완성되는 단계(Gluten development stage, Final Stage)이다. 이때는 반죽의 글루텐이 충분히 형성되어 입체적인 그물구조가 만들어진다. 반죽에 탄력이 있고, 표면이 매끈하며 광택이 나는 상태다. 부드러운 반죽은 일부를 떼어내 천천히 밀어보면 셀로판 같은 얇은 필름이 형성된다.

이 이상으로 과도한 반죽(over mixing)을 하면, 반죽의 렛다운 단계(Let down Stage)가 된다. 글루텐의 탄성이 약해져 죽죽 늘어나고, 유리수가 표면에 새어 나온다. 그래도 이 단계는 잘 수습하면 반죽을 다시 회복할 수 있다. 하지만 반죽의 파괴 단계(Breakdown Stage)까지 진행되면 반죽이 흐물흐물해져서 붙잡아도 뭉쳐지지 않고, 아무리 수습하려고 해도 회복이 불가능해진다.

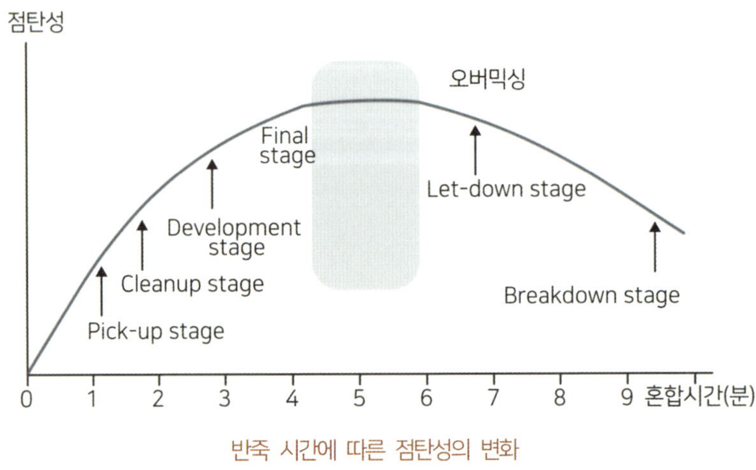

반죽 시간에 따른 점탄성의 변화

반죽을 4단계까지 진행하면 물은 밀 단백질에 흡수되면서 자유수에서 결합수로 바뀌고, 글루테닌 단백질은 길게 풀려서 주변의 글루테닌이나 글리아딘과 SS결합을 거듭하면서 글루텐의 네트워크를 형성한다. 이 네트워크에 발효로 이산화탄소가 대량 만들어지면서 부피 팽창을 일으켜 다공성 구조가 만들어지고, 베이킹 과정을 통해 부드럽고 탄력 있는 빵이 완성된다.

반죽 형성에 관여하는 요인

반죽 과정에서 원료의 혼합과 수분의 흡수 그리고 단백질의 기계적 풀림 현상이 일어난다. 특히 구형으로 말려있는 글루테닌이 기계적인 마찰력에 의해 선형으로 풀려나 주변에 다른 글루테닌이나 글리아딘과 결합하면서 글루텐망이 형성된다. 이 과정에서 공기도 20% 정도 포집하게 된다. 최종적으로는 글루텐 단백질에 있는 시스테인이 SS결합을 형성하면서 반죽이 안정화된다. 글루텐 형성은 반죽에 투입된 기계적 에너지와 반죽의 원료 조건에 따라 달라진다.

글루텐 형성의 에너지 = 반죽 시간 x 회전 속도 x 반죽기의 효율

글루텐 형성은 사용하는 원료에 따라 달라진다. 가장 중요한 것은 밀가루의 조성과 특성이다. 심지어 밀가루에 소량 존재하는 지방도 반죽의 특성에 영향을 준다. 밀가루에서 지방을 제거하면 최종 제품의 부피가 감소하는 경향이 있다. 원료 성분 중에는 반죽에 직접 영향은 없어도 효모의 먹이가 되어 발효를 달라지게 하거나 산화제, 환원제처럼 극소량으로 반죽의 특성을 달라지게 하는 것도 있다.

반죽은 글루텐을 형성하는 과정이지만, 형성된 글루텐을 파괴하는 힘으로도 작용한다. 최적의 단계를 지나면 반죽이 오히려 점점 나빠지는 이유이다.

글리아딘(gliadin)과 글루테닌(glutenin)의 공통점과 차이점

단백질은 종류는 10만 종에 달할 정도로 다양하고 형태도 나선, 시트, 무작위 코일 등 복잡하게 얽혀서 다양한 기능을 한다. 이런 단백질을 용해도의 특성 등에 따라 몇 가지 그룹으로 나누어 특징을 파악하는데, 곡류 단백질은 크게 알부민, 글로불린, 글리아딘, 글루테닌 네 가지로 분류한다.

- 수용성 단백질: 알부민(albumin).
- 염에 녹는 단백질: 글로불린(globulin).
- 알코올에 녹는 단백질: 프롤라민(prolamin) - 글리아딘(gliadin).
- 알칼리에 녹는 단백질: 글루테린(glutelin) - 글루테닌(glutenin).

이중 글루텐 형성에 관여하는 것이 밀 단백질의 85%를 차지하는 글리아딘과 글루테닌이다. 수백 개의 아미노산이 실타래처럼 연결된 구형 단백질인데, 물에 녹지 않는 소수성 단백질인 것이 특징이다.

글리아딘은 아미노산이 330개 정도 연결된 구형의 단백질로서 내부에 3~7개의 SS결합을 하고, 외부의 다른 단백질과 SS결합을 하지 않는다. 내부의 SS결합으로도 단백질 형태가 안정화되어 외부에서 힘이 가해지거나 pH가 4.5~10으로 변해도 입체적 구조가 변하지 않고 구형을 잘 유지한다. 구형을 유지하므로 다른 분자와 결합할 표면적이 적고, 주변의 분자와는 수소결합이나 이온결합으로 약하게 결합한다. 그래서 글리아딘은 자신의 고유 형태는 유지하며 각각 독립적(monomer)으로 존재하면서 부드럽고 실처럼 쭉 늘어나는 점성을 부여하는 역할을 한다. 이것을 글리아딘의 신장성 또는 신전성이라고 한다.

하지만 이런 점성과 신장성만으로는 글루텐의 특성을 전부 설명할 수 없

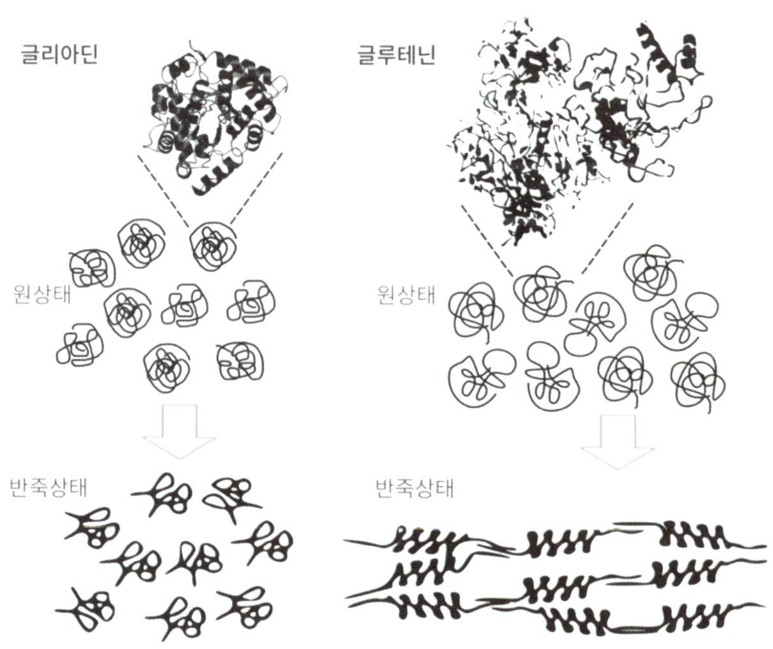

반죽 과정 중 글리아딘과 글루테닌의 변화

탄성 Elastic
Glutenin
점성 Viscous
Gliadin
S-S
S-S
S-S
물과 반죽
점탄성 Viscoelastic
S-S
Gluten
(Glutenin+Glianin)

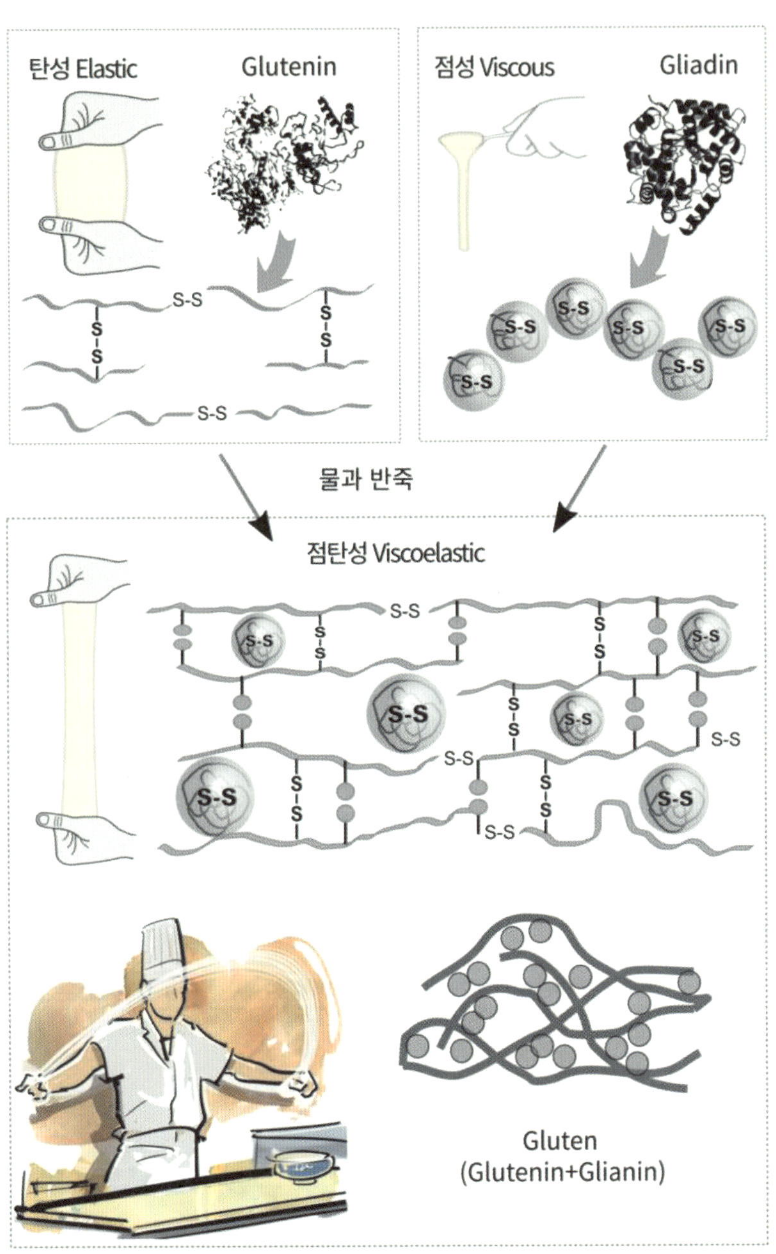

글루텐 형성의 모식도

다. 글루텐이 가진 탄성을 설명할 분자가 필요한데, 이것이 바로 글루테닌이다. 반죽 과정에 물리적인 힘이 가해지면 구형으로 말려있던 글루테닌의 구조가 길게 선형으로 풀어진다. 용수철을 풀어서 늘린 형태가 되면 늘어난 길이의 3승 배에 해당하는 공간에 영향을 준다. 이런 효과는 고분자량(HMM) 글루테닌이 저분자량(LMW) 글루테닌보다 훨씬 강력하다. 글루텐 품질의 핵심이 고분자량 글루테닌인 것이다. 글루테닌 분자의 양쪽 끝부분에는 시스테인의 싸이올기(-SH)가 있는데 이것이 다른 글루테닌의 시스테인과 SS결합을 하면 더욱 강력한 효과가 발휘된다. 아미노산 500개가 연결된 단백질 2개가 결합하면 아미노산 1,000개의 효과가 아니라 2의 3승 배인 4,000개의 효과를 발휘하는 것이다.

글루텐은 글루테닌 사슬의 말단과 말단이 서로 연결되어 슈퍼 사슬을 형성하고, 사슬에 글리아딘이 끼어들어 유연하면서도 탄력 있는 글루텐망을 형성한다. 그리고 거기에 전분과 지방 등 다양한 성분이 한시적 결합을 형성해 밀가루 반죽 특유의 물성을 형성한다.

글루텐의 팽창과 가스 보유력

글루텐은 특정한 단백질 이름이 아니라 글리아딘과 글루테닌이 만나 형성된 거대한 그물구조의 단백질 복합체다. 즉 글루텐은 원래 밀에 존재하는 것이 아니라 밀가루에 물을 넣고 치대서 만들어진 구조물의 이름이다.

이런 글루텐 모형을 용수철의 모형으로 설명하기도 한다. 용수철을 누르면 반대 방향으로 반발력이 작용하기 때문에 복원성 즉 탄성이 있다. 압력이 계속 유지되면 단백질 사슬 사이의 한시적 결합이 풀리고 새로운 형태에 적합한 결합이 재구성된다. 그래서 새로운 형태로 안정화되는 것을 반죽의 신장성(늘어나는 성질)과 신전성(부풀어 오르는 성질)이라고 한다. 이런 상태에서 또 다른 힘을 가하면 그 힘에 반발하는 탄성을 유지하면서도 적당히 변형되는 점탄성(탄성+가소성)이 드러난다. 그래서 글루텐망 구조가 완전히 망가지기 전까지는 '긴장과 완화'를 반복할 수 있다.

이런 성질 덕분에 발효과정에서 반죽이 부풀어 오른다. 발효로 생성된 이산화탄소를 쉽게 빠져나가지 않도록 붙잡아야 글루텐망이 팽창하게 된다. 하지만 글루텐망이 너무 단단해도 고르게 부풀지 못한다. 탄성과 형태를 유지하는 힘은 글루테닌에서 오고, 늘어나면서도 끊어지지 않고 이산화탄소를 붙잡는 힘은 글리아딘에서 온다.

이런 역할의 차이는 글리아딘과 글루테닌을 따로 분리해서 반죽을 만들어보면 알 수 있다. 글리아딘만으로 만들어진 반죽은 풀처럼 쭉쭉 늘어난다. 반면, 글루테닌만으로 만들어진 반죽은 탱탱하고 잘 늘어나지 않는다. 탄성이 완벽해도 문제이고 부족해도(소성이 너무 강해도) 문제인 셈인데, 글루텐은 이 두 가지 성질이 잘 조화되어 있다.

효모는 산소가 있으면 호흡의 방식으로 산소가 없는 무산소 상태에서 알코올발효의 기작으로 이산화탄소를 생성한다. 반죽의 과정에 형성된 글루텐

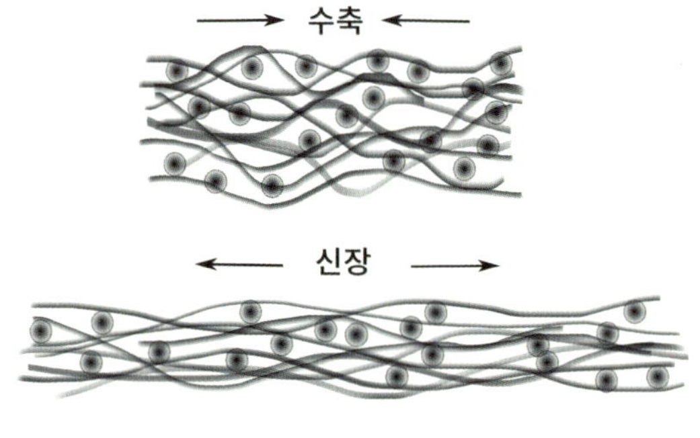

글루텐 수축 및 이완의 모식도

망이 점탄성이 있어서 효모가 만든 탄산가스를 빽빽한 조직 속에 가둔다. 이를 글루텐의 '가스 보유력'이라고 한다. 반죽의 과정에서 벌써 20% 정도의 공기가 혼입되어 기포(air cell, pore)를 형성하는데 반죽 속의 기포는 발효 과정에서 커지고, 성형 과정에서 잘게 쪼개진다. 그리고 최종 발효와 베이킹 중에 커진다. 즉, 빵 반죽 속에 무수히 많은 기포가 커지고 많아지기 때문에 반죽이 팽창하는 것이다. 반죽을 완성한 지 40분 정도 지나면서 반죽이 팽창하기 시작해 1시간이 지나면 약 2배, 2시간 뒤에는 3배로 팽창한다.

이때 반죽의 탄성이 과하면 잘 늘어나지 않으며, 기포 내 가스 압력이 강한 경우에는 기포가 터지면서 빠져나가고, 가스 압력이 약한 경우에는 기포가 팽창하지 않아 부피가 늘어나지 못한다. 또 점성이 너무 적으면 기포를 감싼 막의 밀도가 낮아서 가스가 새어 나갈 가능성이 커진다. 이렇게 되면 빵의 볼륨과 크럼 등 외관은 물론이고 식감이나 풍미 등도 나빠진다.

빵의 팽창상태

글루텐 형성의 조연: 손상전분, 펜토산, 소금

제빵의 원리를 파헤치기 위해 주로 글루텐을 다루고 있지만, 사실 글루텐은 밀가루의 10% 전후를 차지하고, 밀가루의 성분 대부분(70%)은 전분이 차지한다. 전분의 특성에 관심을 가져야 하는 이유가 충분한 것이다. 빵과 케이크를 굽는 동안 전분 알갱이들은 물을 흡수해서 팽창하며 이산화탄소를 감싸는 단단한 벽을 형성한다. 글루텐이 빵의 골격이라면 전분은 빵의 살에 해당한다. 글루텐의 골격 틈새에 전분과 그 밖의 원료 분자가 빽빽하게 달라붙어 있다.

면을 만들 때는 글루텐 함량이 중간인 중력분을 주로 쓴다. 면을 길게 늘이려면 글루텐이 충분히 있어야 하지만, 부드러우면서도 쫄깃하게 만들려면 너무 많아도 안 되기 때문이다. 같은 중력분이라도 호주산 밀이 미국산보다 면에 좀 더 적합한데, 미국밀로 만든 면은 씹을 때 딱딱 끊어지는 느낌이 든다면 호주밀로 만든 면은 약간 탱탱한 느낌 즉, 쫄깃쫄깃한 식감을 준다고 한다. 이런 차이는 글루텐보다 전분의 상태와 연관돼 있다. 호주 밀은 미국 밀에 비해 α-아밀레이스라는 녹말분해효소가 적게 들어 있어서 전분의 길이가 더 길고 면의 탄력성이 좋다.

단백질 외에 점탄성과 관련 있는 성분으로는 밀가루 속에 2~3% 함유된 펜토산도 들 수 있다. 특히 수용성 펜토산은 점착성과 흡수성이 높고, 글루텐의 늘어나는 성질을 높인다. 지방, 친수성기를 가진 당지질, 인지질도 펜토산과 함께 글루텐 사이를 채워서 신장성을 높인다.

소금은 빵에 없어서는 안 되는 기본 재료로 짠맛의 부여뿐 아니라 발효의 조정과 글루텐에 탄성을 더하는 효과가 있다. 소금을 넣지 않고 빵 반죽을 만들면 끈적끈적하면서 축 늘어지는 느낌이 생긴다. 그리고 글루텐 조직이 강화되지 않아 가스 보유 능력이 약해서 반죽의 터짐이 빨라지고, 표면이 터지면서 내부 탄산가스가 방출되어 빵 반죽의 볼륨이 가라앉게 된다. 반면, 소금을 첨가하면 되면 반죽에 탄성이 강화되고 끈적거림이 줄어든다. 이처럼 반죽의 점탄성에는 글루텐뿐 아니라 전분과 손상전분. 펜토산, 소금, 지방 등도 영향을 준다.

글루텐의 힘을 조절하는 방법

글루텐의 탄성도 조절이 필요하다. 효모 빵, 베이글, 퍼프 페스트리에는 유용하지만, 그 밖의 케이크, 쿠키 등에는 바람직하지 않다. 같은 제품도 콘셉트에 따라서는 의도적으로 글루텐의 형성을 제한할 필요가 있다. 글루텐의 강도와 반죽의 농도를 조절하기 위해서는 여러 가지 재료와 기술이 사용된다.

- 밀가루의 종류: 강력분을 사용하면 강한 글루텐이 형성되고, 박력분을 사용하면 글루텐이 약하게 형성된다. 듀럼 세몰리나는 강하면서 가소성이 뛰어난 글루텐이 만들어진다.
- 환원제의 사용: SS결합이 풀려서 반죽의 강도가 감소한다.
- 산화제의 사용: SS결합이 증가해 반죽의 강도가 증가한다.
- 수분 함량: 수분이 적으면 글루텐의 발달이 불완전해지며, 푸석푸석해진다. 수분이 많으면 글루텐의 농도가 떨어져서 촉촉해진다.
- 반죽의 정도: 밀가루와 물 혼합물을 충분히 젓고 치대야 단백질 네트워크가 형성된다. 반죽 시간을 줄이면 글루텐이 덜 형성된다.
- 소금: 글루텐을 강화한다. 소금의 나트륨(양이온)과 염소(음이온)가 단백

질의 전하를 띤 부분을 마스킹해, 단백질이 구형에서 선형으로 더 잘 풀려서 새로운 결합으로 더 광범하게 결합할 수 있도록 해주기 때문이다.

- 설탕: 글루텐이 형성할 공간을 차지하고, 단백질 사이의 상호작용을 방해한다.
- 지방: 소수성 아미노산과 결합해 단백질 사슬의 상호 결합을 방해해 글루텐의 충밀림이 잘 일어나게 한다. 쇼트닝은 문자 그대로 글루텐의 길이를 짧게(Short) 만들어 반죽이 늘어나지 않게 한다.
- 달걀: 달걀의 지방은 쇼트닝과 같은 역할을 한다. 달걀 단백질은 가열하면 응고해 글루텐보다는 부드러운 단단함을 부여한다. 우유도 달걀과 비슷한 원리로 작동한다.

왜 빵에서 비타민 C는 환원제가 아니라 산화제로 작용하는가?

글루텐을 구성하는 아미노산 중 시스테인은 싸이올기(-SH)가 있어서 독특한 기능을 많이 한다. 시스테인과 시스테인이 공유결합을 해 만들어진 SS

밀가루 반죽의 물성에 영향을 주는 재료

효과	성분	단백질에 미치는 영향	적용 예
탄성 강화	소금	글루텐의 탄성을 강화	빵, 면류
	비타민 C	SS 결합 촉진	빵
	칼슘, 마그네슘	단백질 가교결합	빵
탄성 연화	레몬즙, 식초	단백질의 용해	파이 반죽
	알코올류	글리아딘 용해	
	샐러드유	윤활층 형성	
탄성 약화	버터, 마가린, 쇼트닝	글루텐 망상구조 약화로 크리스피한 식감	

결합(이황화결합)은 수소결합이나 비극성 결합 등에 비해 훨씬 단단한 결합이라 단백질의 3차원 구조를 안정화하는 데 가장 큰 역할을 한다. 인슐린 같은 호르몬도 SS결합을 통해 특유의 형태를 유지한다.

이런 SS결합을 활용한 대표적인 예가 머리카락의 퍼머넌트 처리이다. 먼저 환원제로 SS결합을 풀어 직모로 만들고, 원하는 형태로 컬(curl)을 형성한 후 산화제를 처리한다. 그러면 그 형태대로 단단한 SS결합이 만들어진다. 그래서 머릿결의 형태가 새로운 머리카락이 자라 대체될 때까지 유지된다.

이런 원리는 밀가루 반죽에도 그대로 적용된다. 반죽에 환원제를 처리하면 단백질의 SS결합이 쉽게 풀린다. 구형의 단백질이 풀려서 선형이 되고 반죽을 치대는 과정에서 자연스럽게 산화되어 SS결합이 새롭게 만들어지면서 탄성을 가지는데, 산화제를 처리하면 훨씬 빠른 속도로 반죽이 완성된다.

▷ 환원제(reducing Agents)

산화제가 SS결합의 형성을 촉진하는 반면, 환원제는 SS결합을 풀어지게 한다. 일반 식빵에서 가장 흔하게 사용되는 환원제는 아미노산인 시스테인이다. 시스테인의 –SH기로부터 수소(H+, 환원반응)를 공급받아 빠른 시간에 기존의 SS결합이 풀어지게 해 반죽이 잘 늘어난다. 만약 이 상태로 반죽을 끝내면 글루텐의 구조가 약하게 되며 최종적으로 식빵이 거칠고 터진 기공을 갖게 된다. 산화제를 사용해 적절한 수준으로 SS결합을 재형성시켜야 한다.

시스테인을 사용하기 싫어하는 사람은 불활성시킨 건조효모를 사용할 수 있다. 효모는 상당량의 글루타치온을 포함하고 있는데, 글루타치온은 '글루탐산+시스테인+글리신'의 3가지 아미노산이 결합한 펩타이드이다. 2개의 글루타치온 분자가 만나 시스테인끼리 SS결합을 하면 2개의 수소를 제공할 수 있는데 이것이 항산화 기능이다. 싸이올기의 수소가 너무 강하지도 약하지도 않은 결합을 해서 환경조건에 따라 '붙었다/떨어졌다'를 반복하면서 다양한 기능을 한다. 반죽에서는 시스테인과 마찬가지로 SS결합을 풀어내는 역할을 한다.

시스테인은 가열 식품에서 결정적인 향미를 제공한다. 시스테인은 무취이지만 메일라드 반응에서 황을 제공해 가열로 특별한 향이 만들어지는 데 결정적 역할을 한다.

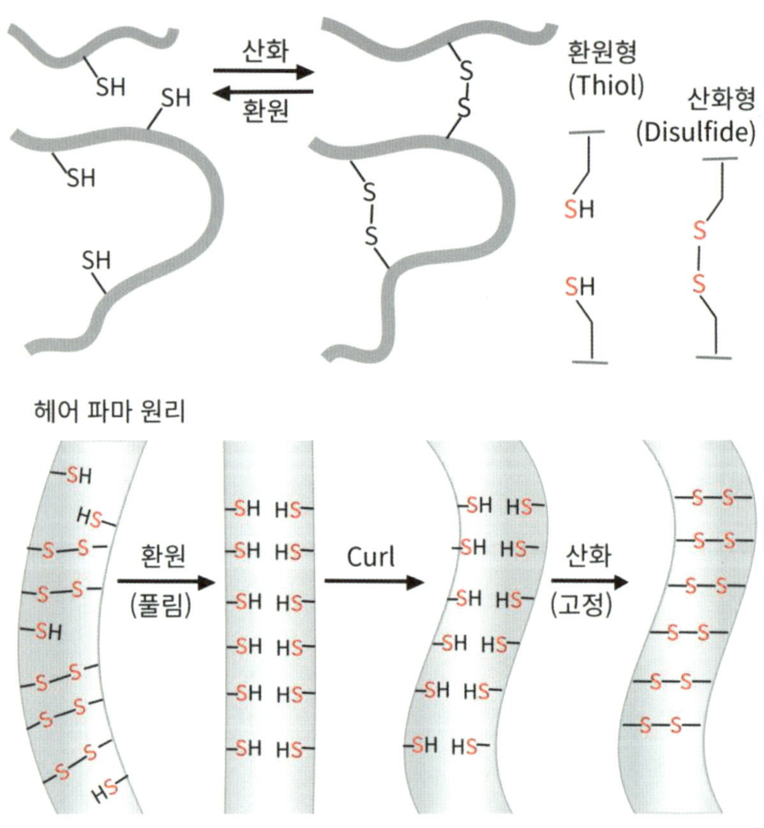

시스테인 결합의 환원과 산화

▷ 산화제(oxidizing Agents)

산화제는 시스테인에 작용해 SS결합을 촉진한다. 그래서 반죽을 보다 탄력 있게 만들어 좋은 속질을 가지고, 부피가 큰 제품을 만들 수 있다. 산화제들이 매우 적은 양으로 충분해서 밀가루의 1백만분의 1 정도를 쓴다. 이때 사용되는 대표적인 산화제가 비타민 C이다. 많은 사람이 비타민 C를 항

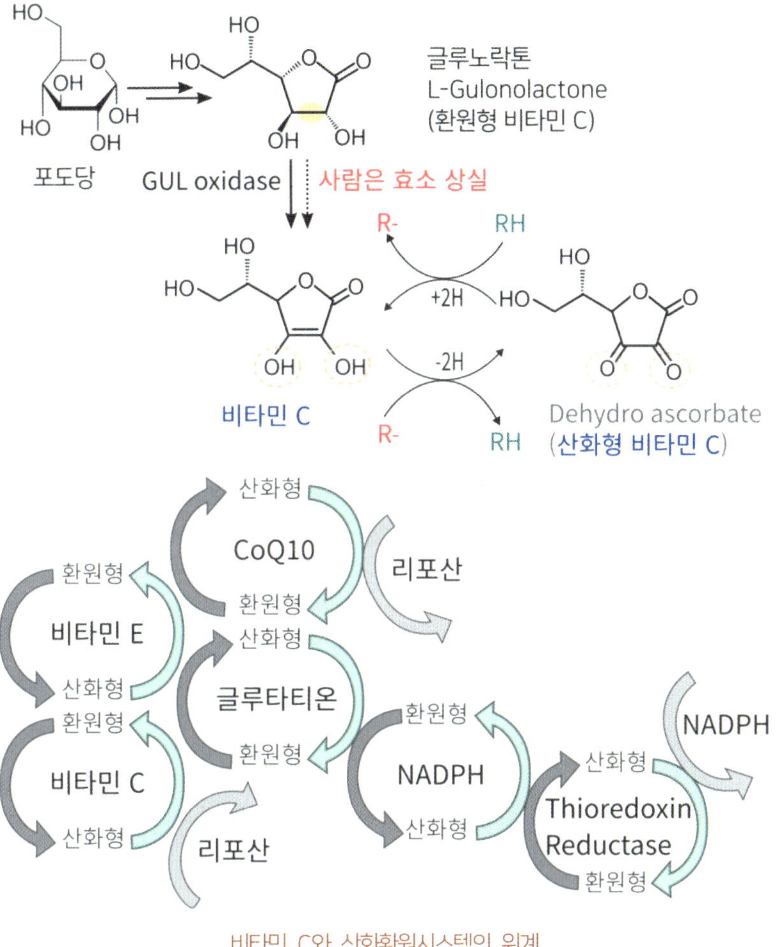

비타민 C와 산화환원시스템의 위계

산화제 기능만 알고 있어서 산화제로 쓴다고 하면 엉터리라고 생각하겠지만 비타민 C는 원래 산화형과 환원형을 왔다갔다 한다. 활성산소처럼 반응성이 큰 래디컬이 있으면 자신은 산화되면서 이들에게 수소를 제공해 항산화 기능을 하고, 산화형으로 바뀐 비타민 C 주변에 수소를 공급하는 분자가 있으면 자신은 다시 환원형으로 바뀌면서 대상의 분자를 산화형으로 바꾼다. 산화제로 작용하는 것이다. 비타민 C보다 산화하기 쉬운 시스테인의 싸이올(-SH)기에서 수소를 뺏어와 자신은 환원되고, 시스테인은 다른 시스테인과 SS결합을 하게 만든다.

반죽에 필요한 산화제는 그렇게 강력한 산화제가 아니라 부드럽고 천천히 작용하는 산화제이다. 두부를 만들 때 응고제도 순식간에 작용하면 부분적으로 뭉쳐서 물성이 나빠지고 수율도 나빠진다. 이처럼 반응은 적당한 속도로 일어나는 것도 중요하다.

▷ 반죽 건조제(dough drying Agent)

반죽을 강화해 덜 끈적이게 만들어 다루기 쉽게 하는 물질이다. 반죽 산화제인 비타민 C, 과산화칼슘(calcium peroxide), 브롬산칼륨(브롬 계통의 화합물은 많은 나라에서 금지), 아조디카르보나마이드(azodicarbonamide)가 있다.

미네랄은 황산칼슘, 제2인산칼슘(DCP) 같은 칼슘염이 있다. 배합수로 사용하는 물은 어느 정도 경도가 있는 것이 유리한데, 칼슘염은 물이 지나치게 연수인 경우 이를 보충하는 역할도 한다.

옥수수 전분이나 CMC(증점제) 같은 증점다당류도 수분을 흡수해 반죽이 마르고 덜 끈적이게 한다.

▷ 단백질 분해효소(proteases): 단백질 연화

단백질 함량이 높은 강력분을 사용할 때 반죽을 부드럽게 만들기 위해 단백질 사슬들을 짧게 끊어주는 단백질 분해효소를 사용하기도 한다. 통상 전 발효 단계에 첨가한다. 파파인과 브로멜라인 같은 식물에서 추출한 단백질 분해효소는 효과가 강력하다. 이런 효소는 빵이 거의 구워질 때까지 작용해 글루텐 단백질을 과도하게 끊어낼 수 있으므로 주의해야 한다.

▷ 이스트푸드(mineral Yeast Food)

효모는 단세포 미생물로서 광합성을 하지 못해 당류가 필요하다는 것 말고는 식물과 비슷하다. 미량 필요한 영양소는 밀가루 등에 포함된 것으로 충분하고, 단백질 합성을 위해 질소원을 공급하기도 하는데, 대표적으로 염화암모늄이나 황산암모늄 같은 암모늄염 형태이다. 밀가루의 0.0625% 정도를 사용하는데, 암모늄염의 첨가는 효모가 질소원(단백질원)으로 사용되지 않는다고 해도 발효 전에 투입되면 pH를 완충하는 효과가 있어서 산도 조절에 도움이 된다.

3. 발효의 시간

1. 미생물이 자라는 속도와 생존 전략

미생물을 따로 배양하는 이유

빵을 만드는 또 다른 대표적인 방법으로 중종법(中種, sponge dough method)이 있다. 혼합(반죽)을 두 번 한다는 의미로 대규모 빵공장에서 많이 사용하는 방법이다. 먼저 배합비에 포함된 밀가루 중 50~70%를 물과 이스트, 설탕 등의 부재료와 반죽해 발효시킨 후에 나머지 배합을 넣고 반죽을 만든다. 효모, 밀가루, 물의 혼합물을 발효하면 이산화탄소가 발생해 스펀지와 같은 벌집 모양의 다공성 구조를 형성하면서 원래 부피의 4~5배까지 팽창한 후 서서히 수축한다.

사워도우 같은 발효종을 이용할 때는 많은 시간을 들여 미리 종균을 배양해 사용한다. 이처럼 미생물은 적절한 배양 기간이 필요한데 빠르면 10분 만에 2배로 자란다. 더욱 놀라운 점은 복리식 증식이다. 영양과 환경이 적합하면 1개가 2개, 2개가 4개, 4개가 8개가 되는 식으로 무한히 분열한다.

대장균의 증식 속도

시간	개체 수 (분열시간 20분 기준)	무게(g)
최초	1	0.000000000001
1시간	8	0
2시간	64	0
3시간	512	0
4시간	4,096	0
5시간	32,768	0
6시간	262,144	0
7시간	2,097,152	0
8시간	16,777,216	0
9시간	134,217,728	0
10시간	1,073,741,824	0
11시간	8,589,934,592	0
12시간	(690억 배) 68,719,476,736	0
13시간	549,755,813,888	1
14시간	4,398,046,511,104	4
15시간	35,184,372,088,832	35
16시간	281,474,976,710,656	281
17시간	2,251,799,813,685,250	2,252
18시간	18,014,398,509,482,000	18,014
19시간	144,115,188,075,856,000	144,115
20시간	1,152,921,504,606,850,000	(1톤) 1,152,922
21시간	9,223,372,036,854,780,000	9,223,372
22시간	73,786,976,294,838,200,000	73,786,976
23시간	590,295,810,358,706,000,000	590,295,810
24시간	4,722,366,482,869,650,000,000	4,722,366,483
48시간		>지구 무게 능가

대장균은 20분마다 2배가 되고, 1시간이면 8배가 된다. 그래서 1마리가 6시간이면 26만 배, 12시간이면 700억 배로 증식한다. 다만 워낙 크기와 무게가 적어서 한 마리가 700억으로 증식해도 1g이 되지 않는다. 그런데 같은 속도로 계속 자라 12시간이 지나면 1g이 4,700톤이 되고, 다시 24시간이 지나면 지구보다 커진다. 똑같이 2배씩 자라도 1마리가 12시간 만에 1g으로 늘어날 때는 그 무서움을 모르다가 1g이 12시간 만에 4,700톤이 되면 놀라지 않을 수 없다.

미생물이 복리식으로 자라는 의미는 생각보다 크다. 20분마다 2배로 자라는 것과 60분마다 2배로 자라는 것의 차이는 언뜻 3배 빠르다고 생각할

2배로 자라는 속도 차이에 따른 개체 수 변화

시간	20분 기준	30분 기준	60분 기준	120분
최초	1	1	1	1
1시간	8	4	2	1
2시간	64	16	4	2
4시간	4,096	256	16	4
6시간	62,144	4,096	64	8
8시간	16,777,216	65,536	256	16
10시간	1,073,741,824	1,048,576	1,024	32
12시간	68,719,476,736	16,777,216	4,096	64
14시간		268,435,456	16,384	128
16시간		4,294,967,296	65,536	256
18시간		68,719,476,736	262,144	512
20시간			1,048,576	1,024
22시간			4,194,304	2,048
24시간			16,777,216	4,096

수 있지만, 10시간 후 숫자를 비교하면 60분마다 2배로 자라는 것은 1마리가 1,024마리로 증식하는데, 20분마다 2배로 자라는 것은 3배인 3,072마리가 아니라 1,073,741,824마리로 35만 배 차이가 난다. 세균이 식중독을 일으킬 정도로 변질이 되려면 100만 마리 수준이고, 실험실 배지에서 키운다고 영양분의 고갈과 노폐물의 축적으로 1㎖당 10~100억이 한계이다.

대장균 같은 부패균은 2배로 자라는 데 20분이 걸리고, 효모는 120분이 걸린다. 세균보다 진핵세포의 부피가 1만 배 정도 큰데, 아무리 효모(S. cerevisiae)가 진핵세포 중에서도 작은 편이라고 하지만, 도저히 세균의 성장속도를 따라잡을 수 없다. 그래서 종균을 사용해 초기 균 수를 대폭 늘려야 한다. 예를 들어 빵 반죽에 1g당 100억 마리 수준으로 배양한 효모 제품을 1% 사용하면 초기 균 수가 1억이 된다. 2시간마다 2배씩 4시간이면 4억이다. 세균이 20분마다 2배, 2시간에 64배로 자라도 초기 균 수가 1마리면 4천이 되고, 100마리면 410만이 된다. 증식 속도보다 초기 균 수가 중요한 이유이다. 초기에 주도권을 잡고 자라는 균이 영양분을 소비하고 산이나 알코올을 방출해 미생물의 증식환경을 완전히 바꾸어 놓는다.

미생물의 성장 속도와 초기 균 수의 중요성

시간 경과	20분(세균)	20분(세균)	120분(효모)
최초	1	100	100,000,000
2시간	64	6,400	200,000,000
4시간	4,096	409,600	400,000,000
6시간	262,144	26,214,400	800,000,000

효모와 젖산균의 근본적인 차이

빵의 발효 시간은 빵 종류, 재료, 온도, 습도에 따라 달라지지만, 일반적으로 1차 발효는 50~60분, 2차 발효는 30~60분 정도가 소요된다. 2번의 발효 시간을 합해야 2시간에 불과하다. 빵은 효모가 자랄 수 있는 최적의 조건은 아니다. 2시간이면 2배 정도로 자랄 시간이라 빵의 발효 시간은 효모를 키우기에는 너무 부족하다. 충분히 많은 효모를 투입해야 원하는 이산화탄소나 향미 물질이 만들어진다. 발효 과정에서 미생물에 의해 당류가 소비되고 이산화탄소가 만들어지면서 중량 손실이 발생하는데, 직접 반죽법은 중량의 0.5~1%, 중종법은 3~4% 정도다.

빵의 발효를 효모에 의한 '알코올발효'라고 하지만 생성된 알코올의 양은 적고, 베이킹 과정에서 휘발된다. 발효로 충분한 이산화탄소가 만들어져 적당히 부풀어야 빵의 독특한 식감과 풍미가 만들어진다. 핵심이 '빵 반죽을 부풀어 오르게 이산화탄소를 만드는 것'인 이유는 부푼 정도에 따라 단순히 외형만 커지는 것뿐 아니라 맛까지 달라지기 때문이다. 1시간 발효해 2배 팽창한 반죽과 2시간 발효해 4배로 팽창한 것을 구워서 비교해보면 된다. 식감뿐 아니라 맛도 달라진다. 빵의 종류에 따라 빵 반죽의 발효(팽창) 정도를 조절하는 것은 이런 이유이다.

효모의 에탄올 발효와 호흡

	발효	호흡
산소 필요성	X	O
ATP 생성량/포도당	2	30~38
CO_2 생성량/포도당	2	6
발효 생성물	에탄올	물, CO_2

효모는 당류를 분해해 에탄올과 이산화탄소를 만드는데 부산물로 반죽 속의 아미노산(질소원)을 대사해서 고급 알코올, 유기산, 에스터류, 케톤류 등 향미 성분(독특한 물질)도 만든다.

효모는 알코올발효를 통해 포도당 2g에서 대략 1g의 이산화탄소를 만들 수 있다. 이산화탄소 1g이 기체가 되면 부피는 500ml가 된다. 만약 호흡을 통해 이산화탄소로 완전히 연소하면 소량의 포도당만 분해되어도 빵은 충분히 부풀어 오를 수 있고, 오븐에서 구우면 이들과 물이 기화되면서 공기 80%인 빵이 만들어진다.

최초의 빵 발효에는 다양한 미생물이 참여했다

인류가 최초로 빵을 만들 당시에는 작업장 주변의 온갖 미생물이 참여했을 것으로 추정한다. 요즘 천연 발효빵, 르방, 사워도우 등으로 불리는 발효와 유사한데, 지금보다는 훨씬 잡다한 균이 참여했을 것이다. 그중 가장 중요한 발효는 알코올발효와 젖산발효이다.

발효를 포함한 모든 에너지대사는 포도당을 피루브산으로 분해하는 것으로 시작된다. 이 과정은 9단계의 효소가 작용하므로 상당히 복잡해 보이지만 효소의 반응속도가 매우 빨라 순식간에 포도당이 2개의 피루브산으로 분해된다. 그리고 피루브산 이후의 단계에서 모든 것이 달라진다.

젖산발효는 피루브산을 환원해 젖산을 생성하는 것으로 끝이 난다. 유산균(lactobacilus)을 통한 젖산발효는 호모 젖산발효와 헤테로 젖산발효로 나눌 수 있다. 호모 젖산발효는 순수하게 젖산만 생성되고, 헤테로 젖산발효는 젖산, 초산, 에탄올 등 다양한 물질이 만들어진다. 이것은 산소 없이 혐기적 조건에서 일어난다.

효모에 의한 알코올발효는 피루브산을 아세트알데하이드로 분해 후 환원해 에탄올로 만드는 것으로 끝난다. 젖산발효와 알코올발효는 최종 단계만 다른 셈이다. 한편 효모는 미토콘드리아가 있으므로 산소가 있으면 호흡을 통해 15배나 많은 ATP를 생산할 수 있다. 사실 빵 발효의 핵심은 미생물을 이용해 빵을 부풀리기에 충분한 이산화탄소를 발생시키는 것이다. 포도당 1분자에서 호모 젖산발효는 이산화탄소를 0개, 헤테로 젖산발효는 1개 생산하고, 효모를 통한 알코올발효는 2개, 호흡을 통해서는 6개를 생산한다. 효모를 통한 호흡이 가장 유리하다.

전통적인 발효종은 밀가루나 호밀 가루를 중심으로 하는 곡물가루와 물을 섞어 반죽해서 며칠 동안 발효·숙성시킨 것이다. 거기에 다시 물과 가루를 넣고 반죽해서 또 2~3일간 발효·숙성시킨 것을 사용한다. 반죽 속의 산소가 소비되어 혐기적인 환경이 형성되면 먼저 유산균이 포도당과 펜토스를

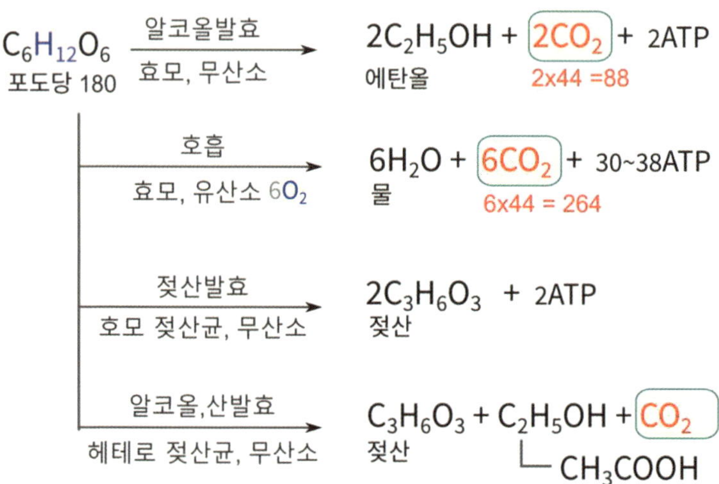

다양한 발효 형태와 생성물

분해해 젖산발효를 시작한다. 이때 이산화탄소의 발생량은 적다. 젖산이 증가해 pH가 4.5 이하가 되면, 밀가루에 붙어있는 효모가 활성화되어 알코올발효를 시작한다. 유산소 상태에서는 미토콘드리아를 이용해 많은 이산화탄소를 생성하고, 무산소 상태에서는 알코올발효에 의해 소량의 이산화탄소를 생성한다.

자연 발효에서는 효모와 젖산균, 초산균 등이 적절한 균형을 이루며 알코올, 젖산, 초산 등의 유기산과 탄산가스가 만들어진다. 그러다 효모를 대량 농축 생산하는 방법이 개발되고, 미리 배양된 고농축의 효모를 사용하는 방법이 도입되면서 발효 시간을 획기적으로 줄일 수 있게 되었다.

서양에서 빵은 식사를 담당하는 주식이다. 주식은 빠른 속도로 제공할 수 있는 취식 편의성도 중요하다. 과거 먹을 것이 귀했을 때 배가 고파 집에 왔는데 밥이 없으면 밥을 새로 짓는 30분이 아주 긴 시간처럼 느껴질 것이다. 하물며 밀가루를 반죽해 빵을 만든다는 것은 보통 문제가 아니다. 특히 전쟁 중에는 취사 과정과 준비 기간이 전쟁의 승패에 상당한 영향을 미칠 정도였다. 세계를 정복한 몽골 기병의 승리 비결에는 몽골 특유의 전투식량도 있다. 주로 육포와 말린 우유가루여서 물에 불려 먹거나 그대로 먹었으니, 이보다 취사 준비가 간편한 것도 없었다. 심지어 말을 타고 이동하면서도 식사가 가능할 정도였다. 이런 속도를 빵을 주식으로 하는 군대가 따라잡을 방법은 없다.

2. 빵 효모의 전성시대

맥주를 만들던 효모를 빵 발효에 쓰기 시작하다

예전에 인상 깊었던 맥주에 대한 설명은 "맥주는 액체로 된 빵이다"라는 말이다. 반대로 생각해 보면 빵이 고체로 된 맥주일 수도 있다. 실제로 빵에 사용하는 효모는 원래 맥주를 만들 때 쓰던 효모였다. 독일에서 맥주는 15세기까지 상면발효로 제조되었는데, 효모가 발효조 상면에서 자라면서 발효가 이루어졌고, 그 효모를 떠다 빵을 만들었다.

그런데 상온에서 발효하는 상면발효 맥주는 유해균에 오염되어 부패하는 일이 자주 발생했다. 특히 여름철에 더욱 기승을 부려서 산패한 맥주를 모두 폐기 처분하고 도산하는 사례도 많았다. 그래서 초산균이 알코올을 분해해 식초를 만드는 것을 막는 일이 최대의 난제였다.

그러다 15세기 독일 남부 바이에른 양조업자들은 추운 겨울 저온에서 장시간 발효, 숙성시킨 맥주가 맛있다는 사실을 발견한다. 산에 굴을 판 다음 강에서 잘라 온 얼음을 채워 저장실을 만들어 맥주를 보관하면 여름을 넘기

더라도 산패하지 않고 잘 보관되었다. 이때 사용된 효모가 발효조 아래쪽에 자라는 하면발효균인데, 맥주의 맛이 좋았을 뿐 아니라 상면발효 방식일 때는 상상할 수 없는 높은 양조 성공률을 보였다. 그래서 점점 유럽은 하면발효가 맥주의 대세가 되었다. 맥주를 만들 때 사용하던 효모를 구해서 빵을 만들기 어려워진다.

효모의 대량 생산 시대가 열리다

현대의 제빵 방식에서 가장 획기적인 사건은 효모를 고밀도로 배양한 제품을 사용해 발효 시간을 획기적으로 단축한 일이다. 빵에 쓰이는 효모를 양산하는 대표적 회사인 플라이쉬만스사는 1900년 뉴욕주에 대규모 연구소를 설립하고 효모에 관한 본격적인 연구 개발에 들어갔다. 그래서 개발된 효모 제법은 다음과 같다. 먼저 커다란 탱크에 물을 가득 담고 효모 균주를 약간(수 ml) 첨가한다. 여기에 영양원으로 당질인 포도당, 과당 같은 당류

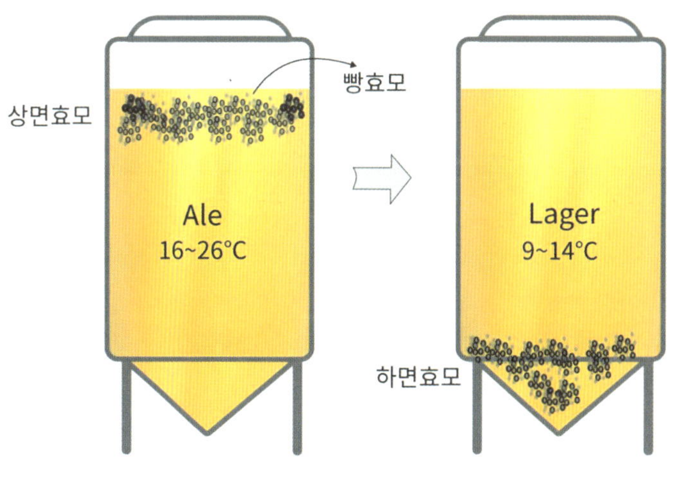

맥주의 상면효모와 하면효모

그리고 질소(N)와 인(P) 공급원으로 인산암모늄($(NH_4)_3PO_4$, 비타민 공급원으로 당밀(molasses), 미네랄로 칼슘, 마그네슘 등을 첨가한다. 그리고 적정온도에서 산소를 충분히 주입하면서 교반해 24~48시간 배양한다. 이렇게 끈적끈적한 효모 페이스트를 얻고 이것을 탈수한 후 압축해 생효모를 만들어 판매했다. 생효모에는 기존의 종균과 비교하면 살아 있는 효모의 수가 차원이 다르게 많았다. 발효의 조건을 오로지 균을 늘리는 최적 조건으로 배양하고, 가장 균 수가 많고, 활성이 높은 상태에서 발효를 멈추었기 때문이다.

이런 제품을 사용하면 빵 반죽에 탄산가스가 빠르고 충분하게 만들어지고, 그만큼 발효/제조 시간이 단축되어 빵을 효과적으로 만들 수 있다. 생효모는 수분이 70% 정도이므로 이를 드럼 건조해 분말로 만들거나 동결건조해 과립으로 만들면 훨씬 오랜 시간 보관하면서 사용할 수 있다. 동결건조하면 생효모나 건조효모보다 균 수가 많아 활성이 강한 것이 특징이다.

효모는 특이하게 맥아당을 직접 이용할 수 있다

효모는 반죽에 포함된 포도당, 과당, 설탕, 맥아당 같은 당류를 이용해 호흡이나 알코올발효로 ATP를 만들며 살아간다. 당류를 활용하기 위해서는 먼저 효모 안으로 당류를 흡수해야 한다. 하지만 탄수화물은 대부분 전분과 같이 다당류로 존재하며, 즉시 이용 가능한 단당류는 별로 없다. 빵 반죽에 별도로 설탕을 첨가하지 않으면 먹을 것이 부족한 상태가 된다. 전분분해효소의 하나인 β-아밀레이스가 손상전분을 이당류인 맥아당(maltose)으로 분해하면 효모는 이를 직접 이용할 수 있다. 우리 몸은 소장에서 말테이스(maltase)를 분비해 맥아당을 두 개의 포도당으로 분해한 후 흡수할 수 있는데, 효모는 맥아당투과효소(maltose permease, transporter)가 있어서 맥아당을 세포 안으로 직접 끌어들여 사용할 수 있다. 효모 외에는 대장균 (MalFGK₂), 누룩곰팡이(*Aspergillus oryzae*, MalP) 그리고 엽록체 정도에 이런 기능이 있다. 세포 안에 들어온 맥아당은 맥아당 분해효소로 2개의 포도당으로 분해한 후 활용한다.

반죽에 설탕을 첨가하면 효모도 우리 몸과 마찬가지로 포도당과 과당으로 분해한 후 흡수한다. 맥아당은 투과효소가 있지만 같은 이당류인 설탕은 투과효소가 없기 때문이다. 그래서 먼저 설탕분해효소(invertase)로 포도당과 과당으로 분해해야 흡수할 수 있다. 가끔 설탕을 독성물질처럼 말하는 사람

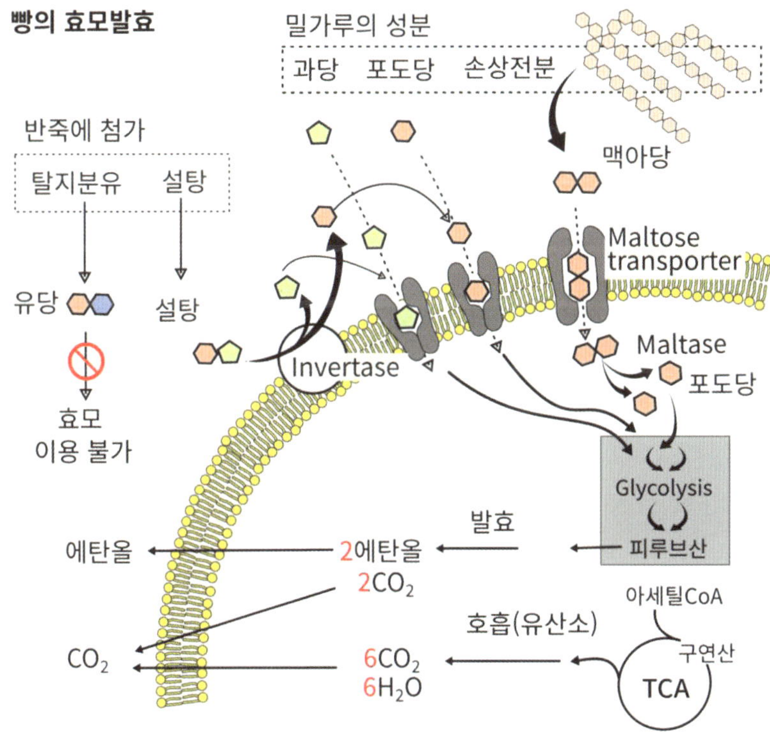

효모의 에너지원과 에너지대사

을 보면 설탕 자체로는 흡수조차 안 된다는 사실을 모르는 것 같다. 설탕 용액은 우선광을 띠는데 포도당과 과당으로 분해되면 좌선광으로 전화되기 때문에 포도당과 과당의 혼합물을 전화당(invert sugar)이라고 하며, 설탕분해효소를 전화효소(invertase) 또는 수크레이스(sucrase)라고 한다.

반죽에 탈지분유를 첨가하면 탈지분유 안의 유당도 포도당과 갈락토스로 분해해야 흡수할 수 있다. 효모는 유당 분해효소가 없어서 이를 이용하지 못한다. 이처럼 탄수화물은 최종적으로 단당류로 분해되어야 해당 회로를 거쳐 ATP를 만드는 데 사용할 수 있다. 이처럼 당질은 효모의 좋은 영양원으로 활용되고 사라져 버리니 효모는 '단맛 킬러'라고 할 수 있다.

저당 효모와 고당 효모의 차이

업소용 효모는 다양한 종류가 있는데, 그중에는 저당용 효모와 고당용 효모처럼 첨가한 설탕의 양에 따라 구분해 쓰기도 한다. 이처럼 설탕 첨가량에 따라 효모를 구분해서 쓰는 이유는 삼투압이 생각보다 미생물에 큰 영향을 주기 때문이다.

빵 반죽에 설탕을 많이 첨가할수록 삼투압이 증가한다. 그래서 설탕이 고농도가 되면 삼투압 현상으로 효모의 세포 안 수분이 세포막을 통과해 밖으로 빠져나오는 스트레스가 가해지고, 효모의 활성이 떨어지며, 알코올발효가 잘 일어나지 않는다. 그만큼 빵 반죽의 발효가 지연되고 탄산가스가 적게 발생하면서 팽창이 부족해지고, 빵의 부피가 제대로 나오지 않게 된다.

- 설탕 첨가량(대 밀가루 중량)

  0~5% 이하: 저당 효모(고 인베르타아제 활성)를 사용.

5~8%: 저당 효모와 고당 효모 혼합 사용 가능.

8% 이상: 고당 효모를 사용.

일반적인 효모는 맥아당 분해효소와 설탕 분해효소의 활성이 비슷하다. 그런데 효모 중에는 맥아당 분해효소의 활성이 강한 것이 있다. 이때 설탕 첨가가 적은 반죽에 맥아당 분해효소의 활성이 강한 것을 써야 효과적이다.

설탕 함량이 높은 배합에는 효모 중 삼투압에 내성이 있고, 설탕 분해효소의 활성이 낮은 것이 좋다. 설탕 분해효소의 활성이 강하면 빵 반죽의 설탕을 빠른 속도로 포도당과 과당으로 가수분해하는데, 설탕 한 분자가 두 개의 분자로 쪼개지는 것이라 삼투압이 2배로 높아지는 효과가 있다. 그만

분류	종류	작용	출처
전분분해	α-amylase	전분 → 덱스트린(액화)	호분층
	β-amylase	전분 → 맥아당(당화)	호분층
	glucoamylase	전분 → 포도당(당화)	
설탕 분해	invertase	설탕 → 포도당+과당	효모
맥아당 분해	maltase	맥아당→포도당+포도당	효모
단백질 분해	protease	단백질 → 아미노산	호분층, 효모
	dipeptidase	펩타이드 → 아미노산	호분층, 배아,효모
지방 등	lipase	지방 분해	호분층, 배아, 효모
	lipoxygenase	불포화지방산 산화	반상체, 배아
	catalase	과산화수소 → 물+산소	겨층
	peroxidase		배아
	throsinase		겨층

큼 효모에 강한 스트레스가 된다. 따라서 고당 반죽에 쓰는 효모는 설탕 분해효소의 활성이 저당용보다 50~100배 낮은 것이 유리하다.

저당 빵용(저당) 효모는 반죽 속의 맥아당을 재빨리 흡수해 탄산가스와 알코올로 대사해야 한다. 다른 당류가 별로 없어서 맥아당 분해 능력이 좋은 것이 필요하다.

내당 빵용(고당) 효모는 반죽에 설탕이 비교적 많이 첨가되기 때문에 이를 먼저 분해해 영양원을 사용할 수 있으므로 맥아당을 서둘러 분해할 필요가 없다. 그래서 맥아당의 분해 속도가 느리고, 가스 발생도 비교적 느린 것이 특징이다.

리치 계열 빵은 설탕의 양이 15%를 넘는 것이 많고, 단과자빵의 경우에는 30% 정도가 많다. 밀가루 대비 설탕 첨가량이 10% 이상인 빵을 만들 때 저당 효모를 사용하면 발효가 부족해 반죽이 잘 팽창하지 않는다. 또 설탕 첨가량이 15%를 넘으면 고당 효모 역시 발효 부족으로 덜 팽창하는 현상이 발생할 가능성이 크다. 15% 이상의 설탕을 첨가할 때는 효모의 양을 10~20% 늘리는 게 좋다. 이런 특성을 잘 이해하고 설탕 농도에 맞는 효소를 골라 사용할 필요가 있다.

3. 발효종이 다시 부활한 이유

단일 효모 발효에서 다시 복합 발효로

빵이 처음 만들어질 때는 원료와 공기 중에 존재하는 다양한 세균과 효모가 발효에 참여했을 것이다. 그러다 고농도로 순수배양한 효모가 상품으로 나오면서 오늘날의 빵이 시작됐다. 발효 시간이 획기적으로 단축되고, 일정한 발효 덕분에 좋은 품질의 빵을 양산하기 쉬워진 것이다. 그러다 최근에는 다시 복고풍으로 돌아가 고대 이집트 빵굼터에서 사용했던 발효 방법으로 빵을 만드는 노력이 늘고 있다. 이렇게 다시 등장한 전통의 발효 방식은 천연 발효, 발효액종, 르방(Levain), 사워도우 등 다양한 이름으로 불리고 있다. (여기서는 이를 통칭해서 발효종이라 함.)

상업적으로 양산된 효모를 사용하지 않고 호밀과 밀 등 곡물가루에 물을 넣어 며칠간 곡물가루와 물을 보충하면서 미생물을 키운 사워도우를 사용하거나 건포도·사과 같은 과일이나 요구르트와 같은 유제품 또는 누룩·맥주·막걸리 등을 이용해 빵의 발효에 필요한 효모를 공급하는 방식이다.

발효종은 산업용 효모가 양산되기 전에는 빵을 부풀리는 유일한 수단이었다. 그러다 단일 효모를 대량 배양한 것을 이용해 빵을 만드는 방법이 대세가 되면서 특수한 경우가 아니면 사용하지 않았다. 그러다 근래 세계적으로 재인식되는 기회를 얻었다. 효모 단일종만으로 발효하면 빵의 향미가 단순하고 획일화되기 쉬워서 그만큼 빵의 차별화가 어려운데, 발효종을 사용하면 이를 극복할 수 있게 된다. 다양한 미생물이 사용되면서 섬세한 풍미와 식감을 가진 개성이 강한 빵을 굽기 쉬워졌다.

그래서 1980년대에 이후 서서히 이런 유럽 스타일 빵이 여러 나라의 동네 베이커리를 중심으로 등장하게 되었다. 2000년대에 들어서면서 미국 도

시권을 중심으로 장인 기질의 빵을 굽는 의미의 '아티잔 베이커리(artisan bakery)'가 등장했다. 그러면서 발효종은 다양한 형태로 진화했다. 이곳에서는 발효종을 이용하면서도 산업적으로 배양한 효모를 함께 쓰기도 한다. 산업제품인 빵용 효모는 단일종을 효율적으로 배양하기 때문에 단위당 균 수가 1g당 100억 이상으로 많다. 하지만 발효종은 1g당 수천만~수억으로 1/100~1/1000 수준이다. 그만큼 발효력과 팽창력이 약하기 때문에 발효 시간이 현저하게 길어진다. 그래도 독특한 향과 맛 그리고 식감의 빵을 얻을 수 있다. 하지만 미생물의 양태가 너무나 쉽게 변해서 제품 품질에 편차가 생기기 쉽다.

단일 효모를 사용한 빵과 발효종법으로 만든 빵의 차이

	단일 효모 빵	르방(발효종) 빵
빵 부피	크다	작다
크럼 기공	작고 균일	크고 불균일
크러스트	얇고 바삭	두껍고 질깃
풍미	부드럽고 미세함 발효와 풍미가 일정	복합적이고 신맛
보관성	짧다	길다

발효종의 장점과 어려움

발효종을 사용하면 장시간 발효, 숙성 과정에서 전분의 분해 작용이 많이 일어나고, 다양한 발효산물(유기산)이 생성된다. 그래서 일반 효모 빵보다 부드러운 맛이 오랫동안 유지되며, 깊은 맛과 향이 나면서 소화가 잘 되고, 오래 두고 먹을 수 있다고 한다.

- 노화현상이 늦다. 젖산이 전분 입자를 팽윤시켜 보습력을 높여 수분 손실률을 낮춘다. S.S.L(스테아릴젖산나트륨) 같은 유화작용.
- 글루텐 형성구조가 균일하다. 젖산 및 유기산이 반죽 pH를 낮춰 글루텐 형성과 숙성을 좋게 한다.
- 다량의 유기산이 함유된 빵을 제조할 수 있다. 유산균과 효모가 알코올류, 카보닐류, 에스터류 등을 생성한다. 따라서 특유의 신맛과 독특한 향을 느낄 수 있다.
- 보관성이 높아진다. 젖산을 비롯한 유기산에 의한 산도와 박테리오신이 바실러스 균의 성장을 방해한다.

이런 장점으로 빵 이외에도 비스킷, 스낵, 떡, 면 등 다양한 식품에 발효종의 사용이 늘고 있다. 하지만 어려움도 많다. 좋은 발효종을 얻으려면

- 6일 이상의 시간이 필요하다.
- 숙련된 기술자의 노하우가 필요하다.

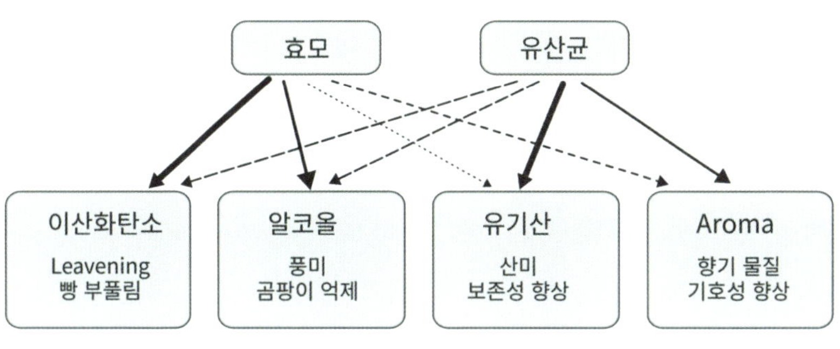

발효종에서 효모와 유산균의 역할

- 품질관리가 어렵다(발효종의 품질이 균일하지 않음).

- 유해균의 오염 가능성이 높다.

- 다양한 제품 적용의 한계.

- 발효설비, 관리, 인력 등 비용 증가.

이런 어려움을 줄이고 발효 시간의 단축을 위해 설탕과 활성맥아분말 (diastatic malt flour)을 첨가하거나, 소량의 제빵효모를 추가하기도 한다.

발효의 종류에 따른 관여 미생물과 발효산물

분류	관여 미생물	발효산물	효과
알코올발효	효모	알코올, CO_2	팽창, 풍미
Homo 젖산발효	streptococcus, Lactobacillus	젖산	산미, 보습, 항곰팡이
Hetero 젖산발효	젖산균, Leuconostoc	젖산, 초산, 알코올, CO_2	산미, 풍미
프로피온산 발효	Propionibacterium	프로피온산, 초산, CO_2	보존성

발효종의 종류와 특징

천연 발효빵에는 사워도우(호밀, 밀, 듀럼밀 등), 누룩, 발효액종(사과, 건포도, 포도, 블루베리 등 과일), 막걸리, 맥주 등이 사용된다. 여기에는 자연상태에서 존재하는 효모와 수많은 유산균(streptococcus속, pediococcus속, lactbacillus속, leuconostoc속 등)이 존재한다. 상업적으로 사용하는 제빵용 효모가 단일 효모(*sacchromyces cerevisiae*)만을 배양한 고농도로 순수 배양한 것과 달리 발효종은 이처럼 여러 복잡한 미생물이 발효에 관여한다.

통상의 효모빵은 알코올과 이산화탄소를 위주로 생성하지만, 발효종은 여러 미생물에 의해 다양한 유기산 발효가 함께 일어난다. 젖산균 중에서 호모(homo) 발효성 젖산균은 젖산만 만들어내지만, 헤테로(hetero) 발효성 젖산균은 반죽 속 산소를 이용하면 젖산 외에 초산과 물, 이산화탄소를 생성한다.

이런 발효는 제빵사가 반죽을 어떻게 하느냐에 따라 생성되는 유기산 종류와 양에서 큰 차이가 발생한다. 젖산은 진 반죽에서 온도가 35~40℃일 때 많이 만들어지고, 초산은 된 반죽에서 온도가 20℃ 정도일 때 많이 만들어진다. 효모의 증식은 질고 산이 많은 반죽에서 온도가 24~26℃일 때 가장 활발하고 알코올 생성에 관여한다. 가장 맛있다고 하는 신맛의 비율인 젖산 75~80%, 초산 20~25%를 맞추기 위해서는 숙성된 발효종의 pH가 3.4~4.2가 되도록 관리해야 한다.

▷ 자가제 효모종

먼저 과일류, 채소류, 뿌리채소류 등에 있는 야생 균류(효모, 세균 등)를 영양분이 높은 배양지에 넣고 배양한다. 그렇게 배양된 균주를 다시 밀가루나 호밀 가루의 배양지에 이식해서 배양한 뒤 사용하는 방식이다.

효모 이외에 유산균, 초산균 등의 다양한 미생물이 공존해 이산화탄소와 에탄올 생성량은 줄어들지만, 그만큼 풍부한 구운 빵의 향미 성분이 만들어진다. 유기산(젖산, 초산, 구연산, 뷰티르산 등)과 방향성 알코올류, 알데하이드류, 아세토인 등의 요구르트, 버터 향기 성분 등이 풍미에 크게 기여한다. 또 발효 과즙에서 오는 에스터류와 메일라드 반응에 의한 푸르푸랄계 향기 물질이 깊이를 더해준다.

▷ 액종(액체발효법) vs 반죽종

액종은 설탕이 포함된 액에 효모를 먼저 발효시키는 방법이다. 반죽종은 전체 분량의 25~40%에 해당하는 밀가루에 효모, 소금, 물을 넣고 반죽해 12~24시간 미리 발효한다. 액종은 액체 상태에서 발효를 시작하는 데 비해 반죽종은 고체 상태의 반죽을 미리 발효시키고 나머지 밀가루와 부재료를 넣고 혼합해서 빵 반죽을 완성한다. 액종과 마찬가지로 저온에서 장시간 발효시키기 때문에 발효 생성물과 소재의 풍미가 잘 나타난다. 주로 하드 계열이나 린 계열 배합의 빵에 쓰인다.

▷ 호밀 사워종

주로 호밀빵에 쓰이는데, 호밀 가루와 물만으로(소금이 소량 들어가는 경우도 있다) 만드는 발효종이다. 호밀 사워종은 바탕이 되는 초종을 만드는

곡류를 이용한 발효종의 특성

사용 곡류	사용량	특징	용도
소맥	1~5%	부드러운 신맛	범용적(치아바타, 피자, 바게트, 식빵
밀배아	2~5	부드러운 식감, 고소한 풍미	하드롤, 바게트
보리	1~5	강한 보리 풍미	비스킷
호밀	0.5~10	강한 신맛, 진한 색상	호밀빵, 건강빵
쌀	~30	은은한 신맛, 이취 마스킹	쌀·글루텐프리빵
스펠트밀	1~4	견과 풍미	스펠트빵
퀴노아	~20	은은한 신맛	글루텐프리빵

것부터 시작한다. 초종은 호밀 가루와 물을 섞은 것을 4~5일 동안 계대배양을 하면서 발효 숙성시킨 것으로, 1~4회 정도 종잇기를 더해서 호밀 사워종을 완성한다.

호밀에는 많은 유산균이 붙어 있다. 발효 시작 단계에서 유산균이 활성화해 당질(포도당과 펜토스)을 분해하는 젖산발효를 시작하고, pH 4.5 이하가 되면 호밀의 효모가 활성화해 증식을 시작한다. 그래서 효모와 유산균, 초산균 등이 공존해 에탄올, 젖산, 초산 등 유기산과 탄산가스를 충분히 만들어진 발효종으로 숙성되어 간다.

호밀 가루만 가지고 반죽하는 경우, 점성은 있지만 글루텐 조직이 적어서 반죽 속의 가스 보유력이 떨어진다. 또 반죽에 신장성은 있지만 탄력이 없어 빵에 볼륨감이 생기지 않는다. 그래서 펜토산의 존재가 중요하다. 호밀 가루에 8% 정도 펜토산이 있는데 40% 정도가 가용성이고, 60%가 불용성이다. 가용성 펜토산은 물에 콜로이드 상태로 분산되어 있다가 겔화될 수 있다. 중량의 약 8~10배에 달하는 수분을 붙잡아 겔 안에 보관한다. 호밀빵이 글루텐 형성 없이도 반죽 형태를 유지할 수 있는 것은 호밀 가루 안에 들어 있는 펜토산 덕분이다.

▷ **과일 발효종**

과일 발효종의 재료로는 사과와 건포도가 많이 사용된다. 사과는 평균 당도가 12~14, 산도가 0.4~0.5로 상큼한 단맛과 깔끔한 산미가 있으며, 이런 풍미가 빵에도 잘 반영되기 때문에 하드 계열 빵 종류 등에 많이 쓰인다. 건포도는 잘 익은 것을 햇빛에 오래 말려서 단맛 성분이 농축되어 있다.

한편 포도처럼 당질이 많은 과일의 껍질에는 효모가 많이 생식(부착)하고 있다. 건포도를 물에 푹 담근 배양지는 효모가 제일 좋아하는 포도당과 과당이 많아서 최상의 배양지라 할 수 있다.

▷ 요구르트종

요구르트는 인류가 가축을 기르면서부터 시작된 인류 역사상 가장 오래된 발효 유제품이라고 할 수 있다. 당시 누군가가 가죽 주머니 등에 넣어 두었던 우유가 몇 시간 지나자 걸쭉한 상태로 바뀐 것이 요구르트의 시초일 것이다. 젖산균이 유당을 분해해 젖산을 만들면 pH가 낮아져 카세인이 응고되면서 요구르트가 된다. 이것을 발효종으로 만들면 젖산발효로 산성 상태가 되고, pH 4.5 이하가 되면서 효모가 활성화되고 알코올발효도 촉진되므로 숙성 발효가 빨리 된다.

◎ 참고 _ 화학적 팽창제

  제과 분야에서는 베이킹파우더도 많이 사용된다. 팽창제가 열에 의해 분해될 때 생기는 이산화탄소나 암모니아 가스에 의해 반죽을 부풀게 한다. 대표적으로 중조, 베이킹파우더, 암모니아계 팽창제가 있다. 팽창제에서 가스가 발생하는 양도 중요하지만, 발생 시기도 중요하다. 글루텐이 형성되기 전에 미리 이산화탄소가 발생하면 쓸모가 없고, 가열할 때 한꺼번에 생성되어도 조직이 고르게 부풀지 못하고 일부만 부풀거나 손상되기 쉽다. 그러니 베이킹파우더의 배합비를 조정해 발생 속도를 조절하는 것도 중요하다.

1. 단일 팽창제

▷ 중조($NaHCO_3$, 탄산수소나트륨, baking soda)

  중조는 가열하면 분해되는 성질이 있다. 2분자의 중조에서 1분자의 이산화탄소가 만들어지면서 1분자의 탄산나트륨이 남는다. 남게 된 탄산나트륨은 알칼리성이라 색소의 용해도를 높여 빵의 색을 진하게 한다. 또한 플라보노이드의 색을 무색에서 노란색으로 변하게 할 수 있다.

  $$2NaHCO_3 \rightarrow Na_2CO_3 + CO_2 + H_2O$$

▷ 중탄산칼륨($KHCO_3$)

  나트륨 대신 칼륨을 결합한 것으로 같은 이산화탄소를 만들기 위해서는 사용량을 20% 정도 높여야 한다.

▷ 중탄산암모늄(NH_4HCO_3)

  가열하면 이산화탄소와 암모니아가 동시에 만들어지는데, 수분 함량이 높으면 물에 암모니아가 녹아서 제거가 느려지므로 제품의 최종 수분 함량을 5% 이하까지 굽는 제품에 사용해야 한다.

▷ 염화암모늄(NH₄Cl)

가열하면 암모니아 가스가 만들어지는데, 단독으로 쓰기보다는 중조와 함께 사용한다. 중조와 함께 사용하면 이산화탄소도 같이 만들어지기 때문에 팽창력이 좋다. 최종 산물에 소금이 남아 중성이지만 암모니아가 제품에 남으면 풍미에 나쁘므로 낮은 수분 함량까지 굽는 제품에 적합하다.

$$2NaHCO_3 + NH_4Cl \rightarrow NaCl + CO_2 + NH_4 + H_2O$$

2. 혼합제제: 베이킹파우더

베이킹파우더는 중조 1/3, 산성 물질 1/3, 분산제 1/3 정도를 혼합한 제품이다. 베이킹파우더는 보관 중에 안정해야 한다. 이를 위해서 분산제로 옥수수 전분을 함께 쓴다. 수분을 흡수해 제품에 포함된 산성 물질과 알칼리성 물질이 서로 반응하지 않게 하는 것이다.

베이킹파우더 단독으로는 탄산나트륨이 남아 알칼리를 띠고 이취나 색상을 진하게 하는 문제가 있으나 산성 인산염을 첨가하면 중화되어 문제없다.

$$14NaHCO_3 + 5Ca(H_2PO_4)_2 \rightarrow$$

$$Ca_5(PO_4)_3OH + 7Na_2HPO_4 + 14CO_2 + 13H_2O$$

베이킹파우더는 속효성과 지효성이 있다. 속효성은 상온에서 작동하고, 지효성은 오븐에 굽기 시작할 때까지는 반응하지 않는 것이다. 이 두 가지를 같이 구현하는 이유는 굽기 전에 충분히 부풀지 못한 것도 굽는 과정에서 충분히 부풀게 하기 위함이다.

- 지효성: 굽는 시간이 길고 온도가 높은 제품. ex)파운드케이크
- 속효성: 굽는 시간이 짧고 온도가 낮은 제품. ex)찐빵, 도넛
- 산성 팽창제: 색소의 용해도를 낮춤, 밝은색 제품.
- 알칼리성 팽창제: 색소의 용해도가 높음, 짙은 색이 필요한 제품. ex)코코아, 초콜릿

저온에서 작동을 돕는 것은 주석산과 제1인산칼슘(MCP, monocalcium phosphate)이고, 고온에는 황산알루미늄나트륨(sodium aluminium sulfate, 소암모늄명반 SAS), 인산알루미늄나트륨(sodium aluminum phosphate, SALP), 산성피로인산나트륨(calcium dihydrogen phosphate, $Ca(H_2PO_4)_2$) 등을 쓸 수 있다.

베이킹파우더의 처방 예

성분	속효성	지효성	지속성	상업용
중조	27	30	28	30
제1인산칼슘(MCP)		8.7	35	5
소명반(SAS)		21		
산성피로인산나트륨				38
Potassium Bitartrate	47			
주석산	6			
탄산칼슘		13,7		2.5
전분	20	26.6	37	24.5
특징	낮은 온도에서 반응, 주석산 MCP 등 사용	높은 온도에서 반응, 피로인산염 등	넓은 온도에서 반응, 속효성+지효성	

MCP(제1인산칼슘, monocalcium phosphate) Ca(H2PO4)2·H2O

aMCP(무수~, anhydrous monocalcium phosphate) Ca(H2PO4)2

DCP(dicalcium phosphate) CaHPO4·2H2O

SAPP(sodium acid pyrophosphate) Na2H2P2O2

SALP(sodium aluminum phosphate) Na3H15PAl2(PO4)8

SAS(황산알루미늄나트륨) sodium aluminium sulfate NaAl(SO4)2·12H2O

푸마르산 Fumaric acid C4H4O4

주석산크림(Cream of tartar, Potassium Bitartrate) KC4H5O6

산성피로인산나트륨 등은 자체로는 기체를 만들지 못해 팽창력이 없지만, 산성 물질이라 탄산수소나트륨 같은 알칼리와 반응해 이산화탄소가 만들어 지는 것을 돕는다. 그리고 효모의 영양분으로 작용해 팽창을 도와주는 보조 역할도 한다.

aMCP와 MCP는 반응속도가 빨라 팬케이크 믹스 등에 효과적이고 MCP 는 때때로 피로인산수소나트륨(sodium acid pyrophosphate, SAPP)과 혼합 해 지효성 팽창제로 쓰기도 한다.

알루미늄은 소비자 이미지가 좋지 않다. 그래서 MCP를 팽창제로 쓰면 2/3 정도는 상온에서 반죽할 때 2분 이내에 반응시키고, 1/3 정도는 반응하 는 중간에 제2인산칼슘(dicalcium phosphate, DCP)이 되어 반응이 지연되 다가 60℃ 이상 가열되면 반응해 나머지 가스를 발생시키기도 한다.

알루미늄 포일과 양은 냄비는 유해성이 존재하지만, 원래 알루미늄은 토 양에 워낙 흔한 물질이라 음식물에도 극소량 포함된 경우가 많다. 체내로 들어온 알루미늄은 대부분 몸 밖으로 배출되어서 염려할 사항은 아니지만,

산과 염분에 취약한 편이라 산도가 강한 식품을 보관하거나 조리하는 용도로는 부적합한 편이다.

사람들은 화학팽창제는 건강에 나쁘고 효모를 통한 천연 발효가 건강하다고 한다. 그런데 효모가 하는 일은 포도당을 알코올로 분해하는 과정에서 탄산가스와 냄새 물질을 만드는 역할이 거의 전부이고, 팽창제의 주성분은 탄산, 나트륨, 인산, 칼슘 같은 미네랄이다. 탄산은 날아가고 미네랄이 남는다. 미네랄은 나트륨을 제외하면 주로 맛이 쓰거나 떫거나 한다. 그래서 팽창제를 사용하면 약간의 쓴맛이 남는 경우가 있다. 그 외에는 건강상 차이가 있다고 말하기 힘들다.

4장. 성형: 노력과 집중의 시간

성형 공정의 일반적인 순서

▷ 분할(dividing) 및 둥글리기(rounding)

우선 발효한 반죽을 일정한 중량으로 분할해 나눈다. 베이킹 과정에서 중량 감소가 일어나므로 원하는 중량보다 13~20%를 추가한 무게로 나누어야 한다. 크기가 클수록, 크러스트가 엷을수록, 굽기 시간이 짧을수록 굽기 손실량이 적다. 부피 단위로 분할을 하는 경우가 많은데, 이때는 발효에 의한 부피 팽창이 일어나므로 20분 이내에 분할을 끝내야 중량의 차이가 적어진다.

제품 중량별 굽기 손실율(출처: 제과제빵 과학, p45)

구분	중량	굽기 손실(%)
단과자빵	50	17~20
식빵	500	14~16
	1000	11~13

그렇게 나눈 반죽을 굴려서 둥글게(rounding) 가공한다. 둥글게 만드는 이유는 신속히 같은 모양으로 작업이 가능하면서 범용성이 높아 다양한 모양으로 가공하기 쉽기 때문이다. 겉면에 얇은 막이 형성되어 발효과정에 생성된 가스의 유출을 줄이고, 큰 기포가 제거되어 균일해지고, 반죽 온도도 균일해진다.

▷ **중간 발효(intermediate proofing), 벤치 타임(bench time)**

중간발효는 27~29℃에서 5~12분 실시한다. 둥글려 형태를 갖춘 반죽을 더 발효하면 글루텐 조직이 이완되면서 분할하고, 둥글리기 과정에서 손상된 반죽의 점탄성이 회복되고 반죽은 크기가 더 커진다. 옛날에는 분할한 반죽을 작업대(bench) 등에 얼마간 올려두었다가 성형했기 때문에 '벤치 타임'이라고 불렀다.

▷ **성형(make-up) 및 팬닝(panning)**

반죽을 다양한 형태로 가공하는 단계다. 기본 형태로 공 모양, 타원 모양, 막대 모양, 주머니 모양 등이 있는데, 최종 결과물의 형태를 고려해서 모양을 결정한다. 성형한 반죽은 오븐 플레이트에 올리거나 팬(빵틀)에 담는다.

반죽을 팬에 넣고 구울 때는 이형유(depanning oil)나 적절한 코팅이 된 팬이 필요하다. 팬의 용량은 빵의 무게에 부풀어 오르는 정도로 고려해야 한다. 반죽의 무게에 따른 부피인 비용적(cc/g)은 식빵의 경우 3.15~3.9 정도로 계산한다.

▷ 2차 발효, 최종 발효(final proof)

성형까지 마친 반죽을 마지막으로 발효하는 시간이다. 이 과정을 거쳐 반죽은 최종 제품 부피의 70~80%에 도달한다. 최종 발효가 덜 된 반죽은 굽는 과정에서 오븐 스프링이 일어나지 않아 부피감 없는 빵이 되고, 과도하면 반죽이 가스를 유지할 힘이 없어서 빠져나가므로 빵의 형태가 무너진다. 식빵의 경우 발효 온도가 35~46℃ 정도이고, 빵의 종류에 따라 온도를 조절한다. 습도도 중요하므로 75~85%를 기준으로 조절한다.

최종 발효의 중요성: 빵 반죽의 적정 볼륨 파악하기

최종 발효는 성형 후 빵 반죽을 오븐에 넣을 때까지 하는 마지막 발효를 말한다. 이 시간은 구울 때 일어나는 오븐 스프링(구우면서 빵 반죽이 팽창하는 것)을 고려해서 적정한 수준까지 이루어져야 한다. 최종 발효가 부족하면 글루텐의 신장성이 나빠져 빵의 볼륨(부피)이 부족해진다. 전체적으로 반죽의 오븐 스프링이 나빠지므로 크러스트도 고르지 않고 균열이 생긴다. 또한 탄산가스가 부족해져서 크럼의 셀이 작아지고 막히는 현상 등이 일어난다.

반대로 최종 발효가 너무 과하면 빵의 볼륨이 너무 커져 크럼 밀도가 낮아지고 그만큼 식감도 너무 빈 공간이 많게 느껴진다. 또한 당질이 많이 감소하며 갈변반응이 충분히 일어나지 못한다. 이러한 점들을 고려해 최종 발효가 정해져야 하는데, 성형 시 반죽보다 부피가 4~5배로 팽창한 것, 크러스트 색상이 약간 노란 색을 띠며 광택이 있고, 적당히 습윤하며 손가락으로 누르면 가벼운 탄력이 있는 것이다. 말로는 간단하지만, 아직 최적 발효점을 객관적으로 평가할 방법은 없다. 빵 종류와 배합, 크기와 형태 등에 따라 기준이 다른 만큼 경험이 중요하다.

- 과도한 발효의 증상
  - 가스가 너무 많이 생성되어 형태를 유지할 수 있는 이상으로 팽창한다.
  - 기포벽이 붕괴되면서 크럼이 거칠어진다.
  - 생성된 가스가 외부로 유출되어 체적이 적어진다.

크루아상과 파이의 성형

크루아상은 일반 빵과 성형 방법이 다르다. 밀가루와 버터, 그리고 시간과 온도가 층층이 쌓여 만들어지는 구조물이다. 일반적인 빵이 하나의 반죽 덩어리로 부풀어 오른다면, 크루아상은 수십 겹의 얇은 막이 서로 밀어 올리며 완성된다. 그 중심에는 '라미네이팅(laminating)'의 과정이 있다. 차가운 버터를 반죽 사이에 넣고 밀대로 고르게 편 다음 접고, 다시 밀고, 또 접

파이와 크로아상의 접는 횟수에 따른 층수의 변화

접기	층수	공식
1	4	
2	10	
3	28	
4	82	$y= 3X+1$
5	244	
6	730	x: 접기 수 y: 총 층수
7	2,188	
8	6,562	
9	19,684	

는 반복의 연속이다. 한 번 접을 때마다 층은 세 배로 늘어난다.

크루아상은 보통 3절 접기를 하는데 3회 반복해 28층으로 만든다. 파이는 3절 접기를 6회 해 730층으로 만든다. 이처럼 층이 많이 만들어지는 것은 중간에 유지층이 들어가면서 층이 나뉘기 때문이다. 접는 횟수가 적은 크루아상은 유지량이 적어도 되지만, 접는 횟수가 많은 파이는 많아진 층을 기름층으로 분리하려면 그만큼 많은 유지가 필요하다. 그래서 파이는 반죽에 밀가루 중량 대비 75% 정도의 유지를 넣어야 하고, 크루아상은 50%만 넣어도 충분하다.

원리는 단순하지만, 파이가 제대로 성형되려면 밀가루의 탄성, 버터의 상태, 그리고 온도가 잘 맞아야 한다. 반죽이 너무 차가우면 버터가 잘 펴지지 않고, 버터가 너무 녹았으면 반죽에 섞여 기름층이 사라진다. 이상적인 상태는 버터가 단단하지만 부드럽게 눌릴 정도로 차가운 상태다. 그래야 버터가 반죽과 함께 고르게 펴지고, 각 층이 일정한 두께로 자리 잡는다. 냉장 보관해 사용하는 버터의 경우 반죽의 관리 온도는 5℃ 전후이다. 반죽과 버터의 온도 및 굳기가 비슷하지 않으면 반죽 접기 작업이 원활하게 진행되지 않는다. 반죽의 중심 온도를 5℃ 전후까지 내려야 할 필요가 있어서 빵 반죽은 냉장 발효(저온 장시간 발효)해야 한다.

크루아상이 진짜로 완성되는 시점은 오븐 안이다. 열을 받은 버터 속 수분이 수증기로 변하면서 층과 층 사이를 밀어 올리고, 이때 만들어지는 미세한 공간이 결을 형성한다. 겉으로는 단순한 부풂처럼 보이지만, 사실은 물리적 압력과 수분 증발이 만든 구조적 변화다. 이 과정이 잘 이루어져야 크루아상 특유의 가볍고 바삭한 식감이 생긴다.

버터는 풍미를 높이는 재료인 동시에 구조를 만드는 재료다. 버터의 수

분이 증발하며 반죽을 들어 올리고, 지방이 층 사이를 코팅해 서로 붙지 않
게 만든다. 이 균형이 무너지면 크루아상은 납작해지거나 기름이 과하게 배

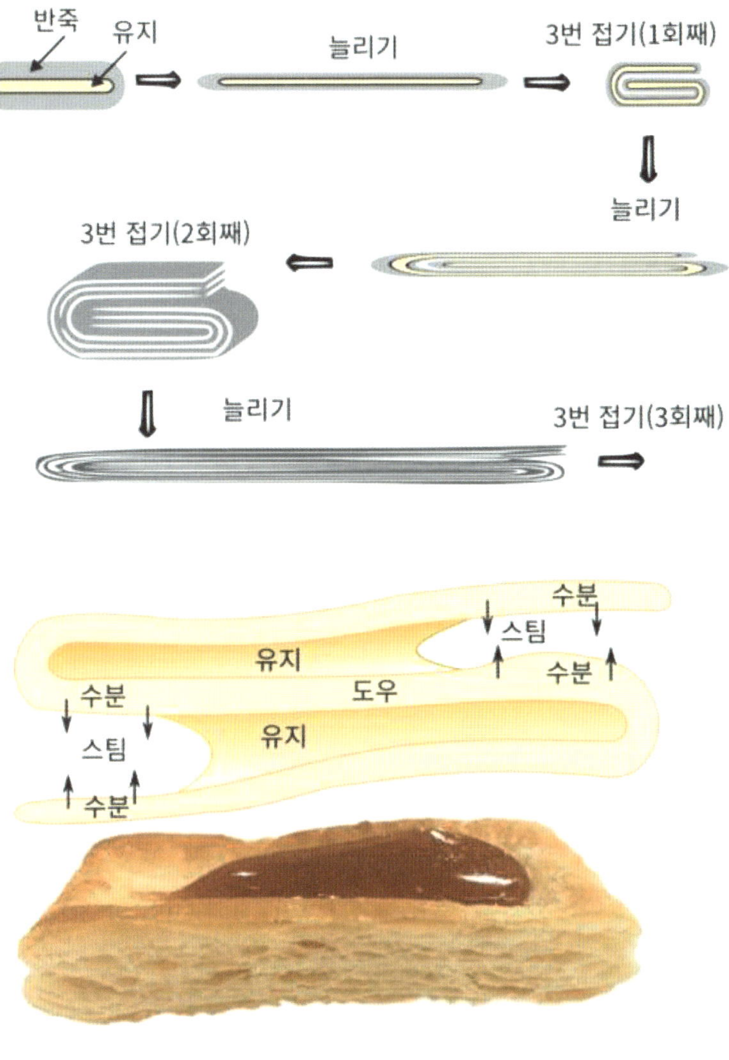

파이의 성형

어 나온다. 반대로 버터가 적절히 유지되면 얇은 층마다 미세한 막이 형성되어 구워질 때 고르게 팽창하고 표면이 균일한 황금빛을 띤다.

파이와 크루아상은 둘 다 반죽 자체는 기본적으로 린 계열 배합인데, 버터나 마가린을 반죽 속에 듬뿍 추가로 넣어서 그 풍미를 살리는 제조법이다. 구울 때 지방층을 구성하던 지방이 점점 녹아 반죽에 스며들어 농후한 풍미를 만든다. 여기에 완전히 가열되면 파이는 얇은 겹겹의 층이 전체적으로 수분이 없어서 바삭바삭해지고, 크루아상은 크러스트는 바삭하고 속은 촉촉한 식감이 된다.

이런 식감의 차이는 발효와 밀가루 차이에서도 나온다. 파이의 반죽은 발효하지 않고 크루아상은 발효한다. 그리고 크루아상 쪽의 반죽이 좀 더 수분이 많고 부드럽다. 그래야 발효 반죽이 더 잘 팽창하기 때문이다. 또 크루아상 반죽의 강력분 비율이 더 높은데, 크루아상 반죽이 보통 강력분:박력분=8:2이고, 파이 반죽은 강력분:박력분=5:5 정도다. 크루아상은 발효 반죽인 만큼 반죽의 가스 보유력을 높이기 위해 더 많은 글루텐이 필요하다. 그리고 크루아상에는 설탕, 탈지분유 등 부재료가 다소 들어간다. 당류를 소량 첨가하면 은근한 단맛을 주고 효모의 영양원도 되며 크러스트 색상의 개선에도 기여한다.

겉보기에는 가볍지만, 크루아상은 매우 계산된 구조를 가진다. 버터의 지방 함량, 반죽의 단백질 비율, 접는 횟수, 휴식 시간이 미세하게 연결되어 있다. 완성된 크루아상을 손으로 쪼갤 때 들리는 바삭한 소리는 단순한 식감의 신호가 아니다. 그 소리에는 밀대가 오간 횟수, 반죽이 쉬어간 시간, 버터가 녹아 증발하는 과정이 모두 담겨 있다. 얇은 층이 무너지며 공기와 향이 섞이는 순간, 크루아상은 하나의 완성된 구조로 제 모습을 드러낸다.

5장. 베이킹, 오븐의 시간

1. 베이킹의 원리

굽기 공정의 열전달

제빵의 마지막은 굽기(baking) 단계이다. 보통은 가열을 통해 가볍고 다공질의 빵을 만드는 일이다. 베이킹(baking)과 로스팅(roasting)은 둘 다 비슷한 공정이지만 전혀 다른 말처럼 쓰인다. 베이킹은 주로 빵에서 쓰이고, 로스팅은 요리 등 다른 식품에 쓰인다. 오븐도 원래는 식품 요리 장치가 아니고 내부를 뜨겁게 만들어 건조하는 장비였다. 약 5,000년 전에 진흙 벽돌을 건조하기 위해 발명되었는데, 마을과 도시 건설에 쓰다가 점점 식품에 활용한 것이다. 음식을 구우면 수분이 감소해 부패를 방지할 수 있다. 그러다 점차 빵을 굽는 것처럼 세련되게 활용했다.

굽기란 반죽을 가열해서 적적한 크러스트와 크럼을 가진 빵을 만드는 과정이다. 열의 종류와 열량 그리고 열의 전달 방법에 따라 결과가 달라진다. 빵을 굽는 오븐에는 전기 오븐과 가스 오븐이 있지만, 이들은 열원의 차이

일 뿐 어떤 방식이 더 낫다고 말하기 어렵다. 오늘날 오븐은 많이 발전해서 오븐 안의 기밀성과 열효율이 좋아지고 증기와 습열 투입도 가능해졌다. 이런 요소에 따라 빵의 품질이 달라질 수 있다.

오븐에서 열은 복사열, 대류열, 전도열로 전달된다. 복사열은 주로 원적외선에 의한 것으로 반죽의 윗부분을 비춰 빵의 크러스트 색상에 도움이 된다. 대류열은 오븐 중에 뜨거운 공기와 수증기에 의해 전달되는 열인데, 열량은 적지만 비교적 빵에 골고루 전달된다. 팬 등에 의해 강제로 대류를 시킬 때 효율이 좋아진다. 전도열은 주로 오븐 바닥을 통해 닿아 있는 빵 반죽의 바닥 부분에서 전달된다. 접촉 면적이 얼마나 넓으냐에 따라 전달량이 크게 달라진다.

굽기 초기에는 오븐 바닥의 전도열에 의해 많은 열량을 얻어 반죽의 오븐 스프링을 촉진한다. 중기에는 방사열에서 오는 원·근적외선의 상승효과로 반죽 윗부분 크러스트를 고르게 구워 색깔이 고루 나오게 할 수 있다. 후기에는 대류열에 의해 측면을 포함한 전체적 색깔을 조정하는 식으로 열이 작용하는 방식에 변화가 생긴다.

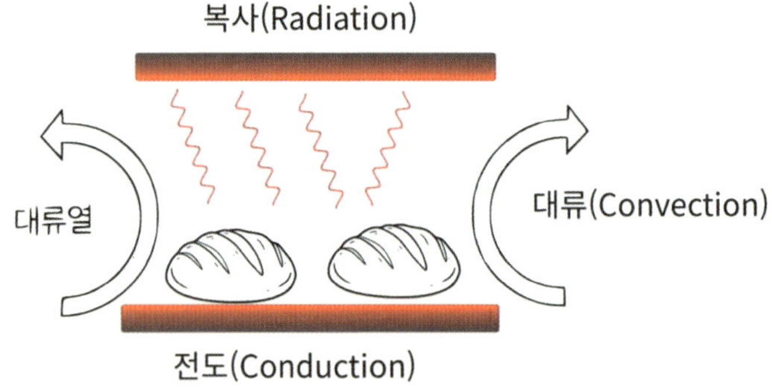

오븐의 열전달 방식

베이킹 단계에서 부품, 오븐 스프링(oven spring)

　최종 발효를 끝낸 반죽은 발효실의 온도(38~46℃)에 근접할 정도로 품온이 오르고 부풀게 된다. 이런 반죽을 오븐에 넣고 굽기 시작하면 처음 5~10분 동안 반죽이 빠르게 부풀어 올라 최종 부피가 된다. 이것을 '오븐 스프링(oven spring)'이라고 한다. 반죽의 내부 온도가 50℃가 되면서 유동성이 늘어나고, 반죽의 액체 부분에 녹아 있던 이산화탄소가 기화하기 시작해, 반죽 속의 기공(cell)이 커지면서 부피가 늘어난다. 효모와 효소의 작용은 온도가 올라갈수록 활발해져 더 많은 이산화탄소를 생성하지만, 60℃가 넘어가면 효모는 사멸하고, 내열성이 있는 효소의 기능은 더 활발해진다. 그만큼 빠른 속도로 이산화탄소가 만들어진다. 60~70℃ 정도에서 반죽은 급격하게 팽창한다.

　74~80℃에 도달하면 글루텐은 응고되고 전분은 호화되어 점도가 높아져

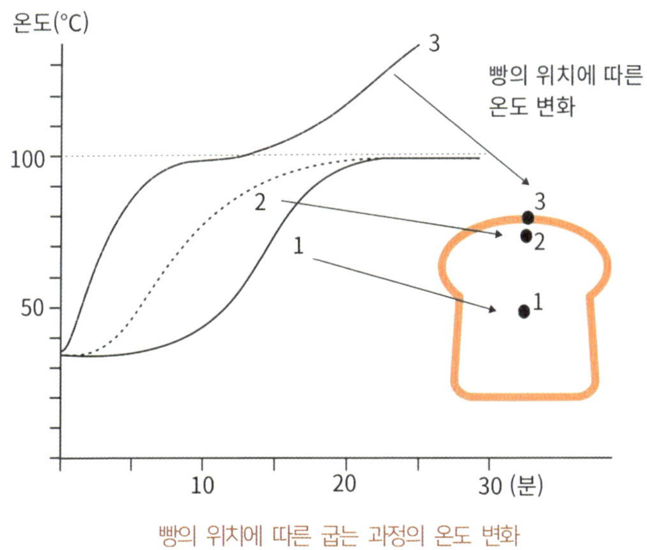

빵의 위치에 따른 굽는 과정의 온도 변화

팽창이 어려워지고 빵의 부피가 결정된다. 빵의 부피가 과도하게 부풀면 크럼에 구멍이 너무 큰 빈약한 빵이 되고, 반대로 너무 부풀지 않으면 크럼이 너무 치밀한 무거운 빵이 된다. 결국 오븐 스프링이 적절하게 잘된 빵은 반죽의 단계부터 굽기까지 전 과정이 제대로 이루어졌다는 증거이다.

베이킹 과정에서 성분의 변화

베이킹의 과정에서 일어나는 성분의 변화는 먼저 굽기 전에 반죽에서는 꾸준히 발효가 진행된다. 20~40℃ 정도의 반죽 안에서 효소에 의한 손상전분의 당화, 효모의 알코올발효 그리고 가스에 의한 글루텐의 늘어남과 부풀어짐이 일어난다. 특히 효모와 효소가 작용이 최대로 일어나는 45℃ 부근까지는 탄산가스가 폭발적으로 생성된다.

오븐에 넣고 굽는 과정에 반죽 온도가 40~60℃가 되면 글루텐이 급격히 부드러워지면서 쉽게 부풀 수 있는 조건이 된다. 반죽에 녹아 있던 이산화탄소가 기화하고, 글루텐에 부풀리는 압력을 가한다. 그래서 오븐 스프링이 일어나는 것이다. 효모는 45℃ 부근일 때 최대 활성을 보이다가 열변성으로 점점 불활성화되어 60℃ 부근에서 사멸한다.

반죽 온도가 60~70℃가 되면 글루텐 단백질의 열변성으로 응고가 시작되고, 전분 입자는 물을 흡수해 부풀기 시작한다. 또 손상전분에서 효소의 작용으로 만들어진 한계 덱스트린이 많은 물을 흡수해 빵 구조의 보강재 역할을 한다. 반죽 온도가 75℃ 전후일 때는 글루텐 단백질이 완전히 열응고한다. 전분의 호화로 더 이상의 팽창이 중단되고, 빵의 구조가 고정된다.

80℃가 넘으면 많은 수분이 글루텐에서 분리되고, 이 수분을 전분 입자가 흡수해 팽윤이 일어난다. 아밀로스가 전분 입자에서 빠져나와 표면에 겔

화되고, 전분 입자와 전분 입자 사이의 틈새를 메꾸는 연결 역할을 한다. 82~83℃일 때 전분 입자는 최대의 호화 상태가 되고 이 무렵에 오븐 스프링이 멈춘다. 그리고 효모에 의해 끝까지 소비되지 못하고 남은 말토스 등의 당류는 메일라드 반응과 캐러멜 반응에 사용되면서 크러스트에 색이 나타나기 시작한다.

반죽 온도가 85~95℃가 되면 크러스트의 색깔이 더 진해진다. 호화전분에 포함된 물도 수증기가 되어 방출되기 시작하고 전분의 외막이 굳는다. 95~96℃에서 자유수 대부분이 기화되고, 전분 입자는 고형화해 글루텐과 함께 스펀지 상태의 크럼을 형성한다. 이렇게 해서 빵이 완성된다.

빵을 200℃가 넘는 온도에서 구워도 내부 온도는 99℃를 넘지 못한다. 반죽에 자유수로 존재하는 수분이 증발하면서 많은 잠열을 가져가기 때문이다. 반죽에 수분이 47%였으면 굽는 과정에서 10% 정도가 감소해 37%가 남는다. 빵의 크럼에는 아직 증발할 수 있는 수분이 충분히 있는 것이다.

굽는 조건에 따른 굽기 손실(출처: 제과저빵 과학, 135p)

오븐 온도(℃)	굽는 시간	굽기 손실(%)	수분 함량(%)
217~232	23분	9.8	37
227~239	23분	10.1	36.5
210~271	23분	11.5	35.7

전분 호화가 오븐 스프링에 미치는 영향

전분은 반죽의 과정보다 굽기 과정에서 더 큰 변화와 영향을 준다. 전분이 호화되려면 물과 열이 필요하다. 먼저 전분은 물을 흡수해 부풀기 시작한다. 열을 가하면 전분 결정이 수화되고 부풀어 오르는 속도가 빨라진다. 물을 흡수해 40℃ 전후에서 전분의 결정 구조가 터지기 시작한다. 터진 전분 결정은 더 많은 물을 흡수해 더 빠르게 팽창한다.

온도가 51~60℃에 이르면 터진 전분 결정 속에 끼어있던 아밀로스 분자가 결정 밖으로 빠져나오고 점점 호화가 진행된다. 그러면서 점도가 증가한다. 온도 증가에 따라 점도가 빠르게 증가해 호화 온도에서 최고치에 이른다. 밀 전분의 호화 온도는 72℃인데 밀 품종, 손상전분의 양, 반죽에 넣은 유지의 유무에 따라 달라진다.

전분의 호화는 일종의 고분자 물질의 상전이 현상이다. 플라스틱 같은 고분자가 열을 받으면 어느 순간 딱딱한 상태에서 부드러운 상태로 상변화가 일어나는데, 전분도 워낙 거대한 폴리머이기 때문에 상전이와 비슷한 호화와 노화현상을 보인다.

전분의 호화는 빵 크기에 많은 영향을 준다. 고온의 오븐에서 빵 반죽 내부의 온도가 올라가면서 반죽 속에 갇힌 이산화탄소가 팽창해 반죽을 부풀어 오르게 한다. 반죽 내부 온도가 40℃에 이르면 오븐 스프링이 시작되며, 온도가 올라감에 따라 반죽의 물속에 녹아 있던 이산화탄소가 기화하면서 빵은 더 팽창한다. 액체가 기체로 변하면 그 부피가 1,000배 정도 커지기 때문이다.

이산화탄소와 수증기의 팽창이 지속되면 빵 반죽은 계속 부풀다가 한계를 넘는 순간 풍선 터지듯 뻥 터질 것이다. 하지만 빵 반죽이 그렇게 커지지 못하는 것은 전분 호화가 이런 팽창을 제한하는 힘으로도 작용하기 때문이다. 빵 반죽 내부 온도가 51~60℃에 이르면 전분의 호화가 시작되어 전분이 많이 호화될수록 점도가 높아져 반죽이 부푸는 것을 억제한다.

잘 구운 빵의 단면을 보면 크고 작은 기공이 보이고 기공 사이로 투명한 벽이 있다. 이 벽의 일부가 호화된 전분이다. 호화전분이 이런 벽을 형성해 이산화탄소가 빠져나가는 것을 막기도 하고, 반대로 빵 반죽은 너무 커지는 것을 억제하기도 한다. 손상전분은 정상 전분보다 호화 온도가 낮고 호화 속도는 더 빠르다. 따라서 손상전분이 많을수록 빠르게 점도가 높아져 빵의 부피가 작아진다.

오븐 스프링이 전분의 호화에만 전적으로 영향을 받는 것은 아니다. 글루텐의 특성, 밀기울의 양, 유지의 양, 충전물의 양 등 많은 요인이 영향을 준다. 반죽에 버터 등 유지가 들어가면 호화 온도는 일반 반죽보다 약간 높아진다. 유지가 전분 표면을 코팅하고 상호작용해 전분이 물을 흡수하는 것을 방해하기 때문이다. 그만큼 반죽의 팽창 시간은 길어지고 빵 부피가 더 커진다.

β-아밀레이스의 과도한 활성을 조심해야 하는 이유

전분분해효소는 오븐 스프링을 억제할 수 있다. 이 현상을 전분 공격(starch attack)이라고 한다. 정상 전분은 아밀로스와 아밀로펙틴이 단단한 전분 결정 안에 치밀하게 채워져 있기에 전분분해효소의 접근이 불가능하다. 하지만 전분이 호화되면 전분 결정이 풀어져 아밀레이스가 접근할 수 있게 된다. 더구나 반죽 온도가 올라가면 아밀레이스의 활성도 급격히 증가하여 70℃ 부근에서 최대가 된 후 80℃에서 활성을 잃는다. 보통의 효소는 50℃가 되기 전에 잃는 경우가 많은데 β-아밀레이스는 그 온도가 높은 편이다.

고온에서 아밀레이스의 활성이 높아지는 것은 고구마를 구울 때 일부러 β-아밀레이스 활성이 최대한으로 발휘되는 온도를 유지해 단맛을 높이는 방법으로도 알 수 있다. 효소는 온도가 10℃ 올라갈 때마다 반응 속도가 몇 배씩 증가한다. 온도보다 낮으면 효소의 활동이 미약하다가 온도가 올라 최적 온도에 도달하면 효소의 활동은 놀랍도록 빠르게 진행된다. 고구마의 온도를 60℃도 높여 30분 정도만 두면, 효소들이 탄수화물을 활발히 분해해 포도당 함량이 생고구마보다 6~8배나 증가하게 된다. 그래서 구울 때 훨씬 달콤한 고구마가 된다. 그렇다고 온도를 너무 올리면 효소(단백질)가 변성되어 그 기능을 잃는다.

빵에서 아밀레이스의 최대 활성 온도는 전분 호화 온도와 겹친다. 호화 온도에서 전분은 분해하기 쉬운 상태로 변하고 아밀레이스의 활성도 최대에 이르기 때문에 맹렬한 분해가 이루어진다. 전분은 반죽에서 점성을 부여해 팽창을 억제하는 작용도 하지만, 이산화탄소를 반죽 안에 가두어 반죽이 팽창할 수 있게 하는 역할도 한다. 그리고 겔처럼 굳어 빵 내부의 기공과 기공 사이에 벽을 형성해 형태를 고정하는 역할도 한다. 이렇게 형성된 벽은 봉긋한 빵 모양을 유지하는 힘이 된다.

그런데 아밀레이스에 의해 전분이 과도하게 분해되면 이런 벽을 만들지 못해서 부푼 반죽이 지탱해 줄 구조가 없어서 힘없이 주저앉고 만다. 결국 β-아밀레이스의 지나친 활성은 곤란한 것이다.

호밀빵과 글루텐프리 빵은 전분 공격에 취약하다. 이들은 글루텐이 부족해 그만큼 빵 속살 구조 형성에 전분의 역할이 크다. 더구나 호밀은 밀보다 아밀레이스가 훨씬 더 많아서 전분 공격이 훨씬 심하게 발생할 수 있다. 밀로 만든 빵은 전분 공격이 강하게 발생하더라도 글루텐 구조가 있으므로 빵이 완전히 주저앉지는 않는다. 하지만 글루텐 구조가 약한 호밀빵이나 글루텐프리 빵은 전분 공격이 많이 일어나면 빵 형태를 아예 만들지 못한다. 반죽의 pH 또한 아밀레이스의 활성에 영향을 주는데, pH 5.0에서 최대이다.

그래서 전분 공격으로 빵이 무너지는 현상을 방지하기 위한 몇 가지 방법이 있다. 먼저 아밀레이스의 활성을 억제하기 위해 반죽의 pH를 낮추는 방법이 가장 효과적이다. 아밀레이스 활성이 가장 높은 pH 5.0을 피해 사워도우를 사용해 pH를 낮추는 것이다. 호밀빵에 사워도우가 제격인 이유가 반죽의 pH를 낮추어 전분 공격을 억제하기 때문이다.

빵 반죽 내부 온도를 빠르게 올려 아밀레이스를 빨리 불활성화하는 것도 방법이다. 그래서 호밀빵 제조법에는 빵 반죽을 오븐에 넣을 때 먼저 온도를 높게 설정했다가 일정 시간이 지나면 온도를 낮추라고 되어 있다. 먼저 아밀레이스를 불활성화하고 온도를 낮추어 빵이 타는 걸 방지하기 위함이다.

재료 측면에서는 손상전분 양이 적은 가루를 사용하는 것도 방법이다. 손상전분은 호화 온도가 낮아 그만큼 아밀레이스에 의해 분해가 빠르게 진행된다. 아밀레이스 양이 많은 가루를 쓰지 않는 것도 방법이다. 호밀과 발아한 곡물은 아밀레이스 양이 많으니 주의해야 한다.

베이킹 과정에서 펜토산의 역할

빵을 굽는 과정에서 펜토산도 중요한 역할을 한다. 특히 호밀빵의 경우에 그렇다. 펜토산은 탄소 원자 5개로 된 오탄당의 폴리머 분자로 밀이나 호밀의 껍질 부위에 많다. 껍질에 많다는 것은 백밀보다 통밀에 많이 들어 있다는 뜻이다. 밀가루의 펜토산 함량은 1.5~2.5%이며, 밀기울에는 21% 정도의 펜토산이 있다. 호밀기울(bran)에 포함된 펜토산은 15%이며, 호밀가루는 3.15% 정도로 더 많다.

펜토산은 펜토산분해효소(pentosanase)에 의해 자일로스와 아라비노스 같은 오탄당으로 분해된다. 이들은 발효과정에서 미생물의 영양원으로 활용될 수 있다. 모든 미생물이 먹이로 활용하지는 못하고 이상발효 유산균 정도가 먹이로 활용한다. 펜토산분해효소는 pH 4의 산성 조건에서 가장 높은 활성을 보인다.

펜토산은 자기 무게의 4~10배의 물을 흡수할 수 있다. 정상 전분이 자기 무게의 30~40%의 물을 흡수할 수 있다는 점과 비교하면 엄청나게 높은 흡수율이다. 호밀 가루의 반죽이 더 많은 물을 흡수하는 이유도 펜토산의 높은 흡수력에 있다.

펜토산은 반죽이 구워지는 동안 전분과 비슷한 역할을 한다. 반죽의 점성을 높여 이산화탄소를 가두어 반죽이 부풀 수 있게 하고, 빵 속살의 구조를 형성한다. 글루텐 구조가 약한 호밀빵의 빵 속살 구조를 만드는 데 펜토산의 역할은 결정적이다. 글루텐프리 빵에 들어가는 잔탄검도 펜토산과 같은 역할을 한다. 펜토산의 점성이 너무 높으면 오븐 스프링이 적어지고, 반대로 점성이 너무 낮아도 이산화탄소 포집력이 떨어져 오븐 스프링이 제한된다. 따라서 펜토산분해효소의 활성을 조절해 적절한 점성을 유지하는 것이 중요하며, 이를 위해 일반적으로 반죽의 pH를 4.0보다 낮게 한다. 호밀빵을 사워도우로 발효하는 주된 이유이다.

펜토산의 효과는 글루텐에 비해 훨씬 적어서 호밀빵은 밀빵보다 덜 부풀고 결과적으로 부피가 더 작다. 따라서 호밀빵은 속살의 부드러움이 밀빵보다 못하고 더 딱딱하게 느껴진다. 전분이나 다당류 등으로 발효 중에 발생하는 이산화탄소를 포집해 오븐 스프링을 가능케 하지만, 그 효과가 글루텐 구조의 효과를 따라갈 수는 없다.

2. 빵의 맛과 향이 만들어지는 과정

갈변반응의 역할

달콤한 냄새와 함께 반짝반짝 황금색으로 빛나는 빵은 정말 매력적이다. 그런데 빵의 향이 다른 식품과 다르다고 향이 만들어지는 과정까지 다른 것은 아니다. 빵의 향은 커피를 볶거나 음식을 굽거나 튀길 때처럼 캐러멜 반응, 메일라드 반응 등을 통해 만들어진다. 단지 각각의 성분이나 비율이 다를 뿐이다.

수많은 식품이 가열을 통해 향기 성분이 만들어진다. 가열을 통해 미생물이 살균되고, 음식은 좀 더 소화하기 쉬운 형태로 변하고, 새로운 색과 향이 만들어진다. 가열은 실로 엄청난 화학적 변화이다. 향과 색이 변하고 심지어 물성마저 변한다.

가열로 일어나는 갈변반응 중에서도 향이 만들어지는 주반응은 탄수화물(당류)만으로 일어나는 캐러멜 반응과 당류와 단백질(아미노산)과 만나서 일

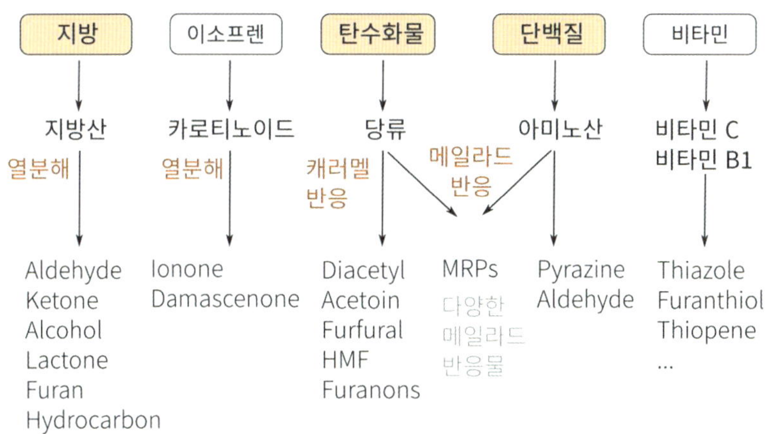

향기 물질의 주요 전구체와 반응 생성물

어나는 메일라드 반응이다. 식물성 재료는 탄수화물(당류)이 많아 가열 식품에는 캐러멜 반응이 기본적인 향미를 제공한다. 당류에 단백질(아미노산)이 참여하면 메일라드 반응으로 피라진류나 황 화합물 등이 만들어지는데, 이것들이 인류가 좋아하는 로스팅 향의 바탕이 된다. 이때 지방의 역할도 상당하다. 지방산이 분해되어 반응의 전구체가 되거나 향미 물질이 된다. 그리고 식물 대부분에 존재하는 카로티노이드의 분해가 일어나 향기 물질이 만들어진다. 카로티노이드의 분해로 만들어지는 향은 역치가 낮아서 적은 양으로도 향미에 일정 역할을 한다.

빵의 향에는 이런 반응 산물 말고도 에틸알코올, 아밀알코올, 이소아밀알코올 등의 휘발성 알코올이나 지방산과 유기산 그리고 산과 알코올이 탈수 결합한 에스터 물질 등도 큰 역할을 한다.

캐러멜 반응(분자 탈수)

캐러멜 반응은 아미노산의 개입 없이 당류만을 150℃ 이상 가열했을 때 일어나는 화학 반응이다. 이 반응을 통해 무색무취한 당에서 놀랍게 다양한 향이 만들어진다. 당을 고온으로 가열하면 분자의 형태가 변하면서 단맛은 줄어들고, 색과 향기 물질이 만들어진다. 그러다 지나치면 탄화로 쓴맛이 강해진다.

캐러멜 반응은 여러 단계를 거쳐 일어나는데 가장 기본적인 과정이 당류 분자에서 수분이 빠져나가는 탈수반응이다. 당류는 친수기가 많아서 물에 잘 녹아 맛 성분으로 작용한다. 분자 내 탈수가 일어나 친수기가 없어져야 물보다 기름에 잘 녹는 향기 물질이 된다. 과당을 ‘환원당(reducing sugar)’이라고 하는데, 분자 내에 알데하이드 구조가 있어 반응성이 크기 때문이다.

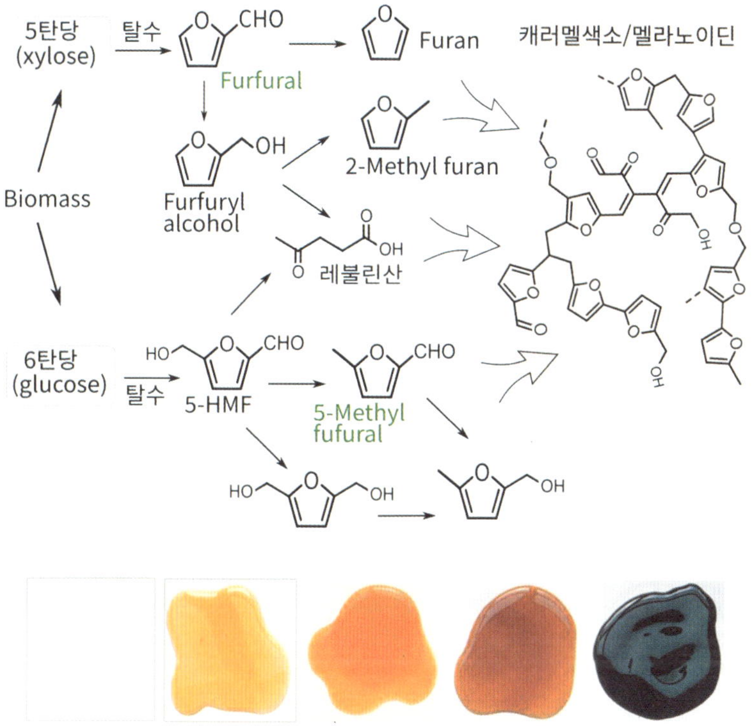

캐러멜 색소의 합성 과정(출처: 향의 언어, 2021)

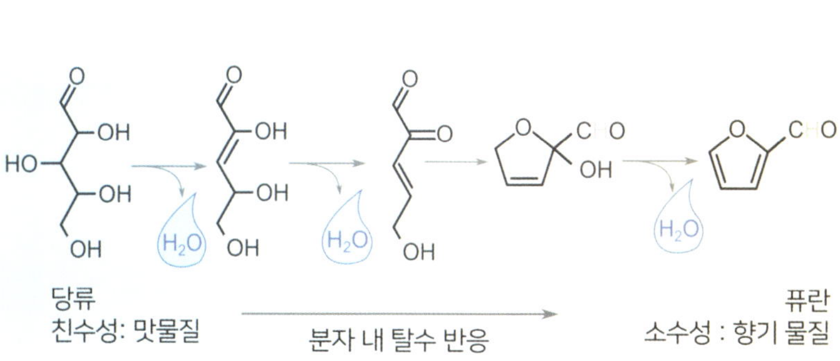

캐러멜 반응의 기본 기작

그래서 캐러멜 반응은 포도당과 설탕이 160℃, 맥아당이 180℃에서 일어나는 데 비해 훨씬 낮은 110℃에서도 일어난다. 캐러멜 반응의 향기 물질은 설탕을 물에 녹인 후 갈색이 될 때까지 가열해보면 쉽게 알 수 있다. 푸르푸랄 등 다양한 형태로 변형된 분자는 다른 분자와 이합집산을 거듭하면서 다양한 향기 물질이 된다.

캐러멜 반응으로 생기는 향은 여러 느낌을 주는데 단내, 버터와 우유 향, 과일 향, 꽃향기, 럼주 향, 구운 향 등이 대표적이다. 가열로 만들어지는 향기 물질 중 퓨란은 산소가 포함되어 역치가 낮아 강한 냄새가 나는 경우가 많다. 2-아세틸퓨란은 코코아, 캐러멜, 커피 등의 냄새이고, 푸라네올도 역치가 낮고 아주 달콤한 캐러멜 향과 딸기 느낌을 준다. 소톨론(sotolon) 또한 역치가 낮아 고농도에서는 스파이시하고, 희석을 많이 하면 메이플시럽 향이 난다. 소톨론의 유사체인 메이플 푸라논(maple furanone, abhexon)은 강하게 달콤한 캐러멜 향과 메이플 향을 주며 커피에도 중요하다. 노르푸라네올(norfuraneol)은 향은 유사하지만 역치가 훨씬 높아 향으로서의 역할은 떨어진다.

피라논은 푸라논과 유사한 경로로 만들어지며 강력한 달콤함을 준다. 말톨(maltol)이 가장 잘 알려져 있고, 사이클로텐(cyclotene)은 강한 캐러멜 향을 가지며 간장에서 중요하고 토피와 캐러멜 등의 향료 원료로 자주 사용된다. 캐러멜 반응으로 향뿐만 아니라 색소도 만들어지는데, 색은 알칼리일 때 특히 진하게 만들어진다.

메일라드 반응(아미노산 촉매 반응)

당류와 아미노산을 함께 반응시켜 향과 색을 만드는 것을 메일라드 반응이라고 한다. 이 반응의 구체적인 기작은 1910년에 들어서야 루이스 메일라드(마이야르)라는 화학자가 정리하기 시작했다. 메일라드 반응은 당류 중 알데하이드기가 있는 환원당이 단백질(아미노산)의 아민기와 결합하고, 일련의 계속된 반응을 통해 다양한 맛, 냄새, 색소 분자가 만들어지는 과정이다.

이 반응은 가열한 음식의 맛과 향의 근본이 된다. 구운 빵, 비스킷, 구운 고기, 연유, 커피, 군고구마, 군밤, 호떡, 튀김 등의 로스팅 향이 이 메일라드 반응으로 만들어진다. 이 반응은 100℃ 정도까지는 반응이 미약하고 이후 10℃가 높아질 때마다 반응 속도가 3배 정도씩 증가해 160℃ 정도에서 가장 활발하며, 이 이상의 온도에서는 당류와 아미노산의 결합이 어려워져 반응이 약해진다.

반응물(당류+아미노산)의 농도가 너무 낮거나 물이 많으면 반응이 잘 일어나지 않는다. 생선을 구울 때 표면의 물기를 제거해야 하는 이유이고, 빵을 만들 때 크러스트는 색과 향이 진하지만, 속살은 향이나 색이 약한 이유이기도 하다. 수분이 많으면 물이 기화되면서 많은 열을 빼앗기 때문에 품온이 잘 올라가지 않고 반응이 약해진다. 수분이 증발한 이후 반응이 본격적으로 일어난다. 산성에서 반응이 느리고 알칼리에서 반응이 빠르며, 설탕보다 단당류일 때 반응이 빠르고 육탄당보다 오탄당일 때 반응이 빠르다.

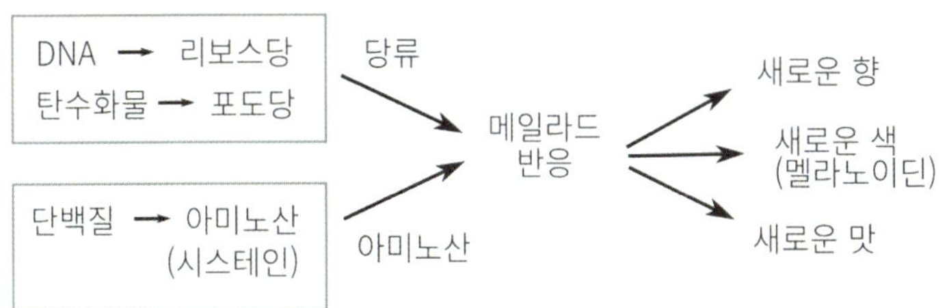

메일라드 반응 개요

반응의 시작은 포도당과 같은 당류가 아미노산과 결합하는 것이고, 아미노산과 결합하면 반응성이 훨씬 커져서 다양한 물질로 변환이 쉬워진다. 메일라드 반응은 열과 당류와 아미노산의 결합으로 효율적으로 많은 반응성 중간물질을 만들고, 이들이 이합집산하면서 다양한 향기 물질이 만들어지는 것이 핵심이다. 이 과정에 질소(N)와 황(S)이 작용하면서 향은 화려해지고 강력해진다. 질소를 포함한 피라진 물질은 내열성이 있어서 점점 축적이 일어나고, 황화합물은 역치가 낮아서 양에 비해 강력한 효과를 내기 때문이다.

빵의 주요 향기 물질

발효로 만들어지는 대표적인 물질은 알코올, 유기산, 이산화탄소 그리고 미량의 향기 물질이다. 유기산은 주로 신맛을 내지만 휘발성이 있는 것은 향으로 작용한다. 초산, 프로피온산, 뷰티르산, 이소뷰티리산, 발레스산, 이소발레르산 등이다. 에탄올뿐 아니라 이소아밀알코올 등 몇 가지 알코올류가 만들어진다.

발효향의 다양성은 에스터 계통의 향기 물질이 핵심적인 역할을 하는데, 에스터는 유기산과 알코올이 탈수 결합한 물질이라 종류가 다양하고, 유기산이나 알코올의 상태보다 역치가 훨씬 낮아 향이 강력하다. 이때 가장 많이 만들어지는 것이 아세트산과 에탄올이 결합한 초산에틸이다. 하지만 이 물질은 휘발성이 크고 역치가 커서 풍미에 큰 역할은 못한다.

빵에는 발효 중에 만들어지는 향기 물질도 있지만, 그래도 핵심은 빵을 굽는 과정에서 일어나는 캐러멜 반응과 메일라드 반응이다. 프롤린, 오르니틴, 시트룰린 같은 전구체에서 메일라드 반응으로 빵의 주 향기 물질인 2-아세틸 피롤린 등이 만들어진다. 2-아세틸 피롤린(2AP)은 특유의 방향성 쌀로 밥을 지을 때 나는 주 향기 물질이며, 갓 구운 빵 크러스트에도 많다. 이 물질뿐 아니라 2-아세틸 피롤, 2-아세틸 피리딘 등 유사한 분자들이 시리얼, 팝콘, 버터 같은 냄새를 낸다.

갓 구운 빵 냄새는 대부분 크러스트 부분의 냄새다. 메일라드 반응과 당질의 캐러멜화로 달콤하게 풍기는 향이 우리의 식욕을 자극한다. 크러스트의 맛은 주로 당질과 단백질의 열응고와 메일라드 반응, 캐러멜 반응으로 만들어진, 살짝 탄 냄새가 나면서 어렴풋이 단맛이 난다.

크럼 부분의 냄새는 크러스트의 냄새보다 약하지만, 원료의 향도 같이 섞여 있다. 사용하는 당류와 유지류에 따라 냄새가 달라진다. 유지류에는 버

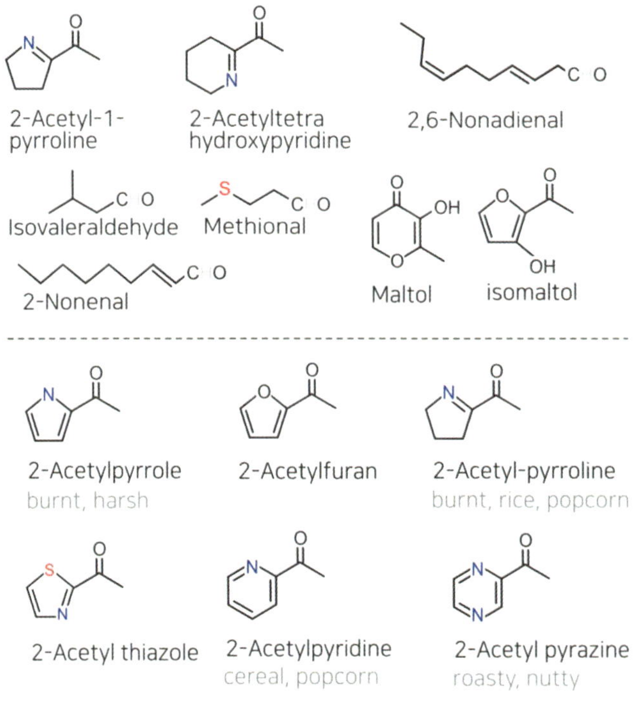

빵의 향기 성분과 싸이올 느낌의 향기 물질

터의 뷰티르산 등의 휘발성 지방산, 올리브유, 올레산 등 지방산에서 만들어
진 독특한 향이 있다.

일반적인 식빵이나 롤빵의 크럼 부분 냄새는 에탄올이 전체의 96% 이
상을 차지하며, 나머지 수십 종류 이상의 향기 성분이 극미량 포함되어 있
다. 그래도 에탄올 냄새는 다른 향기 물질에 비해 향의 강도가 워낙 약해서
주도적인 역할을 하지 못한다. 더구나 대부분 에탄올은 시간이 지나면 기화
하므로 빵 속에 길게 머물러 있지는 않다. 빵을 냉각해 여열이 가시고 몇
시간만 지나면 크럼의 향기 성분은 에탄올과 수분 증발과 함께 빵의 크러스
트 부분으로 이동해 전체적으로 분산된다.

한편 크러스트의 향기 성분은 빵이 봉지에 담겨진 단계에서 서서히 크러
스트의 안쪽에서 내부 크럼 부분 쪽으로 침투해간다. 빵 봉지에 담긴 지
12~24시간이 지나면 크러스트와 크럼의 냄새가 섞인다.

빵의 풍미에 영향을 주는 전구 물질 및 효과

성분	풍미에 기여하는 원리
원료 자체의 풍미	밀가루 풋내, 설탕의 단맛, 소금의 짠맛
전분, 당질	캐러멜 반응의 풍미
당질+아미노산	메일라드 반응, 밀가루/달걀/탈지분유
지방	지방의 열분해 산물
발효의 풍미	알코올, 유기산 향기 물질 (에스터, 케톤)

빵의 식감도 맛에 많은 영향을 준다

빵의 식감은 크러스트와 크럼이 다른데, 이들은 빵의 전체적인 기호도에 많은 영향을 준다. 크러스트의 식감은 반죽의 표면이 열을 받는 정도에 따라 강도와 두께감이 변한다. 크러스트가 얇으면 그만큼 열을 적게 받은 것이라 식감이 부드럽고, 두꺼우면 딱딱하게 느껴진다. 크러스트의 탄화가 진행되면 될수록 더 바삭바삭한 식감이 된다.

크럼은 글루텐으로 만들어진 무수한 셀이 있는데, 가열하면 남아 있던 수분이 증발하고 탄력 있는 스펀지 조직으로 변한다. 크럼의 탄력과 식감은 빵 반죽의 밀가루 종류(단백질의 많고 적음), 수분의 양, 혼합의 강약과 시간 등에 따라 달라진다. 이런 조직감의 차이는 단백질이 많은 밀가루를 써서 충분히 혼합한 반죽으로 구워진 빵과 단백질이 적은 밀가루로 약하게 반죽한 배합의 식감을 비교해보면 금방 알 수 있다. 전자는 탄력이 강해 쫄깃쫄깃하고 씹는 재미가 있는 식감인데, 후자는 바삭바삭 씹히는 경향이 있다. 어떤 것이 더 적합할지는 원하는 제품의 콘셉트에 따라 달라진다. 물성이 소비자가 기대하는 것과 다르면 향이 강한 불만의 원인이 될 수 있다.

3. 포장 및 보관 그리고 전분의 노화

냉각, 절단, 포장

오븐에서 꺼낸 빵은 먼저 적절하게 냉각한 후 절단하고 포장해야 한다. 절단하지 않는 빵도 마찬가지이다. 이때 습도가 중요한데, 너무 건조하면 껍질에 잔주름이나 갈라지는 현상이 발생한다. 상대습도가 75~85%인 환경이 적당하다. 공기의 흐름이 너무 적거나 많아도 불리하기 때문에 랙(rack)에 냉각시킬 때 빵 사이에 적당한 간격을 유지한다. 냉각에는 큰 제품은 1시간, 번과 롤처럼 작은 제품은 20~30분이 소요된다.

미생물은 빵이 구워지는 과정에서 살균되지만, 이후의 공정에서는 미생물의 오염 가능성이 증가한다. 그런 만큼 작업장의 청결이 중요하다. 내부 온도가 32~35℃까지 떨어지면 절단해 포장한다. 만약에 온도가 높으면 이후 수분의 응축이 일어나 곰팡이가 자라기 좋은 환경을 만들고, 크럼 조직이 약해서 절단면이 깔끔하지 못하다.

보관 중 품질 변화의 주범은 전분의 노화

호화된 전분(α-전분)을 실온에 방치하면 점차 굳어져서 β-전분으로 되돌아가는데, 이것을 전분의 '노화(老化, retrogradation)' 또는 β-화라고 한다. 냉장고에 밥, 식빵, 떡을 보관하면 며칠 지나지 않아 촉촉하고 윤기가 나던 원래의 모습을 잃어버리고 딱딱하고 거칠어져서 먹기가 불편해진다. 노화된 전분은 효소의 작용을 받기 힘들어 소화가 힘들다. 과거 어른들이 더운밥을 선호하던 이유이다. 전분의 노화는 소화율뿐 아니라 식품 고유의 향미와 조직감 등 전반적인 식품 품질을 떨어뜨리는 핵심 요인으로 작용한다. 세계적으로 빵의 5%, 떡류의 10%가 노화로 인해 폐기되고 있다고 한다.

신선한 빵 속 전분은 호화된 상태이다. 호화된 아밀로스와 아밀로펙틴 분자 곳곳에 물 분자와 결합하고 있다. 빵이 오븐에서 나와 식기 시작하면 아밀로스와 아밀로펙틴 분자에 붙어 있던 물 분자가 서서히 빠져나와 크러스트로 이동하면서 속이 점점 마르기 시작한다. 바삭하던 크러스트는 눅눅해져 질겨지고, 다시 공기 중으로 빠져나가면서 껍질마저 마르게 된다.

빵의 노화는 전분의 아밀로스와 아밀로펙틴이 원래의 모습으로 돌아가 재결정화되는 것을 의미한다. 호화된 상태는 고온으로 운동성이 증가해 틈이 벌어지고, 그 사이에 물이 들어 있는데 강제로 벌어진 상태라 언제든 원래의 상태로 돌아가려고 한다. 그렇다고 완전히 처음 상태로 돌아가는 것은 아니다. 전분의 호화 과정에서 전분 입자 밖으로 빠져나온 아밀로스는 입자 안으로 되돌아가지 못하고 입자 표면에 붙어 치밀한 결정 형태가 된다.

전분의 일반적인 노화 요인

노화는 전분이 많은 식품에서 품질을 악화하는 주범이다. 따라서 노화의 요인을 알고 줄이는 기술이 필요하다.

- 전분의 종류: 옥수수와 밀 전분은 노화되기 쉽고, 감자, 고구마, 타피오카 전분은 노화되기 어려우며, 찰옥수수 전분은 노화되기 가장 어렵다. 이것은 전분 분자의 구조와 아밀로펙틴의 함량 차이 때문이다.

  밀 전분은 아밀로스가 26~28%, 아밀로펙틴이 72~74%이고, 멥쌀의 아밀로스 비율은 18~21%이고, 찹쌀에는 아밀로스가 없다. 찹쌀떡이 오래도록 촉촉하고 부드러운 이유는 노화가 느린 아밀로펙틴만 있기 때문이다. 최근 호주에서는 아밀로펙틴만 있는 찰밀이 개발되었다. 찰기를 좋아하는 아시아 국수 시장용으로 개발했다는 후문이다.

- 아밀로스 함량: 아밀로스는 분자의 크기가 작고, 가지 구조가 없어서 노화 조건에서는 아밀로스끼리 뭉쳐 결정 구조가 되기도 쉽다. 그만큼 호화와 노화의 변화가 빠르고 심하다. 노화된 빵을 95℃로 재가열하면 아밀로펙틴 겔은 원래 상태로 회복해도 아밀로스 겔은 회복되지 않는다. 아밀로펙틴은 가지구조가 많은 거대 분자이고 그만큼 움직일 때 입체적 방해를 받아 거동이 어려워 노화도 힘들다. 찹쌀밥이 멥쌀밥보다 노화가 더 늦게 일어나는 것은 찹쌀 전분이 아밀로펙틴으로만 구성되어 있기 때문이다.

- 온도: 온도가 높을수록 분자의 운동이 활발하므로 노화가 지연된다. 일반적으로 60℃ 이상의 온도에서는 노화가 거의 일어나지 않는다. 노화가 가장 잘 일어나는 온도는 냉장 온도로 0℃에 가까울수록 빨리 일어난다.

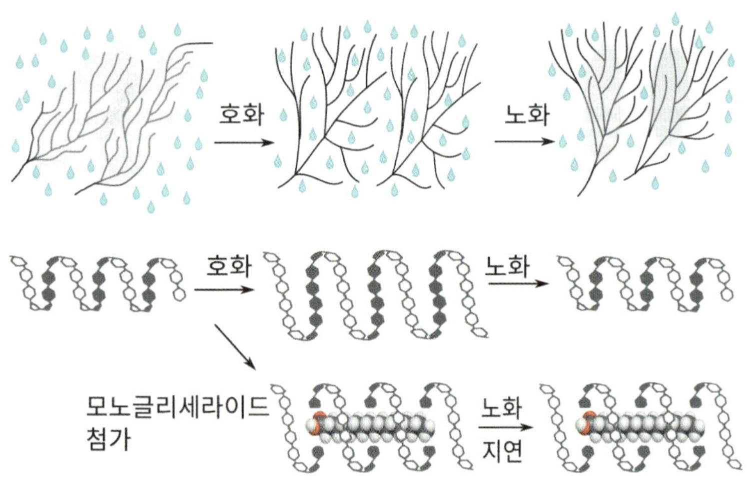

전분의 호화와 노화에 따른 구조의 변화

빵을 30℃ 이상에서 보관하면 20℃에 보관하는 것보다 노화가 2~4배 느리다.

반면 -20~-30℃의 냉동상태에 이르면 노화현상은 다시 크게 억제된다. 온도가 내려가면 물 분자의 운동과 전분 분자들의 운동이 억제되기 때문이다. 밥이나 빵은 냉장 보관하는 것보다 얼리거나 상온에 보관하는 것이 유리한 이유이다.

- 수분 함량: 전분의 노화가 가장 잘 일어나는 수분 함량은 30~60% 정도다. 수분이 너무 많으면 전분 분자가 서로 만나기 어렵고, 수분이 적으면 전분 분자가 움직이기 힘들어 노화가 어렵다. 중간 정도의 수분에서 노화가 잘 일어난다.
- pH: 알칼리성에서는 분자 간의 반발력이 커져서 용해도가 높아지고 노화가 지연된다. 일반적으로 pH가 7 이상인 알칼리성 용액에서는 노화가 잘 일어나지 않는 것으로 알려져 있다. 약산은 노화에 별 영향을 주지 않지만, 강산성 물질은 노화를 촉진하는 것으로 알려져 있다.
- 공존 물질의 영향: 각종 유기 및 무기 이온은 노화에 영향을 미친다.

노화의 억제 방법

빵의 노화는 피할 수 없지만, 어느 정도 지연시킬 수는 있다. 수분을 낮추는 방법, 수분의 이동을 제한하는 방법, 동결로 분자의 운동을 억제하는 방법 등이 해결책이다. 이것 말고도 전분 일부(10~30%)를 변성전분으로 대체하는 법, 내열성 균주로부터 분리한 가수분해효소 또는 가지화효소를 처리해 전분 구조를 변형시키는 방법, 증점다당류, 유화제, 폴리페놀, 당알코올, 올리고당, 단당류 등의 첨가물을 활용하는 방법이다.

▷ **수분 함량의 조절:** 전분의 노화는 수분 함량이 30~60%에서 가장 잘 일어나므로, 수분을 줄이는 방법이 광범위하게 이용되고 있다. 알파화된 전분의 수분을 15% 이하로 탈수하면 노화는 효과적으로 억제되며, 10% 이하에서는 노화가 거의 일어나지 않는다. 라면, 비스킷, 건빵류 등이 알파 형태로 존재하나 오랫동안 두어도 노화가 잘 일어나지 않는 이유이다.

빵을 잘게 잘라 바짝 굽는 러스크나 비스코티를 생각하면 이해가 쉽다. 이들이 시간이 지나도 바삭함을 유지하는 것은 빵에 있는 수분을 제거해 전분이 고정된 상태가 유지되기 때문이다.

▷ **냉동:** 전분의 노화는 냉동 시 지연되어 −20℃ 이하가 되면 노화가 거의 일어나지 않는다. 요즘은 식구 수가 줄면서 밥을 1인분씩 나누어 냉동 보관하고, 필요할 때 전자레인지로 재가열해 사용한다. 빵도 빨리 소비하기 힘들 때는 냉동 보관하는 것이 유리하다.

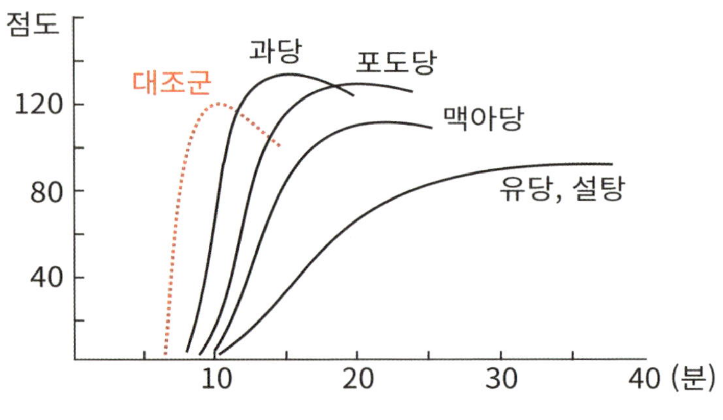

5% 옥수수 전분에 당류별 노화 지연 효과

▷ **수분의 이동 제한:** 유지, 유기산, 저분자당, 식이섬유 등은 전분의 재결정화를 지연하는 효과를 낸다. 전분 입자를 코팅한 유지는 물 접근성을 떨어뜨려 호화를 지연한다. 유지가 많이 들어간 브리오슈나 식빵이 바게트에 비해 촉촉함과 부드러움이 오래 유지되는 이유이다.

통밀에 풍부한 식이섬유와 사워도우 발효과정에서 유산균이 만드는 젖산과 초산 등 유기산은 높은 친수성으로 물 분자를 붙잡아 전분 분자로 이동하는 것을 막는다. 그만큼 전분 재결정이 지연되고 노화도 지연된다. 덱스트린은 사워도우 발효과정에 만들어지는 포도당이 20개 이하 연결된 올리고당이다. 이들은 아밀로스와 아밀로펙틴 분자와 결합해 전분이 원래의 치밀한 결정구조가 되는 것을 방해해 전분의 노화를 지연한다. 사워도우빵이 제빵효모로 발효한 빵보다 신선함이 오래가는 이유이다.

- 설탕 등의 첨가: 설탕같이 물을 잘 붙잡는 물질을 넣으면 물의 움직임을 억제해 건조한 것과 같은 효과를 가진다. 양갱은 30~60%의 수분을 가지고 있어 노화가 잘 일어날 수 있는 조건에 있음에도 불구하고, 장기간 저장해도 맛이나 소화성이 저하되지 않는 것은 다량의 설탕이 수분을 붙잡기 때문이다.
- 유화제의 사용: 몇 가지 유화제는 전분이 다시 결정 상태로 돌아가는 것을 억제해 노화를 방지하는 데 효과가 있다. 선형 모노글리세리드 분자들이 호화된 전분의 벌어진 틈으로 들어가면 전분이 다시 원래대로 단단한 결정 상태로 돌아가는 것을 지연한다.

스테아린산과 같이 직선 형태의 포화지방산으로 된 모노글리세리드가 꺾인 형태의 불포화지방으로 만들어진 모노글리세리드보다 좀 더 전분의 노화

지연에 효과적이다. 같은 기름도 경화유가 불포화결합의 꺾인 구조를 직선 구조로 바꾼 것이라 더 효과적이다.

직선형은 포화지방으로 융점이 높아 직접 반죽에 첨가할 때 어려움이 있다. 그래서 미리 3배 정도의 물을 혼합한 유상액 형태로 활용하기도 한다.

노화된 빵을 다시 살려낼 수도 있다. 전분의 노화가 가역 반응이기 때문이다. 즉 노화된 전분을 다시 호화할 수 있다. 가장 많이 쓰는 방법은 두 가지다. 하나는 물을 뿌리고 다시 굽는 것이고, 다른 하나는 토스팅이다. 아주 조금 넣는 물이 뜨거운 오븐 안의 빵에 닿으면 전분이 호화되면서 속살이 부드러워진다. 반대로 크러스트는 오븐의 고온에서 더 건조되어 바삭해진다. 마치 갓 구운 빵처럼 '겉바속촉'이 되는 것이다. 토스팅을 할 때도 '속촉'을 원한다면 팬에 물을 약간 뿌리고 빵을 구우면 된다.

유화제의 형태별 아밀로스 결합 효과

유화제 형태	아밀로스 복합체
증류 모노글리세라이드	
- 팜경화유 기반	92
- 대두경화유 기반	87
- 팜유 기반	35
- 대두유 기반	28
모노글리세라이드 50% (팜경화유)	42
PG 모노스테아레이트	15
솔비탄 모노스테아레이트	18
폴리솔베이트 60	32
스테아릴젖산나트륨	72
레시틴(대두유 추출)	16

PART IV
빵의 기술과 동향

1장. 빵의 기술에 관한 궁금증

계량: 밀가루 100을 기준으로 배합표를 작성하는 이유는?

빵의 배합표에는 '베이커스 퍼센트(baker's percent)'가 쓰인다. 밀가루 100을 기준으로 각 재료의 양을 표시하는 방법이다. 이런 방식은 소규모 제과점, 개발실, 교육기관에서 많이 사용한다. 그만큼 밀가루가 중심이 되고,

원료	Baker's %	True %
밀가루	100	57.14
물	58	33.14
효모	2	1.14
이스트 푸드	0.5	0.29
소금	2	1.14
설탕	5	2.86
쇼트닝	3.5	2.00
탈지분유	4	2.29
합계	175	100.00

밀가루 100에 물을 얼마만큼 넣을 것인지, 소금은 얼마만큼 넣을 것인지 명확해서 수치를 기억하기 쉽다.

이것은 필요에 따라 일반적인 퍼센트(true percent, 참 퍼센트) 단위로 바꾸어야 한다. 120g 빵 5,000개를 생산하는데 필요한 재료의 양처럼 주문량에 따라 재료량을 정확히 계산할 필요가 있을 때는 참 퍼센트로 계산하는 것이 편리하기 때문이다. 제과제빵에 베이커스 퍼센트가 유용한 것은 그만큼 밀가루가 중심이 되는 제품이기 때문이다.

빵을 만들기 좋은 환경은 어떤 모습일까?

빵의 품질은 재료뿐 아니라 작업 환경에 크게 영향을 받는다. 온도, 습도, 공기 흐름, 위생 상태, 작업 동선 등은 반죽의 발효와 구움 상태를 결정짓는 핵심 요인이다.

▷ **온도 관리**

이상적인 작업실 온도는 약 24~26℃이다. 온도가 너무 낮으면 반죽의 발효 속도가 느려지고, 효모의 활동이 불균일해진다. 반대로 30℃를 초과하면 과발효가 일어나거나 산미가 생길 수 있다. 반죽 온도는 26~28℃를 목표로 물 온도 조절과 혼합 시간 조절로 이를 맞춘다.

▷ **습도 관리**

습도는 반죽의 수분 유지와 표면 건조에 직접적인 영향을 미친다. 작업실의 상대습도는 70~80%가 적정하다. 습도가 낮으면 반죽 표면이 빠르게 마르고, 발효 중 균일한 팽창이 어렵다. 반대로 습도가 지나치게 높으면 반죽이 늘어지고 점착성이 강해진다. 성형 과정에서 작업자가 다루기 어려워지며, 굽는 동안 표면이 매끄럽지 않게 된다.

▷ 공기 흐름과 위생

작업장은 통풍이 잘되고, 직접적인 바람이 반죽에 닿지 않도록 해야 한다. 공기 흐름이 일정하지 않으면 발효실 내부의 온도 편차가 생기고, 제품의 부피나 색상이 불균형해진다. 그리고 조명과 작업 동선, 설비와 청결 유지 등이 중요하다.

배합비 속 '달걀'은 어떤 크기를 기준으로 할까?

과거에는 배합비에 부피나 개수를 많이 사용했지만 정확한 제빵을 위해서는 모두 '무게'를 기준으로 계량하는 것이 바람직하다. 예를 들어 제빵이나 제과 배합비에는 '달걀 1개'라는 표현이 자주 등장하지만 나라에 따라 1개의 무게 기준이 다를 수 있다. 우리나라의 일반 유통 기준에서 달걀은 다음과 같이 분류된다.

특란(70g 이상), 대란(60~69g), 중란(52~59g), 소란(45~51g).

일반적으로 배합비에 명시된 '달걀 1개'는 중란(55g 전후)을 기준으로 한다. 이는 껍데기를 포함한 전체 무게이며, 실제 내용물은 약 50g 정도다. 제과·제빵 분야에서도 중란이 가장 보편적인 단위로 사용된다.

달걀에는 약 75%의 수분과 12%의 단백질, 10%의 지방이 포함되어 있어 달걀의 크기가 커질수록 반죽의 질감이 묽어지고, 작을수록 되게 변한다. 같은 '1개'라도 특란을 사용할 때는 중란보다 수분이 약 10~15% 더 들어가 반죽이 늘어지거나 부피가 과도하게 커질 수 있다. 반대로 소란을 사용할 때는 반죽이 단단해지고, 완성 후 질감이 퍽퍽해질 수 있다. 노른자와 흰자의 비율도 크기에 따라 약간 달라진다. 보통 노른자는 약 18g, 흰자는 약 32g 정도이다. 제과 배합비에서 '노른자 3개' 또는 '흰자 2개' 등으로 분리 지시가 있을 때는 중란 기준을 적용하는 것이 기본이다.

달걀의 크기는 단순한 크기 차이가 아니라, 반죽의 수분·지방·단백질 비율을 결정짓는 중요한 변수다.

반죽은 오래 칠수록 좋을까?

처음 반죽을 시작했을 때는 기준을 알 수 없었다. 어떤 사람은 오래 치대야 부드럽다고 하고, 또 어떤 사람은 너무 오래 하면 질겨진다고 했다. 반죽을 누르고 접고 밀다 보면 점점 글루텐이 형성된다. 하지만 반응은 원하는 방향으로 계속 누적되는 것이 아니다. 원하는 것과 반대 방향의 파괴도 일어난다. 글루텐이 형성되는 과정에서 이미 완성된 글루텐은 파괴가 일어나기 시작한다.

결국 중요한 것은 '얼마나 오래'보다 '어떻게' 치대느냐다. 덜 치대면 구조가 약해 기포가 새어 나가고, 너무 오래 하면 글루텐이 조여 질기고 뻣뻣해진다. 특히 단백질 함량이 높은 강력분이나 수분이 많은 반죽일수록 이런 변화에 민감하다. 반죽이 단단해지고 질겨지는 이유는 과도한 손놀림 때문이다. 따라서 제빵의 핵심은 오래 치대는 것이 아니라, 적절한 시점에 멈추는 것이다.

숙련된 베이커는 반죽을 손끝으로 읽는다. 손바닥의 온도, 반죽이 밀릴 때의 저항감, 표면의 윤기와 탄성 등이 모두 판단의 기준이 된다. 반죽을 늘렸을 때 얇게 퍼지면서도 찢어지지 않고, 그 안으로 빛이 비칠 정도라면 완성에 가깝다.

반죽은 우리의 막연한 희망에 반응하지 않는다. 지극히 물리적 원리와 화학적 반응의 결과이며, 일정 수준을 넘어서면 오히려 구조가 무너진다. 따라서 좋은 반죽은 많이 친 반죽이 아니라, 멈출 줄 아는 반죽이다. 결국 빵을 만든다는 것은 재료의 특성과 균형을 조율하는 일이다. 힘을 얼마나 주느냐 못지않게 언제 멈추느냐가 중요하다. 적당한 압력과 시간이 조화를 이루어야 좋은 식감이 만들어진다.

글루텐 형성이 과도하면 무슨 일이 벌어질까?

밀가루에 물을 넣고 손으로 섞기 시작하면 처음에는 질척하고 흐물거리던 반죽이 점점 쫀득해지고 탄력이 생긴다. 손끝으로 눌러보면 말랑한 저항이 느껴지고, 일정 시간이 지나면 반죽이 스스로 형태를 잡기 시작한다. 반죽의 과정에서 생성된 글루텐은 반죽 속의 공기를 잡아두는 역할을 하며, 효모가 만들어내는 기체가 새지 않도록 잡아준다. 덕분에 빵은 고르게 부풀고, 속살은 부드럽고 쫄깃한 식감을 얻게 된다.

반죽을 오래 치댈수록 글루텐 구조는 강해진다. 하지만 일정 수준을 넘으면 오히려 질기고 딱딱해지거나 심지어 반죽이 망가지는 단계까지 진행될 수 있다. 반대로 충분히 치대지 않으면 글루텐의 결합이 약해져 기포를 잡지 못하고, 결과적으로 빵이 제대로 부풀지 않는다. 따라서 중요한 것은 치대는 강도나 시간보다 적절한 시점에 멈추는 것이다. 그리고 너무 세게 다루거나 너무 일찍 멈추는 대신 반죽이 스스로 안정될 시간을 주는 것이 중요하다. 빵을 만든다는 것은 단순히 재료를 섞는 일이 아니라, 손끝으로 반죽의 변화를 읽고 조율하는 과정이다.

물론 모든 빵이 같은 강도의 글루텐이 필요한 것은 아니다. 치아바타처럼 부드럽고 촉촉한 빵은 약한 글루텐이 어울리고, 바게트처럼 기포가 크고 단단한 빵은 강한 글루텐이 필요하다. 반죽의 목적과 질감에 맞는 '균형'이 중요하다. 글루텐의 형성은 손으로 확인하는 것이 가장 확실하다. 반죽을 밀 때의 저항감, 표면의 매끄러움, 손끝에서 느껴지는 탄성이 그 기준이 된다.

발효: 1막과 2막의 역할은 무엇일까?

빵을 만들 때 반죽을 만들고 1차 발효를 한다. 그리고 모양을 잡아 다시 2차 발효를 하고 굽는다. 그런데 왜 발효는 나누어서 할까? 한 번으로는 안 되는 것일까? 당연한 의문이다.

빵은 그 두 번 발효의 기다림 속에서 제맛을 갖추어 간다. 겉보기에는 단순히 반죽이 부풀어 오르는 과정 같지만, 그 안에서는 향과 질감 그리고 구조가 천천히 완성된다. 1차 발효는 빵이 '숨을 쉬기 시작하는' 단계다. 밀가루 반죽 속의 효모가 당을 분해하며 이산화탄소와 알코올을 만든다. 이산화탄소는 반죽 내부에 기포를 만들고, 글루텐이 그 기포를 잡아당기며 반죽을 서서히 부풀게 한다. 그 시간 동안 눈에는 보이지 않게 맛과 향의 기반이 만들어진다. 효모가 생성하는 유기산과 향기 물질이 쌓이면서 반죽은 점점 고소하고 깊은 향을 띠게 된다.

2차 발효는 형태와 식감을 다듬는 단계다. 1차 발효를 마친 반죽은 성형 과정에서 한 번 눌리며 내부 기포가 일부 꺼진다. 이 상태로 바로 구우면 겉은 부풀지만 속은 텅 비거나 질감이 불균일하다. 그래서 반죽은 한 번 더 숨을 고르며 내부 구조를 안정시킨다. 눌러진 기포를 되살리고, 반죽의 긴장을 풀어 표면을 부드럽게 만드는 시간이다. 충분히 발효된 반죽은 속이 좀

촘하고 결이 고르며, 굽는 동안 균일하게 팽창한다.

많은 사람이 효율을 추구한다. 하지만 발효는 단순히 부풀리는 단계가 아니라, 향과 식감을 형성하는 숙성의 시간이다. 기다림이 부족하면 향이 단조롭고 속이 메마르게 되고, 충분히 기다리면 특별한 기교를 부리지 않아도 풍미가 깊어진다. 발효는 결국 기다림의 기술이며, 그 기다림이 빵을 완성한다.

벤치 타임(bench time), 잠시 쉬어가는 시간이 만들어 내는 것들

배합비 중간에 이런 문장을 자주 보게 된다. '벤치 타임 15분.' 처음엔 그저 쉬는 시간처럼 느껴진다. 반죽을 덮어두고 잠시 커피를 마시거나, 오븐을 예열하는 동안의 짧은 여유 정도로 생각하기 쉽다. 하지만 이 짧은 시간이 빵의 질감과 모양을 좌우한다. 작업대(bench) 위에 올려놓고 아무것도 하지 않는 그 몇 분 동안, 반죽은 조용히 균형을 회복한다.

1차 발효를 마친 반죽은 이미 내부에서 큰 변화를 겪은 상태다. 효모가 만든 기포 때문에 부풀었고, 글루텐은 팽팽하게 당겨져 있다. 여기에 분할이나 둥글리기 같은 작업이 더해지면 반죽은 긴장하고, 내부 조직이 잠시 경직된다. 이 상태에서 바로 성형에 들어가면 글루텐이 늘어나지 않아 찢어지거나 표면이 거칠어진다. 벤치 타임은 이런 긴장을 풀어주는 시간이다. 반죽이 다시 숨을 고르고, 글루텐 조직이 느슨해지면서 성형이 한결 부드러워진다.

이 시간 동안 반죽 내부에서는 또 다른 조정이 일어난다. 분할 과정에서 생긴 수분과 온도 차이가 서서히 정리된다. 표면에 증발했던 수분이 다시 스며들고, 내부 온도가 고르게 퍼지면서 반죽의 결이 안정된다. 겉보기엔 아무 일도 일어나지 않지만, 내부에서는 끊임없이 작은 변화들이 이어지고 있다. 결국 벤치 타임은 휴식이 아니라 다음을 준비하는 시간이다. 반죽이 조용히 스스로를 정돈하고, 굽기 전 마지막으로 형태를 가다듬는 과정이다. 겉으로는 아무 일도 일어나지 않는 것 같지만, 그 몇 분이 빵의 식감과 결을 다르게 만든다.

발효에 온도와 습도는 어떤 영향을 줄까?

빵을 같은 재료, 같은 배합비, 같은 오븐을 써서 만들어도 결과가 완전히 달라질 수 있는 것은 시간, 온도, 습도 차이 때문이다. 이 세 가지는 제빵의 기본이자, 결과를 결정짓는 가장 중요한 변수다.

반죽을 치대는 시간, 발효하는 시간, 굽는 시간은 모두 맛과 식감에 직접적인 영향을 준다. 발효 시간이 너무 짧으면 향이 충분히 형성되지 않고, 너무 길면 신맛이 강해지며 조직이 약해진다. 따라서 배합비에 적힌 '몇 분'보다 중요한 것은 반죽이 어떤 상태에 도달했는지 관찰하는 일이다.

온도는 시간의 흐름을 조율한다. 반죽 온도가 1~2℃만 달라져도 효모의 활성도와 글루텐의 형성 속도가 달라진다. 특히 버터가 포함된 반죽은 온도가 약간만 높아도 버터가 녹아 결이 무너진다. 일반적으로 반죽의 적정 온도는 26~28℃ 정도로써 이 범위에서 가장 안정적인 결과가 나온다. 굽는 온도 역시 중요하다. 온도가 너무 낮으면 껍질이 제대로 형성되지 않고, 반대로 높으면 겉만 타고 내부가 익지 않는다.

습도 또한 제빵의 완성도를 결정짓는 요소다. 습도가 낮으면 표면이 마르고 내부가 충분히 팽창하지 않는다. 반대로 습도가 높으면 형태가 흐트러지고 식감이 눅눅해질 수 있다. 이처럼 적절한 습도는 빵의 구조를 안정시키며, 크러스트와 크럼의 질감을 동시에 조절한다. 일반적으로 75~85%의 습도가 이상적이며, 이 범위에서 오븐 내 스팀이 적절히 유지될 때 바삭한 껍질과 부드러운 속살이 만들어진다.

반죽과 발효에 따른 풍미의 차이는 어디에서 비롯될까?

빵은 밀가루, 물, 소금, 효모 이렇게 단순한 네 가지 재료로 만들 수 있지만, 제빵에서 중요한 것은 '무엇을 넣었는가?'보다 '어떻게 만들었는가?'이다. 빵을 만드는 가장 기본적인 방식은 직접법(straight dough method)이다. 모든 재료를 한 번에 섞어 반죽하고 발효시키는 가장 단순한 방법으로, 오래된 빵집부터 가정용 오븐까지 널리 쓰인다. 직접법은 재료 본연의 맛을 드러내지만 그만큼 변수가 많다. 밀가루의 품질, 물의 온도, 반죽 시간, 효모의 양 같은 작은 차이가 결과에 그대로 반영된다. 반죽의 질감과 냄새를 손과 감각으로 판단해야 한다.

중종법(sponge dough method)은 반죽의 일부를 먼저 섞어 1차 발효한 뒤, 남은 재료를 더해 본 반죽을 완성한다. 이 방식은 효모가 충분히 증식해 향과 풍미가 깊어지고, 구조가 안정된다. 중종법으로 만든 빵은 부드럽고 쫄깃하며, 보관성이 좋다. 발효 시간과 온도 관리가 필요하다.

더 까다로운 방식이 발효종을 이용한 제조법이다. 양산된 효모 대신 주변의 효모와 유산균을 배양해 사용하므로 시간과 관리가 많이 필요하지만, 완성된 빵은 독특한 향과 은은한 산미를 가진다. 단일 효모를 사용한 것이 아니라 일정한 결과를 얻기 어렵다. 같은 배합비라도 날마다 조금씩 다른 결과가 나온다. 핵심은 반죽법의 이름이 아니라 시간과 온도의 조율 능력이다. 재료를 이해하고, 발효를 조절하면 같은 재료라도 전혀 다른 식감과 풍미를 가질 수 있다.

성형은 단지 모양이 아니라 식감까지 만든다

1차 발효가 끝난 반죽 안에는 수많은 공기 방울이 형성되어 있다. 이 공기들이 바로 빵의 부드러움과 질감을 만든다. 성형 과정은 이 공기를 얼마나 고르게 다루느냐의 문제다. 너무 세게 누르면 기포가 빠져나가 빵이 납작해지고, 반대로 너무 조심하면 반죽이 느슨해져 형태가 불안정해진다. 따라서 성형은 반죽 속의 공기를 적절히 정리하고, 그 방향을 고르게 잡아주는 과정이라 할 수 있다.

빵을 자를 때 보이는 결도 이 과정에서 결정된다. 바게트의 불규칙한 큰 기공은 반죽을 접는 과정에서 형성되고, 식빵의 고운 단면은 반죽을 말아 올리며 정리하는 동안 만들어진다. 같은 밀가루와 효모를 사용하더라도 성형 방식에 따라 식감은 완전히 달라진다. 바게트는 내부의 공기가 일정한 압력으로 유지된 탄탄한 조직을 만들고, 식빵은 부드럽고 촘촘한 결을 형성한다.

성형은 빵의 완성 직전의 정리 단계다. 반죽 속 공기를 얼마나 균일하게 정돈했는지, 표면의 긴장감이 얼마나 일정한지에 따라 빵의 질감이 달라진다. 균형 잡힌 성형은 구웠을 때 결이 일정하고 속살이 고르게 형성된다. 반대로 서두르거나 힘의 균형이 맞지 않으면 기공이 불균일하게 퍼지고 식감 또한 거칠어진다.

좋은 성형은 특별한 기술이 아니라 올바른 습관에서 나온다. 반죽을 과하게 다루지 않고, 충분히 이완시킨 뒤 모양을 잡아주는 일, 손끝의 힘을 조절해 반죽이 스스로 정리될 수 있도록 돕는 일. 결국 성형은 모양뿐 아니라, 반죽의 균형을 맞추는 일이다. 균형 잡힌 반죽은 오븐 안에서 고르게 부풀고, 표면은 팽팽하며, 속은 매끄럽게 완성된다.

예열과 스팀은 어떤 역할을 할까?

예열은 단순히 오븐을 따뜻하게 만드는 과정이 아니다. 오븐 내부의 공기뿐 아니라 철판, 벽면, 팬, 공기 흐름 전체가 일정한 온도에 도달해서 안정적인 열 구조가 형성되는 시간이다. 예열이 충분하지 않으면 반죽이 오븐에 들어가는 순간 필요한 반응이 일어나지 않는다. 식은 상태의 벽면은 빵 표면의 온도를 낮추고, 효모가 만들어낸 기포는 팽창할 타이밍을 놓친다. 그 결과 반죽은 충분히 부풀지 못하고 속이 덜 익은 상태로 남는다. 오븐을 미리 적정온도로 예열하면, 반죽은 즉시 열을 받아 부풀고 전분이 젤화되며 단백질이 응고되어 구조가 안정된다.

한편 굽는 과정에 열을 식히는 스팀 작업도 한다. 스팀은 예열된 열 환경에 수분을 더해 반죽의 표면을 보호하는 역할을 한다. 고온의 마른 공기 속에서는 반죽의 겉면이 빠르게 건조되어 내부 팽창이 방해받는다. 스팀이 더해지면 반죽의 표면이 일정 시간 부드럽게 유지되어, 내부 기체가 충분히 팽창할 수 있는 여유를 확보한다. 이 과정에서 반죽의 조직은 고르게 확장되고, 전체적인 부피와 결이 균일하게 형성된다. 그래서 크러스트의 품질에도 직접적인 영향을 준다. 수증기가 표면의 전분과 만나면서 막이 형성되고, 굽는 동안 이 막이 건조되면서 얇고 단단한 껍질이 만들어진다. 스팀이 부족하면 표면이 급격히 건조되어 거칠고 딱딱해진다. 반대로 스팀이 과하면 껍질이 두꺼워지고 색이 고르지 않게 된다.

예열과 스팀은 서로 반대의 개념처럼 보이지만, 실제로는 온도와 습도의 균형을 맞추는 기술이다. 이 두 요소가 균형을 이룰 때 반죽은 구조적 안정성과 풍미를 동시에 얻는다.

굽는 시간의 차이가 맛의 차이다

반죽이 오븐에 들어가는 순간부터 시간과의 정밀한 조율에 들어간다. 몇 분의 차이로도 빵의 향, 식감, 색, 수분감이 완전히 달라지기 때문이다.

오븐에 들어간 반죽은 먼저 효모의 마지막 활동과 이산화탄소의 기화로 인한 '오븐 스프링'이 일어난다. 열을 받으며 효모의 활성이 최대화가 되고 그만큼 많은 이산화탄소를 방출해 내부 기공이 급격히 팽창한다. 열전달이 적절하면 반죽은 균형 있게 부풀고, 부족하면 중심이 익지 못한 채 주저앉는다.

시간이 지나면서 메일라드 반응이 본격적으로 진행된다. 당과 단백질이 결합해 수백 가지의 향미 물질을 생성하고, 이것이 우리가 인식하는 '빵 냄새'를 만든다. 그러나 반응이 지나치면 향의 휘발이 빨라져 향의 강도가 떨어지고 탄화로 쓴맛이 생기고 균형이 깨진다. '노릇하다'와 '탔다'의 경계는 불과 1~2분 사이이며, 이 짧은 구간이 제빵사의 감각을 시험한다.

굽는 시간은 식감에도 직접적인 영향을 준다. 바게트나 사워도우 같은 하드 계열은 장시간 굽기를 통해 껍질의 밀도를 높이고, 식빵이나 브리오슈는 짧은 시간 안에 내부를 균일하게 익혀 부드러움을 유지한다.

가정용 오븐에서는 시간 관리의 중요성이 더욱 커진다. 내부 온도가 일정하지 않아 같은 시간이라도 한쪽이 먼저 익거나 윗면이 쉽게 탈 수 있다. 따라서 중간에 팬의 위치를 조정하거나, 1~2분 단위로 색과 향의 변화를 관찰해야 한다. 홈베이킹에서 굽기의 완성은 시간을 외우는 것이 아니라 자신의 오븐 특성을 이해하는 일이다.

오븐 안에서는 어떤 변화가 일어날까?

반죽이 오븐에 들어가면 열에 의해 복잡한 화학·물리·생물학적 변화가 일어난다. 반죽의 구조를 재구성해 전혀 다른 질감과 향을 가진 새로운 음식을 만들어진다.

먼저 수분의 증발이 일어난다. 반죽 표면부터 온도가 오르면서 수분이 빠르게 기화하고, 이 증기가 내부의 수분을 밖으로 끌어내 얇은 막을 만든다. 그 막이 마르며 껍질이 형성되는데, 이때 균형이 중요하다. 너무 빠르게 마르면 속이 충분히 부풀기 전에 껍질이 굳고, 너무 늦으면 표면이 질척해진다. 이상적인 크러스트는 수분과 온도, 습도의 균형 속에서 만들어진다. 표면 전분은 호화되고 난 다음에는 말라가며 단단한 막이 되고, 그것이 우리가 느끼는 '바삭한 껍질'이다.

효모가 남긴 마지막 기체와 반죽 속의 공기가 열을 만나 팽창하게 되면 내부 압력이 높아진다. 이 압력이 글루텐 조직을 밀어 올리고, 반죽 속에 고르게 기포를 만든다. 온도가 60℃를 넘으면 글루텐이 응고되고, 전분은 수분을 흡수하며 젤처럼 변한다. 이 시점에서 빵의 속살이 부드럽고 탄력 있게 자리 잡는다.

그리고 갈변반응이 일어난다. 이 반응으로 빵이 황금빛으로 바뀌고, 구수하고 달콤한 냄새가 만들어진다. 그러나 온도가 너무 높아지면 탄화가 일어나 쓴맛이 생긴다.

이 세 가지 과정은 따로 일어나지 않는다. 수분이 증발하며 껍질이 형성되고, 팽창한 내부는 메일라드 반응이 고르게 일어날 수 있는 환경을 만든다. 모든 변화는 초 단위로 이어지고, 온도나 습도, 공기 흐름이 조금만 달라도 결과가 달라진다.

스팀은 껍질에 어떤 마법을 부릴까?

스팀은 굽기 초반 3~5분 정도만 사용된다. 오븐 문이 닫히는 순간, 제빵사는 타이머와 함께 스팀 버튼을 누른다. 그리고 짧은 순간의 수분 개입이 껍질의 두께와 질감을 바꾸고, 식감의 층을 만들며, 향의 균형을 잡는다.

스팀은 오븐 스프링 과정에서 특히 중요하다. 스팀의 역할은 단순히 반죽을 촉촉하게 만드는 것이 아니다. 그것은 시간을 조절하는 장치다. 오븐 초반부는 빵이 구조를 잡아가는 단계이기 때문에 스팀은 반죽이 천천히 팽창할 수 있도록 여유를 준다. 표면이 너무 빨리 마르면 내부가 충분히 익지 못하고, 반대로 너무 늦게 굳으면 형태를 잃는다. 스팀은 이 미세한 균형을 유지해 준다. 스팀이 없으면 표면이 빠르게 말라 팽창이 제한되고, 빵이 납작해진다. 적절한 스팀이 있어야 반죽이 부드럽게 팽창할 시간을 확보해 속살이 고르고 부드럽게 형성된다.

스팀은 또한 반죽 표면의 전분을 젤 상태로 변화시킨다. 이 얇은 전분막이 이후 건열에 노출되면서 마르기 시작하고, 점차 매끄럽고 균일한 껍질이 된다. 우리가 느끼는 바삭한 소리는 이 얇은 전분막이 완전히 건조되어 미세하게 갈라질 때 나는 소리다. 수증기의 양과 지속 시간이 식감의 차이로 이어지는 것이다.

제빵사는 이 과정을 감각으로 조율한다. 스팀이 많으면 무겁고, 부족하면 메마르다. 완벽한 식감은 언제나 그 중간 어딘가에서 만들어진다. 수분이 많고 적음의 차이가 빵의 구조, 향, 식감을 모두 바꾼다. 겉은 바삭하고 속은 촉촉한 빵이 만들어지려면 이처럼 많은 것이 잘 통제되어야 한다.

홈베이킹에서 자주 실수하는 '굽는 시간' 조절법.

홈베이킹에서 가장 어려운 단계는 굽기의 판단이다. 오븐 앞에서 반죽이 부풀어 오르는 모습을 보며, 언제 꺼내야 할지 고민하는 일은 누구나 경험한다. 레시피에 온도와 시간이 제시되어 있지만, 실제로는 오븐의 종류와 환경조건에 따라 결과가 달라진다. 가정용 오븐은 내부 온도의 편차가 크고, 팬의 위치에 따라 열의 흐름도 일정하지 않다. 같은 반죽이라도 한쪽은 빠르게 익고, 다른 쪽은 덜 익는다. 결국 주어진 굽는 시간은 절대적인 수치가 아니라, 기준이자 출발점이다.

베이커는 빵이 익는 과정을 변화의 패턴, 변화의 상태로 판단해야 한다. 표면의 색 변화, 향의 농도, 오븐 내부의 열 흐름을 관찰하며 미세한 조정을 반복한다. 이 과정은 단순한 감각이 아니라 경험을 통해 축적된 판단력이다. 표면의 색이 고르게 변하고, 껍질이 균일하게 갈색을 띨 때가 첫 번째 신호다. 냄새 또한 중요한 지표다. 아직 덜 익은 반죽에서는 젖은 밀가루 냄새가 나지만, 완전히 익으면 단맛과 구수한 향이 공기 중에 확산된다. 향이 더 이상 진해지지 않고 일정하게 유지될 때가 적정 시점이다.

빵을 오븐에서 꺼낸 직후에도 내부 온도는 높게 유지되며, 잔열에 의해 전분의 호화와 단백질의 응고가 지속된다. 이 단계를 '캐리오버 쿠킹(carry-over cooking)'이라 하며, 빵의 최종 식감과 향을 결정하는 마지막 단계다. 따라서 오븐에서 꺼내는 시점은 완성의 순간이 아니라 조리 과정의 일부로 이해해야 한다. 결국 정해진 시간보다 상태와 변화를 기준으로 판단해야 한다. 이 감각이 쌓이면 어떤 오븐에서도 일관된 결과를 얻을 수 있다.

실수는 베이킹의 또 다른 교과서다

빵을 굽다 보면 뜻밖의 결과를 만날 때가 있다. 반죽은 부드럽고 발효도 잘되었는데, 막상 꺼내 보면 속이 비어 있거나, 겉은 멀쩡한데 한입 베어 물면 퍽퍽하다. 보기에는 완벽해 보여도, 맛이나 질감이 기대와 다를 때가 있다. 이런 반죽의 원리를 이해할 중요한 기회이기도 하다.

속이 비는 빵은 대부분 글루텐의 힘이 충분하지 않거나 발효가 지나치게 진행되었을 때 생긴다. 효모가 만든 기체를 반죽의 구조가 버티지 못하고 빠져나간 결과다. 반대로 속이 눅눅하거나 무거운 빵은 수분이 제대로 흡수되지 않았거나, 오븐 열이 고르지 않을 때 발생한다. 또한 발효 시간이 길거나 반죽 온도가 높으면 효모 냄새가 강하게 남는다. 이처럼 빵의 문제는 대체로 명확한 원인을 가지고 있으며, 그 이유를 찾아내는 과정이 곧 다음 단계의 개선으로 이어진다.

빵은 오븐 온도가 10℃만 달라지거나 반죽의 수분이 2%만 부족해도 결과가 달라진다. 밀가루의 흡수력, 실내의 습도 같은 미세한 조건 하나하나가 결과에 영향을 미친다. 따라서 매번 달라지는 조건을 관찰하고 조정하는 능력을 키우는 것이 핵심이다. 원리를 통해 이론을 이해하고, 섬세한 관찰력으로 현상을 파악하고, 실패를 통해 교훈을 찾는 학습 능력이 실력 향상의 지름길이다. "오늘은 잘 안 됐네!" 하고 그냥 넘기는 것이 아니라 실패의 단서를 찾을 줄 알아야 한다. 오늘의 결과가 기대와 다르더라도 괜찮다. 그 이유를 이해하는 순간, 다음 빵은 분명 더 나아진다.

홈베이커에게 필요한 과학적 사고

홈베이킹을 시작하면 대부분은 '배합비'부터 따른다. 밀가루 300g, 물 180ml, 오븐 180℃ 25분. 하지만 이런 수치만 정확히 지킨다고 결과가 매번 같게 나오지는 않는다. 밀가루의 종류마다 수분 흡수율이 다르고, 계절과 온도, 습도에 따라 발효 속도가 달라지기 때문이다. 이것 말고도 제빵과정을 완벽히 통제하기에는 너무 많은 변수가 있다.

이때 필요한 것이 과학적 사고와 태도이다. 벌어지는 일들을 정확히 관찰하고 결과를 기록해야 변수를 파악해 적절히 대응할 수 있다. 반죽이 지나치게 질다면, 물의 양을 조금 줄이고 다시 시도한다. 껍질이 과도하게 갈색으로 변했다면, 오븐의 실제 내부 온도를 측정해 본다. 문제의 원인 파악을 구체적 데이터를 통해 찾아보려 노력하는 것이 과학이다. 홈베이킹도 과학 실험이다. 밀가루는 시료이고, 반죽은 반응의 시작이다. 발효는 미생물의 대사 과정이며, 굽기는 열에 의한 화학 반응이다.

이런 과학적 태도를 가진 홈베이커는 실수를 두려워하지 않는다. 완벽한 결과보다 중요한 것이 원인과 변화를 파악하는 일이다. 과학에서도 모든 실험이 계획대로 흘러가지는 않지만, 예상과 다른 결과 속에서 새로운 해석이 나온다. 제빵도 마찬가지다. 같은 조건에서도 매번 달라지는 결과를 분석하고, 그 차이의 이유를 읽어내는 데 있다. 그것이 관찰의 기술이며 사고의 훈련이다. 오늘의 빵이 어제보다 나으면, 그것이 발전의 증거다.

식힌다는 것, 마지막까지 품질을 완성하는 시간

빵 굽기는 오븐에서 빵을 꺼내는 것에서 끝나는 것이 아니다. 갓 구운 빵은 겉보기에는 완성된 것처럼 보이지만, 내부에서는 여전히 물리·화학적 변화가 진행 중이다. 따라서 적절히 식혀야 완성이 된다.

오븐에서 막 꺼낸 빵의 내부 온도는 약 95℃ 안팎이다. 이 시점에서 전분은 호화된 상태로 수분을 머금고 있으며, 글루텐 구조는 아직 완전히 안정화되지 않았다. 이 상태로 빵을 자르면 내부의 수증기와 수분이 빠져나가면서 속살이 눅눅해지고, 조직이 무너진다. 바삭한 크러스트 역시 금세 눅눅해진다. 따라서 식힘 과정은 단순한 기다림이 아니라 내부 수분이 고르게 퍼지고 구조가 안정화되는 숙성의 과정이다.

빵을 식힐 때는 통풍이 잘되는 선반 위에 올려두는 것이 좋다. 바닥에 두면 수증기가 응결되어 밑면이 젖고, 팬째로 두면 잔열로 인해 내부 수분이 과도하게 증발한다. 그래서 굽고 난 뒤 약 5분 후 팬에서 분리하고, 격자 선반에서 최소 30분 이상 식혀야 한다. 하드빵은 1시간 이상 식히는 것이 바람직하다. 이 시간 동안 내부의 온도는 서서히 내려가며, 수분이 내부에서 표면으로 재분배된다. 그 결과 크러스트는 다시 단단해지고, 크럼은 부드럽고 촉촉하게 정리된다.

식힘은 향에도 영향을 준다. 고온에서 생성된 휘발성 향 성분이 식으면서 안정화되어, 구수하고 고소한 향이 더욱 선명해진다. 특히 통밀빵이나 사워도우처럼 발효 향이 강한 빵은 식히는 시간을 통해 향이 균형을 이룬다. 충분히 식힌 빵은 결이 살아 있고, 단면이 깔끔하며, 향의 지속성이 길다.

빵을 깔끔하게 자르는 방법은?

갓 구운 빵을 자를 때 가장 흔한 문제는 속살이 눌리거나 찢어지는 것이다. 만약 오븐에서 막 꺼낸 시점에서 칼을 대면 칼날에 수분이 달라붙고, 크럼이 눌리거나 당겨져 매끄럽게 절단되지 않는다. 그래서 냉각 과정이 필수적이다. 빵이 식는 동안 내부 수증기가 외부로 이동하며, 전분이 다시 재결정화되어 구조가 단단해진다. 이때 내부 온도가 40℃ 이하로 내려가야 전분이 안정되고, 자르기에 적합한 질감이 된다. 식빵의 경우 최소 1시간, 바게트나 하드롤은 30~40분 정도의 냉각 시간이 필요하다.

칼 선택도 중요하다. 일반 주방용 칼보다는 빵칼(serrated knife, 톱날형 칼)이 적합하다. 톱날형 칼날은 미세한 톱니가 빵의 표면을 눌러 자르지 않고, 일정한 힘으로 잘라 부스러기를 최소화한다. 부드러운 식빵에는 톱니 간격이 좁은 칼이, 바게트처럼 단단한 크러스트에는 간격이 넓은 칼이 효율적이다.

칼은 밀지 않고 부드럽게 당기듯 절단하는 것이 기본이다. 강하게 누르면 빵 내부가 눌리므로, 칼의 톱니가 자연스럽게 들어가도록 힘을 조절한다. 특히 크러스트가 단단한 하드브레드는 상단을 살짝 절개한 후, 일정한 각도로 칼을 깊게 넣어 절단해야 모양이 무너지지 않는다.

빵의 종류에 따른 조절도 필요하다. 예를 들어 샌드위치용 식빵은 완전히 식힌 후 절단해야 일정한 두께로 잘리고, 치즈나 버터가 포함된 브리오슈나 데니시는 식힌 뒤 냉장 상태에서 자르는 것이 좋다. 반면, 하드롤이나 바게트는 미세한 증기가 남아 있을 때 절단하면 껍질이 부서지지 않고 일정한 크러스트를 유지한다.

빵의 구멍, 그 공기층의 형성 원리는 무엇일까?

빵을 자르면 드러나는 속 구조는 제각각이다. 어떤 빵은 크고 불규칙한 기공이 흩어져 있고, 어떤 빵은 고르고 치밀한 결을 가진다. 기공이 크면 가볍고 볼륨감이 있지만 지나치면 텅 빈 느낌을 주고, 너무 조밀하면 질감이 무겁다. 이상적인 빵은 기공 크기와 밀도가 균형을 이루는 것이며, 이 균형은 반죽의 탄성, 발효 속도, 오븐의 열 분포가 맞아떨어질 때 형성된다.

이런 빵 속의 기공은 효모가 생성한 이산화탄소에서 출발한다. 효모가 당을 분해해 만든 가스는 반죽 속 글루텐망에 갇혀 미세한 기포를 형성한다. 글루텐이 충분히 발달하면 이 기체를 붙잡아 내부 조직이 균일하게 팽창한다. 오븐에 들어가 열을 받으면 기체가 팽창하면서 반죽이 부풀고, 그 상태가 굳어 빵의 내부 결이 된다.

원리는 단순하지만 변수는 다양하게 상호작용을 한다. 반죽을 덜 치대면 글루텐이 약해 가스를 붙잡지 못하고, 지나치게 강하면 기포가 커지지 못한다. 발효 시간이 짧으면 기체가 충분히 생성되지 않고, 길면 기포가 터져 내부 구조가 무너진다. 온도가 너무 높으면 단백질이 응고되어 기체가 빠져나가고, 낮으면 효모의 활동이 둔해진다. 따라서 반죽의 치대는 정도, 발효 시간, 온도의 균형이 기공의 형태를 결정한다.

빵의 종류에 따라 이 조합은 다르게 설계된다. 프랑스식 바게트는 높은 수분 함량과 긴 발효 시간을 통해 불규칙한 크기의 큰 기공을 만든다. 반면 일본식 식빵은 반죽을 오랜 시간 치대고 정밀한 발효과정을 거쳐 고르게 짜인 조직을 형성한다. 바게트는 자연스러운 팽창, 식빵은 구조적 완성도를 추구하기 때문이다.

냉동생지와 직접 반죽의 차이는 무엇일까?

아침에 카페를 열자마자 갓 구운 빵을 제공하려면 어떻게 해야 할까? 재료를 준비해서 반죽을 치대고, 발효시키고, 굽는 시간이 필요하다. 특히 발효에 시간이 필요해서 그만큼 일찍 새벽을 열어야 한다. 이런 어려움을 극복하는 방법으로 탄생한 것이 '냉동생지(Ready to Bake)'이다. 반죽과 1차 발효까지 마친 상태로 냉동 보관된 생지를 해동해 오븐에 넣기만 하면 된다. 이런 냉동생지는 일정한 품질을 유지할 수 있고, 인건비와 시간을 줄이며 위생 관리에도 유리하다. 그래서 브런치 카페나 프랜차이즈 베이커리에서 자주 쓰인다.

하지만 효율이 빵의 모든 것을 대체할 수는 없다. 냉동된 반죽은 해동 과정에서 일부 수분을 잃고, 내부의 글루텐 구조가 약해진다. 그 결과 기포를 잡는 힘이 줄고, 식감이 단단해지거나 풍미가 단조로워질 수 있다. 또한 냉동생지는 공장에서 발효가 끝난 상태로 출고되므로 매장에서 반죽이 익어가며 퍼지는 향은 느끼기 어렵다. 그 향은 효모가 살아 있는 반죽이 천천히 발효될 때만 만들어진다. 그렇다고 냉동생지가 나쁘다는 뜻은 아니다. 일정한 품질을 유지할 수 있고, 숙련된 기술이 없어도 안정적인 결과를 얻을 수 있다. 냉동상태에서도 효모가 죽지 않도록 조절하는 냉동 기술과 효소 안정화 기술은 오랜 연구의 성과다. 누구나 비슷한 품질의 빵을 만들 수 있고, 실패의 위험도 적다.

결국 어떤 빵을 만들고 싶은가에 따라 선택은 달라진다. 일정한 품질과 속도가 중요한 매장에는 냉동 반죽이 적합하고, 개인의 취향과 향을 중시한다면 직접 반죽이 어울린다. 어떤 방식을 택하든 중요한 것은 풍미를 만들어내는 과정을 이해하는 일이다.

빵을 보관할 때 냉장과 냉동 중 무엇이 나을까?

빵은 구운 직후부터 노화가 시작된다. 전분의 노화(retrogradation) 때문이다. 가열로 팽창했던 전분은 식는 동안 서서히 재결정화한다. 이 과정에서 수분이 전분 입자 밖으로 빠져나가면서 빵이 단단하고 퍽퍽해진다. 빵 보관의 핵심은 이 노화 속도를 얼마나 늦추느냐에 달려있다.

냉장 온도(0~10℃)는 전분 분자가 재결정화하기에 가장 적합한 환경이라 피해야 한다. 온도가 낮을수록 분자의 운동이 느려져 전분이 수축해 온도가 낮을수록 노화에는 불리하다. 냉장한 식빵이 하루 만에 퍽퍽해지는 이유이다.

냉동 보관은 빵을 장기간 유지하기에 가장 효율적이다. 전분의 움직임이 멈춰 재결정화가 거의 정지 상태로 되기 때문이다. 구운 빵을 충분히 식힌 후 밀봉해 -18℃ 이하로 냉동하면 수 주간 품질을 안정적으로 유지할 수 있다. 다만 냉동 과정에서 수분이 증발하거나 표면이 얼음 결정으로 손상될 수 있으므로 반드시 밀폐 포장이 필요하다.

해동은 품질의 또 다른 핵심이다. 자연해동보다는 토스터나 오븐을 이용한 재가열 해동이 좋다. 냉동 상태의 빵을 150~180℃의 오븐에서 5~10분 정도 데우면, 전분이 다시 호화되어 처음 구운 것과 유사한 질감을 회복할 수 있다. 전자레인지를 사용할 때는 짧은 시간(10~20초)만 가열해서 수분 증발을 줄여야 한다.

빵을 오래 보관해야 한다면 냉동이 답이다. 빵의 신선함을 지키는 가장 효율적인 방법은 '식힌 뒤 바로 냉동, 먹기 전에 가열 해동'이다.

빵의 수분 함량을 잘 관리해야 하는 이유

빵의 부드러움과 보관성은 수분을 얼마나 유지하느냐에 달려있다. 밀가루의 글루텐과 전분 등으로 만들어진 구조체가 수분을 붙잡는데, 이때 수분의 함량은 35~45% 정도로 많은 편이다. 수분 함량은 빵의 식감과 보존성에 직접적인 영향을 미친다. 수분이 많을수록 부드럽고 촉촉하며, 수분이 적을수록 단단하고 바삭한 질감을 가진다.

빵은 오븐에서 구워질 때 가장 이상적인 상태에 도달하지만, 시간이 지나면 노화가 진행된다. 전분이 식는 과정에서 다시 결정화되며 수분을 잃기 때문이다. 초기에는 전분이 호화된 상태로 수분을 머금지만, 시간이 지나면 그 수분이 빠져나가고 입자가 결정화된다. 냉장 보관은 이러한 현상을 늦추지 못하고 오히려 가속한다. 저온은 전분의 결정화를 촉진해 빵을 더 빨리 건조하게 만든다. 그래서 이틀 이상 보관할 때는 냉동이 더 유리하다.

이 문제를 줄이기 위해 제빵사들은 다양한 방법으로 수분을 유지하려 한다. 탕종법은 일부 밀가루를 끓여 전분을 미리 호화하는 방식으로, 수분 보유력을 높인다. 유탕종법은 유지(油脂)를 섞어 전분 입자 사이의 수분 증발을 늦춘다. 호밀이나 통밀가루는 점성이 높아 수분을 오래 머금고, 당류나 꿀은 수분을 끌어당겨 촉촉함을 유지한다. 결국 수분을 적절히 유지하는 것은 식감과 보관성을 지키는 핵심 요소이며, 제빵 과정에서 반드시 고려해야 할 변수다.

밀봉했는데도 빵이 굳는 이유는 무엇일까?

빵이 굳는 현상은 단순히 수분이 증발해서 마르는 것이 아니라, 전분의 노화(staling)로 수분이 밀려 난 까닭이다. 구운 직후의 빵은 부드럽고 촉촉하지만, 시간이 지나면 식감이 단단해지고 퍽퍽해진다. 빵 안의 전분이 서서히 재결정화(retrogradation)되는 과정에서 일어난다. 열에 의해 부풀었던 조직이 식히고 보관하는 과정에 서서히 원래의 결정 구조로 돌아가려고 한다. 이 과정에서 전분 입자 사이에 있던 수분이 밖으로 이동하고, 그 결과 크럼(빵 속살)이 단단해진다. 즉, 빵이 굳는 것은 전분 구조가 변하면서 수분이 이동하는 물리적 변화 때문이다.

잘 밀봉해도 이 현상은 완전히 막을 수 없다. 포장은 외부로의 수분 증발을 억제할 뿐, 내부 전분의 구조 변화까지는 제어하지 못한다. 오히려 밀봉된 상태에서는 내부 수증기가 표면에 응결되어 크러스트가 눅눅해질 가능성이 커진다.

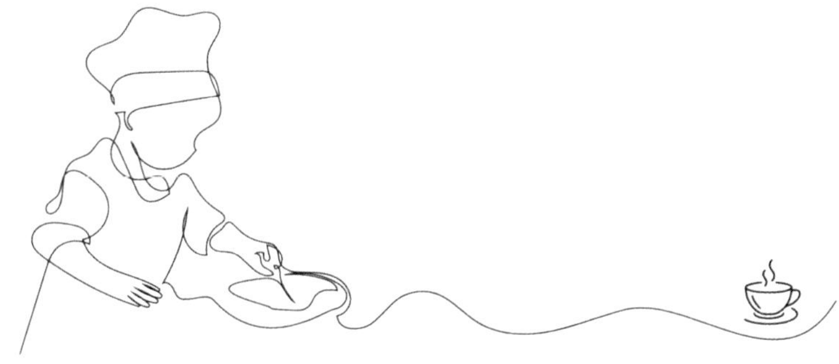

'갓 구운' 빵이란 도대체 어느 시간까지일까?

프랜차이즈 베이커리에서는 하루 세 번 빵을 굽는다. 그리고 그중 오전 11시에 나온 빵이 가장 잘 팔린다. 손님이 매장에 들어섰을 때 풍기는 따뜻한 냄새와 막 구워낸 분위기는 감각을 자극한다. "갓 구운 식빵이 나왔어요"라는 말 한마디에는 묘한 힘이 있다. 빵을 살 생각이 없던 사람도 그 문구를 보면 발걸음을 멈춘다. 따뜻한 냄새, 바삭한 껍질, 막 구워낸 온기가 머릿속을 스친다. 그런데 '갓 구운 빵'이란 정확히 언제까지일까? 오븐에서 막 나온 그 순간일까? 아니면 적당히 식혀진 이후일까?

대부분은 오븐 문이 열리고 빵이 꺼내지는 순간을 '갓 구운'이라 생각하지만, 모든 빵이 오븐에서 나온 순간 가장 먹기 좋은 것은 아니다. 식빵은 구운 뒤 바로 자르면 속살이 눅눅해진다. 내부의 수증기가 빠져나가고 수분이 고르게 퍼질 때까지 최소 30분에서 1시간은 식혀야 한다. 그 시간이 지나야 결이 정리되고 촉촉한 속살이 완성된다. 반면에 크루아상이나 바게트처럼 껍질이 맛의 핵심인 빵은 오븐에서 막 나왔을 때가 가장 좋다. 바삭함이 살아 있고 향이 가장 진할 때다.

이처럼 '갓 구운'의 기준은 단순히 시간보다 빵의 종류와 구조에 따라 달라진다. 오븐에서 꺼낸 지 10분 후일 수도 1시간 후일 수도 있다. 커피도 '갓 구운, 신선한 커피'의 순간은 로스팅이 끝난 직후가 아니다. 로스팅 직후의 원두는 향이 강하지만 내부의 이산화탄소 때문에 맛이 불안정하다. 며칠이 지나 안정화되어야 오히려 향과 맛의 균형이 가장 좋다. 그때가 모두 머릿속으로 가장 매력적인 갓 구운 상태라고 생각하는 순간이다. 결국 '갓 구운'은 경과 시간보다 감각적으로 '신선하다고 느끼는 순간'에 더 가깝다.

요즘은 냉동생지 사용이 일반적이다. 공장에서 반죽과 1차 발효를 끝낸 뒤 영하 18℃ 이하로 보관했다가 매장에서 바로 굽는 방식이다. 오븐에서 막 나온 만큼 분명 갓 구운 빵이지만, 소비자는 반죽이 언제 만들어졌는지를 더 중요하게 여긴다. 이런 측면에서는 '갓 구운'이라는 말은 물리적인 시간보다 심리적인 신뢰에 가깝다.

과학적으로 보자면, 빵이 오븐에서 나올 때 내부 온도는 약 95~100℃다. 전분은 젤 상태로 호화되고, 글루텐은 응고되어 형태를 잡는다. 그러나 내부의 수분은 여전히 움직이고 있다. 중심부의 뜨거운 수증기가 껍질 쪽으로 이동하며 재분배되고, 이 과정이 끝나야 빵의 결이 안정된다. 너무 빨리 자르면 수분이 빠져나가 질척해지고, 반대로 너무 오래 두면 향이 날아가고 껍질이 눅눅해진다. 즉, 빵이 식어가며 향과 온도가 균형을 이루는 그 짧은 구간이야말로 진짜 '갓 구운' 상태다.

결국 '갓 구운'은 시간의 문제가 아니라 균형의 문제다. 어떤 빵은 10분 후, 어떤 빵은 1시간 후, 또 어떤 빵은 다음 날 아침이 가장 맛있다. 제빵사는 그 미묘한 순간을 찾아내는 감각으로 자신만의 기준을 만든다. '갓 구운'이라는 표현이 결국 '지금, 이 빵이 가장 맛있게 먹히는 때'를 의미하는 이유다. 빵은 오븐에서 나온 뒤에도 계속 변한다. 식으면서 향이 달라지고, 수분이 이동하며, 식감이 변한다. 그 변화의 한가운데, 향과 온도가 가장 조화로운 그 순간이 바로 우리가 말하는 진짜 '갓 구운 빵'이다.

2장. 빵의 맛과 향 그리고 의미

크러스트와 크럼은 왜 그렇게 다른가?

빵의 겉과 속은 같은 반죽에서 시작되지만, 열과 수분의 이동에 따라 전혀 다른 구조로 완성된다. 표면은 단단하고 고소한 층을 형성하고, 내부는 부드럽고 촉촉한 조직을 가진다. 이것이 크러스트(crust)와 크럼(crumb)이다. 이런 구조의 차이는 재료가 아니라, 오븐 속에서 일어나는 물리적·화학적 변화 때문에 만들어진다.

오븐에 반죽이 들어가면 열은 바깥에서 안쪽으로 전달된다. 그만큼 안과 밖의 온도 차이가 생긴다. 표면은 180℃ 이상의 열을 받으며 빠르게 수분이 증발하고, 전분이 탈수되며 단백질이 응고한다. 메일라드 반응도 그만큼 빨리 일어난다.

반면, 내부는 열전달이 느려서 겉보다 온도가 훨씬 낮다. 내부 온도가 60~80℃에 도달하면 전분이 수분을 흡수해 팽창하고, 젤 상태의 네트워크를 형성한다. 동시에 글루텐이 열을 받아 구조를 안정화하면서 공기와 수분을 머금은 탄력 있는 조직이 만들어진다. 이 상태가 크럼이다. 크럼은 빵이 완성될 때까지 99℃를 넘기지 못한다.

크러스트는 고온과 건조가 만든 단단한 층이며, 크럼은 수분과 열의 완만한 상승이 만든 부드러운 조직이다. 두 구조는 수분 이동 속도의 차이로도 구분된다. 표면의 수분은 빠르게 증발하면서 껍질이 형성되고, 내부의 수분은 여전히 남아서 촉촉함을 유지한다. 하지만 이런 상태는 베이킹 이후 점점 무너진다. 시간이 지나면 내부의 수분이 외부로 이동하면서 겉의 크러스트는 눅눅해지고, 속의 크럼은 건조해진다. 갓 구운 빵을 좋아하는 이유는 '겉바속촉'이 가장 잘 드러난 순간이기 때문이다.

바삭한 식감은 어떻게 만들어지는가?

바삭한 식감은 단순히 잘 구운 결과가 아니라, 물리적 구조와 화학적 변화가 동시에 작용한 결과이다. 오븐 속에서 반죽의 수분이 이동하고, 전분과 단백질이 변성되며, 열의 분포가 균형을 이루면서 형성된다.

빵을 굽는 과정에서 가장 먼저 일어나는 변화는 수분의 증발이다. 반죽 표면의 수분이 열에 의해 빠르게 증발하면서 건조가 시작되고, 내부의 수분은 스팀으로 변해 위쪽으로 이동한다. 이때 표면에 얇은 막이 형성되며 껍질의 기초가 만들어진다. 내부 온도가 약 100℃ 이하에서 머무는 동안, 표면은 수분이 사라지고 그보다 높은 온도에 도달한다. 그리고 전분이 탈수되고 단백질이 변성되어 피막이 형성된다. 피막이 얇고 균일할수록 깨질 때 선명한 바삭한 질감이 나타난다.

크러스트가 완전히 건조되면 딱딱해지고, 수분이 과하면 눅눅해진다. 일반적으로 표면 수분 함량이 10% 이하일 때 가장 이상적인 바삭함을 가진다.

이때 전분은 단백질이 결합해 유리질(glassy) 상태로 변하며, 그 구조가 깨질 때 특유의 경쾌한 파열음이 발생한다. 오븐에서 추가된 스팀은 이때 보조 역할을 한다. 굽기 초기에 스팀을 주입하면 표면의 건조가 지연되어 반죽이 충분히 팽창할 시간을 확보한다. 이후 스팀 공급을 끊고 건열로 전환되면 표면의 탈수가 진행되어 피막이 형성된다. 이 습열과 건열의 전환 구간이 껍질의 질감과 강도를 결정하는 핵심 구간이다.

결국 바삭함은 수분의 제어, 열의 분포, 시간의 조율이 만들어내는 구조적 결과이다. 제빵사는 오븐 온도와 습도, 굽는 시간으로 이 균형을 조절한다.

밀가루 대신 쌀가루를 사용한 빵은 왜 다른가?

글루텐프리 식품 수요가 증가하면서 쌀가루 빵에 대한 관심이 증가하고 있다. 하지만 아직은 식감의 차이를 완전히 극복하지 못했다. 쌀가루 빵과 밀가루 빵의 차이는 소수성의 단백질인 글루텐(gluten)의 차이에서 기인한다. 쌀가루는 전분 함량이 약 75~80%로 높고, 단백질 함량은 7~8% 수준으로 밀가루보다 낮다. 또한 쌀 전분은 입자가 작고 짧은 사슬 구조를 가져 점성이 강하고 쉽게 호화하지만, 냉각 시에는 빠르게 경화되는 특성이 있다. 그래서 구운 직후에는 부드럽지만, 시간이 지나면 쉽게 단단해 진다.

밀가루 반죽은 물과의 결합력이 균일하고 구조가 안정적이지만, 쌀가루 반죽은 단백질 결합이 약하기 때문에 유지가 어렵다. 이를 보완하기 위해 쌀가루 제빵에서는 점증제(검류, 전분 유도체), 유화제, 단백질(콩단백, 난백분) 등을 첨가해 반죽의 점탄성을 인위적으로 높인다. 이런 첨가제는 기공 구조를 유지하고, 발효 과정에서 발생하는 기체가 빠져나가지 않도록 돕는다.

또한 쌀가루는 수분 흡수율이 낮아 반죽이 묽어지고, 오븐에서 부풀기보다는 내부 수분이 증발하면서 구조가 형성된다. 그래서 쌀가루 빵은 밀가루 빵보다 조직이 조밀하고, 부피가 작으며, 표면이 매끄럽다. 향 또한 중성적이고 담백한 편으로, 버터나 설탕 등 부재료의 풍미가 더 두드러진다. 최근에는 기술 발전으로 쌀가루 빵의 품질이 크게 개선되었다. 미세 제분된 쌀가루, 저온 가공, 분쇄, 효소 처리 전분 등은 반죽의 점탄성과 가스 보유력을 높여 점점 밀가루에 가까운 식감을 구현하고 있다.

글루텐프리 빵은 어떤 방식으로 완성도를 높일 수 있을까?

글루텐프리 빵이 점점 많아지면서 밀가루의 글루텐 없이도 촉촉하고 부드러운 식감을 구현하기 위한 수많은 기술적 시도가 이어지고 있다. 그 핵심은 반죽의 뼈대 역할을 하는 글루텐의 구조체를 어떻게 만드냐이다.

이를 위해 제빵사들은 세 가지 방향에서 접근한다. 첫째는 전분이다. 쌀가루와 타피오카 전분은 부드러움, 감자 전분은 촉촉함을 담당한다. 둘째는 단백질과 섬유질이다. 완두 단백질이나 퀴노아 가루, 식이섬유를 혼합하면 영양적 균형을 보완할 수 있다. 하지만 이 재료들만으로는 반죽이 기체를 붙잡지 못한다. 그래서 세 번째 요소인 결합제가 필요하다. 잔탄검, 구아검, 치아씨드 젤, 사이리움 허스크 같은 재료가 그 역할을 맡는다. 이들은 수분을 흡수해 점성을 높이고, 마치 글루텐처럼 반죽에 탄력과 구조를 부여한다. 특히 사이리움 허스크는 물과 만나 젤 형태를 만들며 반죽을 안정시키고, 구워지는 동안 수분을 오래 붙잡아준다.

하지만 재료를 바꾸는 것만으로는 충분하지 않고, 반죽을 다루는 방식부터 달라야 한다. 밀가루 반죽처럼 손으로 치대거나 접는 과정은 오히려 구조를 무너뜨린다. 중요한 것은 균일하게 섞는 일과 수분 조절이다. 반죽은 거의 케이크 반죽처럼 묽어야 한다. 반죽의 점성이 높고 질척거리지만, 그것이 정상이다. 발효보다는 팽창제의 역할이 더 크다. 효모뿐 아니라 베이킹파우더와 베이킹소다를 함께 사용한다.

글루텐이 없는 반죽은 수분이 쉽게 증발하므로 촉촉함을 유지하기 위한 재료 조합이 필요하다. 오일, 달걀, 요거트, 꿀 등은 수분을 잡아주고, 설탕은 수분을 끌어당겨 노화를 늦춘다. 전분 일부를 끓는 물로 섞는 '탕종법'을 응용하면 전분이 부분적으로 젤화되어 수분을 더 오래 머물게 할 수 있다. 이러한 조합은 글루텐의 물리적 부재를 화학적 균형으로 보완하는 과정이다.

굽는 과정에서는 온도 조절이 특히 중요하다. 구조가 약한 반죽을 너무 높은 온도에서 급격히 가열하면 기포가 터져 형태가 무너진다. 따라서 초기에는 낮은 온도에서 천천히 부풀리고, 중반 이후 온도를 높여 표면을 고정하는 방식이 이상적이다. 굽기 전 반죽 표면에 소량의 오일을 뿌리면 수분 손실을 줄일 수 있다. 이렇게 하면 크러스트가 단단해지면서도 내부는 촉촉하게 유지된다.

글루텐프리의 기술적 핵심은 '소수성의 단백질 대신 섬유질, 매트릭스 구조 대신 점성의 복합적인 조합으로 새로운 균형을 만들어내는 일이다. 제약이 많지만, 그만큼 창의적 시도가 가능한 영역이다. 다양한 재료가 도입되고, 새로운 기술이 적용되어 제빵의 세계를 넓혀가고 있다.

결국 글루텐프리 제빵의 핵심은 밀가루가 하던 일을 새로운 원리로 대체하는 일이다. 반죽의 구조를 세밀하게 설계하고, 수분과 열, 팽창의 균형을 조정하는 기술이 필요하다. 이는 단순한 대체가 아니라, 제빵의 구조와 기술을 새롭게 이해해가는 과정이다.

제빵에서도 메일라드 반응은 핵심일까?

제빵에서 메일라드 반응은 단순히 색을 내는 과정이 아니다. 빵의 맛과 향, 질감을 동시에 결정짓는 핵심적인 반응이다. 반죽이 오븐에 들어가 일정 시간이 지나면 표면이 서서히 갈색으로 변하기 시작하는데, 이때가 바로 메일라드 반응이 일어나는 시점이다. 당과 아미노산이 열을 받아 결합하면서 복잡한 화학 변화가 일어나고, 그 결과 수백 가지의 향과 맛 성분이 생성된다. 눈에 보이는 갈색은 그 반응의 부산물일 뿐이며, 우리가 원하는 향과 풍미 물질은 이 과정에서 만들어진다.

첫 번째 결과는 색의 변화다. 하얗던 반죽은 열을 받으면서 표면의 수분이 증발하고, 빵의 표면이 노릇하게 변하며 점차 단단한 껍질이 형성된다.

두 번째는 향의 형성이다. 메일라드 반응이 일어나면 400종 이상 다양한 향기 화합물이 생성된다. 피라진류는 구수한 향, 푸라놀류는 달콤한 향, 알데하이드류는 고소한 향을 담당한다. 오븐 앞에서 감지되는 따뜻하고 풍부한 냄새는 바로 이 복합적인 반응의 결과이다.

세 번째는 맛의 변화다. 설탕의 단맛에 구수함과 고소함, 그리고 약한 쓴맛이 더해지며 풍미의 균형이 만들어진다. 특히 바게트나 크루아상처럼 얇은 껍질을 가진 빵은 메일라드 반응의 비중이 크다. 껍질의 고소한 풍미가 속살의 부드러움과 대비되면서 특유의 입체적인 식감을 형성한다.

결국 메일라드 반응은 제빵의 마지막 단계이자 전체 과정을 완성하는 핵심이다. 이 반응이 일어나야만 빵은 특유의 색과 향, 그리고 고소한 풍미가 만들어진다.

발효 시간과 온도, 풍미를 빚는 두 축

빵의 풍미는 밀가루나 버터처럼 눈에 보이는 재료보다 보이지 않는 두 가지 변수에 더 큰 영향을 받는다. 바로 발효의 시간과 온도다. 제빵의 핵심은 이 두 요소를 얼마나 정교하게 조절하느냐에 있다. 같은 재료를 사용하더라도 시간과 온도가 달라지면 완전히 다른 결과가 나온다. 이 두 변수는 단순히 반죽이 부풀어 오르는 속도를 조절하는 물리적 조건이 아니라 맛과 향, 조직, 식감을 결정짓는 근본적인 요인이다.

발효는 효모가 반죽 속의 당을 분해해 이산화탄소와 알코올을 만들어내는 과정이다. 겉으로는 단순한 팽창처럼 보이지만, 내부에서는 복잡한 생화학적 변화가 일어난다. 효모는 당을 대사하며 유기산, 알코올, 에스터, 휘발성 화합물을 생성하고, 이들이 결합해 빵 특유의 향과 맛을 형성한다. 발효 환경이 바뀌면 이러한 향의 조성과 강도도 달라진다.

온도는 효모의 활동 속도를 좌우한다. 온도가 높으면 발효는 빠르게 진행되지만, 향의 층이 단순해지고 풍미의 균형이 무너진다. 효모가 충분히 대사할 시간을 확보하지 못하기 때문이다. 반대로 온도가 낮으면 발효 속도는 느리지만 향의 조성이 복잡해지고 맛의 깊이가 생긴다. 이 때문에 장시간 저온 발효가 선호된다. 낮은 온도에서 천천히 이루어지는 발효는 단맛과 산미를 균형 있게 조절하며, 향의 안정성을 높인다.

시간 역시 독립적인 변수다. 같은 온도에서도 발효 시간이 짧으면 효모가 충분히 작용하지 못해 풍미가 단조롭고 조직이 조밀해진다. 반대로 시간이 지나치게 길면 알코올과 산이 과도하게 축적되어 떫거나 신맛이 나타난다. 최적의 풍미는 효모가 충분히 활동하면서도 과발효에 이르지 않은 지점에서 형성된다.

온도와 시간은 서로 보완적 관계에 있다. 온도가 낮으면 시간을 늘려야 하고, 온도가 높으면 시간을 줄여야 한다. 제빵은 이 둘의 관계를 일정한 공식으로 계산하기보다, 반죽의 상태를 관찰하며 판단하는 과정이다. 반죽의 온도, 수분 함량, 밀가루의 단백질 비율, 효모의 활력 등 다양한 요소가 상호작용하기 때문이다. 베이커는 반죽의 냄새, 표면의 탄력, 손끝의 감각으로 발효의 적정 시점을 판별한다.

일반적으로 온도는 발효의 속도를 결정하고, 시간은 향의 농도를 결정한다. 온도가 높으면 단맛과 구수한 향이 강조되고, 낮으면 산미와 고소함이 조화를 이룬다. 특히 25~28℃ 구간은 두 특성이 균형을 이루어 가장 안정적인 풍미가 형성되는 온도 범위로 알려져 있다. 결국 발효는 단순히 반죽을 부풀리는 과정이 아니라, 맛의 구조를 만드는 단계다. 반죽은 오븐에 들어가기 전 이미 많은 향미 성분을 만들어 굽기를 통해 맛을 완성하는 과정이다. 베이커가 굽기보다 발효를 더 중시하는 이유다.

홈베이킹에서도 원리는 같다. 따뜻한 환경에서 빠르게 발효시키면 효율적이지만 향의 복합성이 떨어지고, 냉장 환경에서 장시간 숙성시키면 발효 속도는 느려도 풍미의 깊이가 커진다. 같은 재료라도 기다림의 길이에 따라 맛의 방향이 달라진다.

온도는 속도를, 시간은 향의 밀도를 만든다. 이 두 축의 균형이 이루어지는 지점에서 빵의 품질이 결정된다. 발효는 기다림의 기술이며, 그 시간을 어떻게 조율하느냐가 제빵의 완성도를 정한다.

같은 오븐도 위치가 다르면 왜 맛이 왜 달라질까?

같은 오븐이라도 빵을 어디에 두느냐에 따라 맛이 달라지는 것은 열이 닿는 정도가 달라서이다. 언뜻 오븐 내부는 일정한 온도를 유지하는 것처럼 보이지만, 부위마다 복사, 전도, 대류를 통해 전달되는 열은 다르다.

대부분 오븐은 위와 아래에 열선이 있다. 위쪽은 복사열이 강하고, 아래쪽은 전도열과 대류열이 함께 작용한다. 그래서 위쪽이 더 뜨겁고 아래쪽이 상대적으로 덜 뜨겁다. 열의 분포에 영향을 주는 또 하나의 요인은 공기 흐름이다. 오븐 속 열은 공기와 함께 이동하며 반죽을 감싼다. 이때 기류가 한쪽으로 치우치면 열이 고르게 전달되지 않아 빵의 한쪽만 먼저 익는다. 상업용 오븐은 팬이 회전하며 이를 보정하지만, 가정용 오븐은 구조상 열의 분포가 불균일하다. 굽는 중간에 팬을 열어 빵의 방향을 바꿀 필요가 있는 이유이다.

사용하는 팬의 재질 역시 결과에 영향을 미친다. 금속 트레이는 열전달이 빠르지만, 수분이 급격히 빠져나가 단단한 크러스트가 형성된다. 반면 스톤 팬이나 도자기 팬은 열을 천천히 흡수해 내부를 균일하게 익히며 부드러운 식감을 만든다. 실리콘 매트나 베이킹 페이퍼, 팬의 높이와 위치 같은 작은 요소도 최종 결과를 달라지게 한다.

열의 방향도 구조에 영향을 준다. 위쪽에서 강한 복사열이 먼저 닿으면 표면 전분이 빠르게 호화되어 단단한 껍질이 생기고, 아래쪽에서 천천히 열이 오르면 내부 수분이 오래 머물러 촉촉한 질감이 유지된다. 이 특성에 따라 하드 계열의 빵은 중앙보다 약간 위쪽이 적합하고, 식빵처럼 부드러운 빵은 중앙 또는 하단 위치가 알맞다.

커피 로스팅에서 열풍과 배기 타이밍이 향의 균형을 바꾸듯, 제빵에서도 오븐의 위치와 열 분포는 맛의 세부 구조를 결정한다. 바게트는 윗단에서 강한 복사열로 빠르게 크러스트를 형성해야 하고, 브리오슈처럼 버터 함량이 높은 빵은 낮은 단에서 천천히 구워야 향이 타지 않고 균일하게 퍼진다.

가정용 오븐에서는 실험을 통해 이러한 차이를 체감하는 것이 효과적이다. 같은 반죽을 위, 중앙, 아래에서 각각 구워보면 색, 식감, 향의 강도가 모두 다르게 나타난다. 이런 경험을 통해 홈베이커는 자신만의 기준과 감각을 축적하게 된다.

결국 오븐은 단순한 열원이 아니라, 공기·금속·수증기·시간이 상호작용하는 하나의 작은 열역학적 시스템이다. 이런 열을 잘 이해하고 다루는 것이 제빵의 품질을 높이는 방법이다.

오븐 없이도 빵을 구울 수 있을까?

'굽는다'는 것은 열을 가해 반죽 속 수분을 증발시키고, 전분과 단백질을 변성시켜 구조를 형성하는 과정이다. 이 조건이 충족된다면 오븐이 아니어도 충분히 빵을 만들 수 있다. 다만 사용하는 도구와 열의 전달 방식에 따라 식감, 향, 구조는 달라진다.

가장 손쉬운 대안은 프라이팬이다. 팬은 열전도가 빠르고 직접 열이 닿기 때문에 짧은 시간 안에 반죽을 익힐 수 있다. 약불로 예열한 팬에 반죽을 넣고 뚜껑을 덮으면 내부에 수증기가 생겨 윗면이 부드럽게 익는다. 마지막에 뚜껑을 열어 수분을 날리면 크러스트가 단단해진다. 다만 열이 한쪽 방향에서만 전달되므로 윗면의 색과 질감이 고르지 않을 수 있다.

에어프라이어는 최근 홈베이킹에서 많이 사용되는 도구다. 고온의 공기가 순환하면서 표면의 수분을 빠르게 제거하므로 크러스트를 형성하기 좋다.

크로플, 스콘, 작은 롤빵처럼 표면 식감이 중요한 과자 등에 적합하다. 그러나 반죽이 두껍거나 수분이 많으면 속이 덜 익을 수 있다. 이때는 중간에 한 번 뒤집거나 온도를 10~20℃ 낮추고 시간을 늘려 조정한다.

더치오븐은 오븐을 가장 잘 대체할 수 있는 도구다. 두꺼운 뚜껑이 수분을 가두어 자연스러운 스팀 효과를 내고, 금속이 고르게 열을 전달해 내부까지 균일하게 익힌다. 하드 계열 빵에도 적합하며, 오븐 없이도 안정적인 결과를 얻을 수 있다.

결국 중요한 것은 도구의 종류가 아니라 열의 흐름이다. 열이 반죽을 감싸고 수분이 적절히 빠져나가면서 전분과 단백질이 구조를 잡으면, 어떤 방식으로든 빵은 만들어진다. 차이는 도구가 아니라 열을 얼마나 정밀하게 제어하느냐에 있다. 물론 오븐으로 구운 빵의 향과 질감을 완전히 재현하기는 어렵다. 그러나 오븐이 없는 환경에서 만드는 빵은 또 다른 특성이 있다. 팬 위에서 익는 소리나 냄비 속 수증기처럼 조리 과정에서 느껴지는 생동감이 있다. 이는 온도 조절보다 감각적 반응에 가까운 조리 경험이다.

결론적으로 빵은 도구가 아니라 열의 원리와 조절 능력으로 완성된다. 오븐은 가장 효율적인 선택일 뿐, 꼭 필요한 조건은 아니다. 열의 전달과 수분의 균형을 이해한다면 어떤 환경에서도 빵을 구울 수 있다.

빵마다 자르는 소리가 다른 이유

빵은 눈으로 보기 전에 귀로 먼저 익는다. 잘 구워진 빵을 자를 때 들리는 '사각' 혹은 '탁' 하는 소리는 단순한 감각이 아니라 오븐 안에서 어느 정도 물리적 변화가 일어났는지를 알려주는 신호다. 베이커는 이 미세한 소리를 통해 굽기의 정도와 수분 상태를 판단한다.

빵의 겉껍질이 제대로 만들어지면 자를 때 내부 공기층이 터지며 특유의 선명한 '사각' 소리가 난다. 반대로 껍질이 충분히 익지 않았거나 수분이 많이 남아 있다면 자를 때 '푹' 하는 둔탁한 소리가 들린다. 이는 크러스트가 아직 완전히 경화되지 않았음을 의미한다. 이 상태의 빵은 식히는 동안 내부 수증기가 표면으로 이동하면서 껍질을 눅눅하게 만든다. 즉, 소리가 바삭하지 않다면 내부의 열과 수분 이동이 아직 끝나지 않은 것이다.

빵은 오븐에서 꺼낸 후 식힘망 위에서 충분히 열과 수분을 배출해야 표면이 고르게 마르고, 자를 때 맑은 소리가 난다. 잘 구워진 바게트나 사워도우의 소리는 완성도를 판단하는 중요한 지표다.

빵의 종류에 따라 이 소리의 결은 다르다. 바게트는 얇은 크러스트가 깨지며 '딱딱'한 소리를 내고, 치아바타는 수분이 많아 '탁탁'한 음에 가깝다. 식빵은 부드러운 구조로 인해 '슥' 하는 미끄러지는 소리가 난다. 이러한 차이만으로도 크러스트의 두께와 내부의 공기층 구조를 추정할 수 있다. 결국 빵을 자르는 소리는 오븐 속에서의 시간, 열의 세기, 반죽의 수분, 식히는 시간 같은 과정이 소리의 형태로 기록된 것이다.

pH는 발효와 맛에 어떤 영향을 줄까?

식품의 pH는 단순히 신맛의 정도가 아니라 온도만큼이나 모든 변수를 좌우하는 요소가 될 수 있다. 빵에서도 pH는 반죽 속 미생물의 활동을 좌우하고, 결과적으로 빵의 풍미와 구조를 바꾼다.

반죽을 시작하면 초기 pH는 6.0 전후로 중성에 가깝다. 효모가 활동을 시작하면서 당이 분해되고, 그 과정에서 생성된 이산화탄소가 반죽을 부풀린다. 시간이 지나며 젖산균과 초산균이 활동하기 시작하면 산이 만들어지고, pH가 서서히 낮아진다. 이때부터 빵의 성격이 달라지기 시작한다. pH가 낮아질수록 산미가 생기고 향이 깊어진다. 사워도우의 경우 반죽의 pH는 4.0까지 내려간다. 산이 단백질을 조여 글루텐 결합을 강화하고, 반죽의 탄성을 높인다. 그래서 사워도우는 오래 씹을수록 밀도가 높고 맛이 깊다. 반면 일반 식빵은 pH 5.5~6.0 수준이다. 효모 중심의 발효로 빠르게 부풀며 부드럽고 담백하지만, 향의 깊이는 상대적으로 얕다.

산도는 미생물의 균형에도 영향을 미친다. 산도가 높아지면 잡균의 성장이 억제되어 저장성이 높아진다. 그러나 너무 산성이 되면 효모의 활동이 약해져 발효 속도가 느려지고, 질감이 거칠어진다. 반대로 pH가 지나치게 높으면 단맛이 강조되지만, 풍미가 단조롭고 상하기 쉽다.

pH는 색의 형성에도 관여한다. 메일라드 반응은 pH가 높을수록 활발하게 일어나기 때문에 pH가 낮은 빵은 색이 밝고 부드러우며, pH가 높은 빵은 진한 갈색과 구수한 향을 낸다.

빵을 만들 때 설탕은 빼도 소금은 안 빼는 이유

빵을 만들다 보면 설탕은 취향에 따라 넣거나 빼도 큰 문제가 없지만 소금은 반드시 들어간다. 빵에서 설탕은 전분에서 분해되는 맥아당 등으로 어느 정도 대체할 수 있지만, 미네랄은 원자 상태라 발효하거나 굽는다고 더 늘거나 줄지 않기 때문이다. 더구나 소금의 역할을 대신할 성분은 세상 어디에도 없다.

소금은 단순히 짠맛을 부여하는 것 말고도 너무나 다양한 역할을 하기 때문에 빼기 힘들다. 소금은 반죽의 구조를 단단하게 하고, 발효 속도를 조절하며, 맛의 균형을 잡는 데 꼭 필요한 재료다. 소금은 반죽의 탄력을 만들고 단백질의 용해도를 바꾸어 글루텐의 그물망을 조밀하게 만들기 때문이다. 그래서 반죽은 질기지 않으면서도 탄성이 생기고, 구웠을 때 형태가 무너지지 않는다. 반면 소금이 없는 반죽은 흐물거리고 모양을 유지하기 어렵다.

소금은 효모의 활동도 조절해서 적절한 속도로 발효를 안정적으로 진행하게 한다. 그래서 기포는 더 균일해진다.

소금은 맛의 중심을 잡는 역할도 한다. 빵은 소금이 들어가야 고소함과 단맛이 더 뚜렷해진다. 소금이 적당히 들어가면 짠맛은 거의 느껴지지 않지만, 빵의 전체적인 풍미가 살아난다. 반대로 소금을 넣지 않으면 밋밋하고 물맛이 나는 듯한 빵이 된다.

이처럼 소금은 단순히 간을 맞추는 재료가 아니라, 빵의 구조와 맛을 동시에 설계하는 요소다. 그래서 빵에는 항상 밀가루 무게 대비 약 1.8~2% 정도의 소금을 사용한다.

하루 지난 식빵을 맛있게 굽는 법

호텔에서 조식을 먹을 때 커피와 토스트 조합만큼 어울리는 것도 드물 것이다. 버터를 듬뿍 바른 토스트는 구수하고 표면이 바삭바삭하면서 속은 촉촉하고 따끈해서 우리의 오감을 행복하게 한다.

문제는 식빵을 하루 이틀만 보관해도 딱딱해지고 맛도 떨어진다는 점이다. 수분의 증발, 전분의 노화, 글루텐의 경화 등이 일어나면서 딱딱해지고 퍼석퍼석한 식감이 되어 먹기 싫게 된다. 하지만 조금 신경 써서 토스트하면 갓 나온 식빵처럼 매력적으로 변한다.

먼저 충분히 예열할 것, 그리고 고온에서 단시간에 구울 것(200℃ 2분 30초 정도), 그럼 표면을 가습할 것(빵의 표면에 분무기로 물 뿌리기). 이렇게 하면 토스트가 무조건 맛있어진다. 겉은 바삭하고, 속은 촉촉한 토스트는 식감의 대비를 이루면서 씹는 즐거움이 한층 늘어난다. 한 입 베어 물었을 때 바삭바삭하는 소리마저 매력적이다.

냉동실에 보관해 표면이 건조해진 식품이나 노화한 식품의 겉면에 수분을 추가하는 것은 생각보다 맛과 촉촉하고 부드러운 식감 개선에 좋은 효과를 준다. 토스트 역시 겉에 수분을 첨가해 구우면 표면은 뜨겁고 속은 덜 뜨거운 상태가 된다. 온도로 활발히 움직이는 수분이 증발도 되지만 안으로도 이동하기 때문에 중심 부분의 따뜻한 수분이 늘어나 토스트가 맛있게 구워진다.

냉동 식빵을 더 맛있게 토스트하려면?

토스터의 히터(열원)의 종류에 따라 맛이 차이나기도 한다. 원래 히터는 원적외선 방사에 뛰어난 석영관 히터가 주로 사용되었다. 석영관 히터는 식품 표면의 열 흡수가 빨라서 단시간에 빵의 색깔이 노릇노릇해져 상온식 빵의 토스트에 적합하다. 하지만 냉동 식빵 등은 겉은 구워져도 속이 여전히 차가운 결과가 나오기 쉽다. 그래서 석영관 히터에 더해 식품의 중심 부분까지 더 투과가 잘되고 근적외선 영역에서의 방사율이 높은 할로겐 히터 또는 아르곤 히터가 탑재되었다.

이러한 근적외선 히터의 병용으로 식빵의 표면 부분뿐 아니라 중심 부분까지 열이 더 잘 통하게 되어, 열효율의 균일화와 가열 시간의 단축이 가능해졌다. 그 결과 식빵의 수분 증발을 줄이고, 식빵 내 전분의 재호화와 글루텐의 연화 속도를 단축해 냉동 식빵 토스트도 맛있게 만들 수 있게 되면서, 겉은 바삭하고 속은 촉촉하고 따끈따끈한 토스트의 실현이 가능해졌다.

한편 냉동 식빵으로 토스트를 맛있게 구울 수 있는 기능도 있다. 해동과 굽기를 2단계에 걸쳐서 가열한다. 해동 단계는 온도를 조절하면서 비교적 저온에서 해동한다. 그러다가 어느 정도 해동되면 단숨에 고온으로 가열한다. 이리해 상온 식빵으로 만드는 토스트보다 시간은 좀 더 걸리지만 냉동 식빵이라고 믿기 어려울 정도로 따끈따끈하고 푹신한 식감이 완성된다.

반죽에 사계절을 담는다는 의미

"사계절을 반죽에 담는다"라는 말은 제빵사들이 자주 하는 표현이다. 얼핏 시적인 비유처럼 들리지만, 사실은 과학과 감각이 함께 작동하는 현실적인 이야기다. 빵에는 온도, 습도, 시간, 그리고 계절의 변화가 그대로 반죽 속에 반영되기 때문이다.

봄의 반죽은 온화하다. 겨우내 차가웠던 공기가 풀리며 실내 온도와 습도가 높아진다. 효모의 활동이 활발해지고, 반죽은 빠르게 숨을 쉰다. 발효가 예측보다 빨라지므로 시간과 온도를 조절해야 한다.

여름은 가장 다루기 어려운 계절이다. 고온다습한 환경은 효모가 폭발적으로 증식하기에 쉬워 쉽게 과발효로 이어질 수 있다. 구조가 버티지 못하면 빵은 주저앉고, 신맛이 과하기 쉽다. 그래서 여름에는 '속도를 늦추는 기술'이 필요하다. 온도를 낮추며, 효모의 양을 줄인다.

가을은 제빵에 가장 이상적이다. 온도와 습도가 안정적이고, 발효 속도도 일정하다. 반죽은 부드럽게 숨을 쉬며 결이 자연스럽게 정돈된다. 그래서 많은 장인이 '가을의 빵'을 가장 좋아한다.

겨울은 모든 것이 느려진다. 공기가 차갑고, 건조해서 효모의 활동이 느려지고, 반죽은 쉽게 마른다. 느림은 꼭 단점이 아니라, 향을 깊게 만드는 시간이다. 긴 발효는 복합적인 풍미를 만들어내며, 겨울의 빵은 밀도와 향의 깊이가 다른 계절보다 짙다.

결국 사계절을 반죽에 담는다는 말은 계절의 변화에 따라 반죽의 리듬도 달라지고, 그 리듬에 맞춰야 좋은 결과가 나온다는 이야기이다. 봄의 부드러움, 여름의 속도, 가을의 균형, 겨울의 인내는 모두 반죽 속에 녹아 있다. 같은 재료라도 매일 조금씩 다른 빵이 만들어지는 이유다.

요리는 결국 감각으로 측정하는 과학이다

계량컵과 저울, 온도계가 있어도 마지막 판단은 결국 사람의 감각이 한다. 반죽을 치댈 때 손에 전해지는 점성과 탄력, 팬에 닿은 버터가 내는 소리, 오븐 문을 열었을 때 퍼지는 향기까지 이 모든 감각은 수치 대신 요리의 완성도를 판단하는 기준이 된다. 발효 시간을 초 단위로 재지 않아도 반죽의 냄새, 표면의 긴장감, 손끝의 질감만으로 상태를 알 수 있다. '감으로 한다'라는 표현은 막연한 직감이 아니다. 그것은 반복된 실험의 결과를 몸이 기억한 상태다. 수많은 시도 속에서 쌓인 경험이 온도와 시간, 재료의 변화를 데이터처럼 저장하고, 감각은 그 데이터를 불러와 결정을 내린다. 실험실의 연구자가 수치를 분석하듯, 숙련된 요리사는 손과 코, 귀로 반응을 읽는다. '이 정도면 됐다'라는 말은 경험을 기반으로 한 정밀한 해석이다.

이때 감각은 서로 다른 신호를 종합해 하나의 판단을 내리는 정교한 측정 도구로 작동한다. 요리의 과학은 결코 감각을 배제하지 않는다. 오히려 감각은 측정을 통해 정교해지고, 측정은 감각의 의미를 확보한다. 온도계의 숫자를 보지 않아도 피부로 이미 뜨거움을 감지하고, 타이머가 울리기 전에 이미 눈과 코를 통해 다 되었음을 감지한다. 감각은 측정보다 빠르고, 측정이 다루지 못하는 변화까지 포착한다.

베이커나 요리사는 오븐의 열, 소리, 색과 향의 변화 등을 통해 눈에 보이지 않는 물리와 화학의 변화를 읽어낸다. 감각을 통해 과학을 실행하는 사람인 것이다. 요리는 감각의 해석으로 완성된다. 정확한 수치가 구조를 만들고, 감각은 그 구조가 완성되는 순간을 포착한다. 두 영역이 균형을 이루는 지점에서 한 접시의 요리와 한 덩이의 빵이 완성된다.

3장. 요즘의 베이커리 동향

요즘 빵, 달라진 지점은 어디인가?

요즘 빵은 단순히 '먹는 음식'이 아니라 '경험하는 음식'이다. 예전에는 간식이나 아침 대용이었다면, 이제는 삶의 방식 일부로 자리 잡았다. 카페에서 커피를 마시며 빵을 곁들이는 정도를 넘어 빵을 먼저 고른 뒤 그에 어울리는 커피를 선택할 정도이다. 사람들은 배를 채우기 위해 빵을 사는 것이 아니라 자신이 좋아하는 맛과 질감 그리고 공간의 분위기를 선택한다.

그만큼 빵의 취향도 세분화되었다. 과거에는 소보로빵, 단팥빵처럼 익숙한 몇 가지 메뉴가 시장을 주도했다면, 지금은 사워도우, 브리오슈, 포카치아, 크루아상 등 세계의 유명 빵이 우리의 일상으로 들어왔다. 동시에 글루텐프리, 비건, 로우슈거 같은 건강 지향형 빵도 늘고 있고, 밀가루 대신 쌀, 통밀, 귀리, 아몬드 등의 가루를 사용하는 경향도 늘었다. 재료의 투명성 또한 중요한 변화다. 수입 밀가루 대신 국산 밀을 사용하는 곳이 늘고, 버터, 달걀, 우유의 원산지와 품질을 공개하는 베이커리도 많아졌다.

공간의 역할도 달라졌다. 과거의 빵집이 '사는 곳'이었다면, 이제는 '머무는 곳'이다. 오븐에서 막 나온 빵 냄새, 부드러운 조명, 직접 담근 잼과 버터가 나란히 놓인 진열대 등 모든 요소가 감각적 경험을 완성한다. 손님은 빵을 사러 오는 것이 아니라 기분 좋은 시간을 소비하러 온다.

디지털화 역시 빠르게 진화하고 있다. SNS와 배달 플랫폼은 베이커리를 거리의 제약 없이 전국으로 확장했다. 온라인 예약과 픽업은 기본이 되었고, 한정 판매와 오픈 런은 팬덤을 만든다. "오늘은 어떤 빵이 나올까?"라는 기대감이 커뮤니티를 형성하며, 베이커리는 이제 작은 브랜드를 넘어 하나의 콘텐츠가 되었다.

결국 오늘날의 빵은 기술과 감각, 건강과 취향이 교차하는 지점에 서 있다. 빵의 다양성에 스토리와 미학이 더해진다. 빵은 단순한 탄수화물이 아니라, 사람의 마음과 시간을 담은 작은 문화가 되었다. 그래서 요즘의 베이커리는 오븐 앞에서만 완성되지 않는다. SNS 피드, 매장 조명, 고객의 경험, 재료의 철학이 빵의 일부다. 맛은 여전히 중심이지만, 그 맛을 둘러싼 이야기들이 함께 익어가며 '지금의 빵'을 만든다. 오늘날의 빵은 그렇게 다르다. 그것이 세대 차이로 나타난다.

빵의 세대 차이는 어떻게 나타나는가?

요즘 베이커리 트렌드를 보면, 단순히 맛의 유행이 아니라 세대별 취향이 공존하고 있음을 알 수 있다. 7080세대에게 빵은 여전히 '양식'보다는 '간식'에 가깝다. 그들에게 익숙한 빵은 소보로방, 단팥빵, 크림빵처럼 달콤하고 부드러운 빵이다. 커피믹스 한 잔과 함께 먹던 그 시절의 정서가 그대로 남아 있다. '갓 구운 빵'보다 '포장된 익숙한 빵'이 주는 안정감을 선호한다. 가격과 양, 익숙함이 중요하다. 이런 세대에게 베이커리란 특별함보다 편안한 일상에 더 가깝다.

1990~2000년대 초반 세대는 이전과는 다른 감각으로 빵을 본다. 이들은 프랜차이즈 베이커리에서 자랐고, '파OOO뜨', '뚜OO르'의 표준화된 맛을 경험했다. 학교 앞에서 사 먹던 피자빵, 소시지빵, 마늘빵은 이 세대에게 추억의 상징이다. 하지만 동시에 SNS와 해외여행을 통해 유럽식 빵 문화에도 익숙하다. 이 세대는 단팥빵과 크루아상을 동시에 즐긴다. 즉, 한국식과 유럽식이 공존하는 과도기적 세대다.

MZ세대 이후로 오면서 빵은 완전히 새로운 의미를 가진다. 이들에게 베이커리는 단순한 음식점이 아니라 '경험의 공간'이다. 맛보다 중요한 건 '감각'이다. 브런치, 카페, 인스타그램 피드에 어울리는 비주얼, 그리고 나만의 취향을 드러낼 수 있는 선택이 중요하다. 단맛보다 짠맛, 고소함, 식감의 다양성을 중시한다. '소금빵', '사워도우', '발효종' 같은 키워드가 유행하는 이유다. 또한 건강과 지속가능성에 관한 관심이 높아서 글루텐프리, 비건, 로컬밀, 제로웨이스트 효모 같은 개념도 자연스럽게 받아들인다.

세대 간의 차이는 구매 방식에서도 나타난다. 기성세대는 여전히 오프라인 매장을 찾아 직접 고르는 즐거움을 느끼지만, 젊은 세대는 온라인 예약, 한정 수량, 오픈런 등 '경험의 희소성'을 즐긴다. "이 집 오늘 오픈했다", "이 메뉴는 하루 30개뿐!" 같은 정보가 곧 콘텐츠가 된다.

브랜드에 대한 인식도 다르다. 과거엔 '유명 브랜드=믿을 수 있는 맛'이었지만, 지금은 '작은 동네빵집=진짜 맛집'이라는 인식이 강하다. 개인의 스토리, 정직한 재료, 공간의 분위기가 신뢰를 만든다.

결국 빵의 세대 차이는 '무엇을 먹느냐'보다 '어떻게 먹느냐'의 차이다.

한쪽은 익숙함에서 위로를 찾고, 다른 쪽은 새로움에서 즐거움을 찾는다. 그래도 공통점이 있다. 모두에게 빵은 따뜻한 위로이자 휴식이라는 점이다. 시간이 지나도 빵의 본질은 변하지 않는다. 다만 그 빵을 둘러싼 의미가 세대마다 달라질 뿐이다. 누군가에겐 추억이고, 누군가에겐 스타일이며, 또 다른 누군가에겐 철학이다. 그렇게 빵은 시대에 따라 변하면서도, 여전히 모든 세대의 식탁 위에 남아 있다.

지역마다 인기 빵이 다른 이유

지역마다 인기 있는 빵이 다른 이유는 단순한 유행의 차이가 아니라 기후, 식문화, 재료, 생활 방식이 다르기 때문이다. 빵은 결국 '그 지역의 입맛'을 닮는다. 같은 밀가루와 버터로 만들어도 서울과 부산, 전주와 강릉의 빵이 서로 다른 이유가 여기에 있다.

먼저 기후와 습도는 반죽의 성질을 바꾼다. 습한 남부 지역에서는 바삭한 식감이 오래 유지되지 않기 때문에 상대적으로 부드럽고 촉촉한 식빵이나 크림빵이 선호된다. 반대로 건조한 지역은 하드롤이나 바게트처럼 겉이 단단한 빵이 더 어울린다. 오븐의 열기, 발효 속도, 냉각 시간까지 기후에 따라 달라지니, 결국 지역별로 자연스럽게 익숙한 식감이 형성된다.

다음은 식문화의 차이다. 부산은 바다를 끼고 있어 소금빵과 버터빵이 강세다. 짠맛과 고소한 맛의 조화가 지역 입맛과 잘 맞는다. 전주는 단팥빵의 본고장으로 불린다. 팥을 듬뿍 넣은 전통적인 단맛은 오랜 세월 한식 디저트 문화와 함께 자라났다. 강릉은 커피 거리와 함께 성장하면서 천연 발효종 빵이나 브리오슈처럼 향이 풍부한 빵이 인기를 끈다. 제주에서는 감귤, 보리, 녹차, 당근 등 지역 농산물을 활용한 빵이 많다. 여행자들에게는 '특산물 베이커리'로, 지역민에게는 '자연의 맛을 담은 빵'으로 자리 잡았다.

재료의 접근성도 큰 영향을 미친다. 서울과 수도권의 베이커리는 수입 재료나 고급 원유, 프랑스산 버터 같은 프리미엄 재료를 쉽게 구할 수 있어 고급스러운 맛과 디자인 중심의 빵이 많다. 반면 지방의 소규모 빵집은 지역 농산물을 중심으로 메뉴를 개발한다. 강원도의 감자, 경북의 사과, 전남의 쌀가루 같은 재료가 '로컬 베이커리'의 개성을 만든다.

소비자의 특성 차이도 무시할 수 없다. 대도시는 트렌드가 빠르고, SNS의 영향을 많이 받는다. '한정 메뉴', '디저트 카페형 베이커리', '비건 베이커리'처럼 새로운 콘셉트가 빠르게 퍼진다. 반면. 중소도시나 시골 지역은 여전히 익숙한 맛과 가성비를 중시한다. 매일 먹는 아침빵, 오래된 단골집의 단팥빵처럼 안정적인 메뉴가 꾸준히 사랑받는다.

결국 빵은 지역의 생활문화를 반영한다. 빵집이 밀집한 서울 성수동이나 연남동에서는 '감각적인 경험'을, 항구도시 부산에서는 '짠맛과 고소함'을, 전주나 순천에서는 '전통의 달콤함'을 판다. 여행하면서 지역 베이커리를 들르면 그 도시의 성격이 빵의 형태로 드러난다는 걸 쉽게 느낄 수 있다. 이런 지역성은 때로는 강력한 경쟁력이 될 수 있다. 전국 어딜 가도 똑같은 체인점 빵보다 이 지역에서만 맛볼 수 있는 빵을 찾는 사람들이 늘고 있다. 그것이 바로 로컬 베이커리의 시대다.

결국 지역마다 인기 빵이 다른 이유는 단순한 취향의 차이가 아니라 기후, 재료, 문화, 사람의 생활 방식이 녹아 있기 때문이다. 빵은 그 지역의 공기를 먹는 음식이다. 어디에서 구웠는지, 어떤 재료로 만들었는지, 어떤 사람들이 그 빵을 기다렸는지가 그 맛을 결정한다. 그래서 지역마다 인기 있는 빵이 다르고, 그 다름이야말로 다양성의 축복이다.

인기 베이커리의 공통점은 무엇일까?

인기 있는 베이커리의 공통점은 '맛이 좋다'라는 단순한 이유만으로 설명되지 않는다. 요즘의 소비자는 맛뿐 아니라 공간, 경험, 가치, 스토리를 함께 소비한다. 그래서 인기 베이커리는 기술력보다 '감각과 철학'을 더 잘 구현하는 곳이다. 그래서 빵집의 외형과 메뉴는 달라 보여도, 그 안의 철학과 성공 비결은 닮아있다.

첫 번째 공통점은 명확한 콘셉트다. "우리는 어떤 빵을 만든다"라는 정체성이 분명하다. 단순히 메뉴가 아니라 방향이 있다. 어떤 곳은 천연 발효종만을 사용하고, 어떤 곳은 프랑스 전통 제법을 고수한다. 또 어떤 곳은 지역 재료를 강조하며 '로컬 빵집'을 표방한다. 이런 콘셉트는 빵의 종류와 인테리어, 포장 디자인, 매장 이름까지 일관되게 이어진다. 사람들은 그 통일감에서 신뢰를 느낀다.

두 번째는 기본에 충실한 기술력이다. 유행하는 비주얼이나 화려한 토핑보다 기본 반죽의 완성도가 우선이다. 단팥빵 하나를 만들어도 팥의 농도와 수분 함량, 반죽의 두께를 정확히 조율한다. 겉모습이 단순해 보여도 한 입 먹으면 차이가 느껴진다. 제빵 기술은 '드러나지 않는 정직함'이기 때문이다. 냉동생지나 기성품 재료 대신 직접 반죽과 숙성을 고집하는 것은 시간이 더 걸리더라도 깊은 맛을 내겠다는 노력이다.

세 번째는 공간의 배려이다. 인기 베이커리는 단지 빵을 파는 곳이 아니라 시간을 머물게 하는 장소다. 향, 조명, 음악, 동선까지 계산되어 있다. 입구 근처엔 방금 구운 빵의 향이 스며 나오고, 계산대 옆엔 시그니처 제품이 진열된다. 인스타그램에 올린 사진을 찍고 싶은 포인트가 자연스럽게 생긴다. 이런 공간은 '여기서 빵을 샀다'가 아니라 '여기 다녀왔다'라는 경험으로 남는다.

네 번째는 스토리텔링이다. 인기 베이커리의 사장은 단순한 제빵사가 아니라 '자신의 철학을 가진 이야기꾼'이다. "어릴 적 외할머니가 구워주던 단팥빵의 기억", "매일 아침 직접 갈아 넣는 국산 통밀", "남은 빵을 지역 복지관에 기부한다." 같은 이야기는 공감과 참여의 언어가 된다. 소비자는 이제 제품이 아니라 '가치'를 산다.

다섯 번째는 계절과 흐름을 읽는 감각이다. 좋은 베이커리는 매달 조금씩 변한다. 제철 과일로 만든 페이스트리, 여름의 시원한 크림치즈 빵, 겨울의 시나몬롤. 이런 작은 변화가 단골을 만든다. 늘 같은 메뉴만 내놓는 곳은 '설렘'을 주기 힘들다.

마지막으로, 사람에 대한 태도가 다르다. 직원의 눈 맞춤과 밝고 친절한 태도는 손님의 기분을 좋게 하고, "이건 오늘 막 구운 거예요!"와 같은 적절한 말 한마디는 브랜드를 만든다. 빵의 온도보다 따뜻한 건 결국 사람의 마음이다.

결국 인기 베이커리는 공통으로 기술, 공간, 감성, 진심 그리고 손님에 대한 존중이 하나의 결로 이어져 있다. 맛있는 빵을 만드는 기술도 쉽지 않지만, 사람이 다시 돌아오게 만드는 것은 그보다 훨씬 어려운 일이다. 그곳에는 '빵을 파는 사람'이 아니라 '하루를 만들어주는 사람'이 있다. 그래서 인기 베이커리는 언제나 붐비지만, 그 안에는 단순한 유행이 아니라 오래된 신뢰가 쌓여 있다.

커피와 빵 산업의 닮은 점과 차이점

우리나라에서 커피는 이미 하나의 산업이 되었다. 2024년 기준 국내 커피 시장 규모는 약 9조 원에 이르며, 카페는 도시의 일상이 되었고, 커피는 단순한 음료가 아니라 사람과 사람을 연결하는 사회적 매개가 되었다. 산업은 커지고 체계는 정교해졌다. 전국의 대학과 전문학교, 평생교육기관에는 바리스타, 로스터, 큐그레이더 같은 전공과 자격 제도가 정착되어 있다. 커피는 원두의 원산지, 로스팅 온도, 향의 스펙트럼까지 세밀하게 연구되는 '산업적 학문'으로 자리 잡았다.

베이커리 분야도 수많은 빵집이 생기고 시장 규모도 6조 원에 달하지만, 체계는 아직 단단하지 않다. 그래도 변화의 조짐은 이미 시작되었다. '수제 베이커리'와 '디저트 카페'가 늘면서 이제 빵집은 단순한 판매 공간이 아니라 브랜드의 정체성과 창작자의 미학을 표현하는 무대가 되었다. 프랜차이즈 카페들도 자체 제빵 라인을 강화하거나 독립 베이커리와 협업을 확대하며, 빵이 가진 문화적 가능성에 주목하기 시작했다. 커피가 '취향의 산업'으로 발전했다면, 빵은 앞으로 '감각의 산업'으로 발전할 수 있을 것이다. 빵은 지역의 재료, 발효 환경, 제빵 기술, 저장 방식에 따라 무한히 다른 개성을 가질 수 있기 때문이다. 그래서 관광·디자인·문화 산업과 결합할 여지를 넓히고 있다.

개인의 감각과 창의성이 더 중요해지는 시대에는 오히려 빵의 수공성과 개별성이 새로운 경쟁력이 된다. 앞으로의 베이커리 교육은 단순한 기술 훈련을 넘어 발효과학, 식감공학, 향미분석, 소비자 행동 같은 학문적 접근이 함께 이루어져야 할 것이다. 커피가 시대의 취향을 이끌었다면, 이제는 빵이 그 취향을 완성할 차례다.

제빵사와 베이커, 같은 일 다른 이름

한국어 '빵'의 어원은 포르투갈어 'pão(팡)'이다. 일본은 포르투갈어 'pão'를 받아들여 'パン(팡)'으로 표기했고, 이것이 개항기 이후에 우리나라에 전해져 '빵'으로 정착했다. 영어 'bread'는 고대 영어 'brēad'에서 유래했으며, '조각' 또는 '부스러기'를 의미한다. 같은 제품인데 나라에 따라 빵에서 유래한 단어를 쓰거나 브레드에서 유래한 단어를 쓴다.

빵이라고 할 때와 브레드라고 할 때는 느낌과 태도도 다르고, '제빵사'와 '베이커'는 모두 빵을 만드는 사람이지만 두 단어가 담고 있는 의미와 분위기도 다르다. '제빵사'가 기술과 숙련의 이미지를 떠올리게 한다면, '베이커'는 감각과 창의성 그리고 취향의 세계를 연상시킨다. '제빵사(製麵師, baker)'라는 단어는 일본을 거쳐 근대 한국어에 들어온 표현이다. '제(製)'는 만들다, '빵(麵)'은 밀가루를 뜻하므로, '빵을 만드는 사람'이라는 의미가 직설적으로 드러난다.

1960~1980년대에 제과·제빵 기능사 제도가 도입되면서 이 용어는 공식적인 자격 체계 속에 자리 잡았고, 규격화된 공정과 일정한 품질을 유지하는 숙련된 기술자를 지칭하게 되었다. 당시의 제빵사는 대량생산의 시대 속에서 정확한 온도와 시간, 반죽의 균일함을 지켜내는 '기술 중심의 전문가'였다. 그래서 '제빵사'라는 단어에는 장인의 손끝과 함께 산업적 숙련의 이미지가 함께 깃들어 있다.

서양에서 '베이커리(bakery)'는 단순히 빵을 파는 가게가 아니라 주인의 개성과 미각, 미학이 녹아 있는 공간이었다. 그 안에서 빵을 만드는 사람인 '베이커(baker)'는 기능인이기보다 창작자에 가까웠고, 자신만의 감각과 철학을 반죽과 향으로 표현하는 사람을 뜻했다. 현대에 와서는 의미가 확장되어 빵을 예술적으로 해석하고 브랜드 정체성을 만드는 사람을 가리키는 표현으로 자리 잡았다. 즉, '베이커'는 기술자이면서 동시에 '자신의 이야기를 빵으로 전하는 사람'이다. 이처럼 단어의 차이는 언어의 배경과 사회의 흐름에서 비롯된다.

일본어에서 유래한 '제빵사'는 근대화와 산업기술의 체계 속에서 탄생한 기술직의 의미이고, 영어권의 '베이커'는 오랜 길드 전통과 생활문화에서 발전한 직업 정체성에 가깝다. 그래서 '제빵사'는 기능과 정확함을, '베이커'는 취향과 감각을 상징한다.

오늘날 우리나라에서도 이 두 단어는 서로 다른 맥락에서 쓰인다. 자격증 제도나 학교 교육에서는 '제빵사'라는 용어가 사용되지만, 개인 카페나 수제 베이커리에서는 '베이커'라는 단어가 훨씬 익숙하다. 같은 반죽을 다루더라도 제빵사는 품질과 공정을 지키는 전문가이고, 베이커는 개성과 감각으로 맛을 해석하는 창작자이다.

이렇게 보면 제빵사와 베이커는 단순히 다른 언어의 번역어가 아니다. 두 단어는 기술과 문화, 산업과 예술이 교차하는 지점에서 빵을 바라보는 서로 다른 관점을 담고 있다. 하나는 산업화의 산물로서의 기술을, 다른 하나는 개인의 미학과 표현을 상징한다. 그래서 오늘날의 베이커는 더 이상 반죽만 하는 기술자가 아니라, 빵을 통해 자신만의 철학을 이야기하는 사람이다. '제빵사'라는 단어가 여전히 필요하지만 '베이커'라는 이름이 늘어나는 이유는 이제 빵이 단순한 음식이 아니라, 하나의 문화이자 표현의 언어가 되었기 때문이다.

베이커리를 창업하려면 무엇이 필요한가?

베이커리를 창업한다는 건 단순히 빵을 굽는 기술을 익히는 일이 아니다. 그것은 하루의 리듬을 디자인하는 일이다. 손님이 문을 열고 들어오는 순간부터 향, 조명, 진열, 음악까지 모두 그들의 경험이 된다. 그래서 베이커리 창업은 기술과 경영, 감각이 동시에 작동해야 하는 종합적인 작업이다.

무엇보다 먼저 필요한 것은 제품력이다. 빵집의 시작과 끝은 결국 빵 그 자체다. 배합비를 어디서 배웠는지보다 중요한 건 그 빵이 매일 꾸준히 맛있을 수 있느냐이다. 반죽의 질, 발효 시간, 오븐 온도, 재료의 신선도는 기본이며, 자신만의 시그니처 아이템이 있어야 한다. 단 하나의 메뉴라도 "이건 이 집이 최고야!"라는 말을 들을 수 있어야 고객이 돌아온다. 크루아상한 종류든, 소금빵 한 가지든 좋다. 한 가지로 신뢰를 쌓는 것, 그것이 첫걸음이다.

다음은 입지의 선택이다. 베이커리는 단순히 상권이 좋은 곳보다 생활동선이 자연스러운 위치가 유리하다. 직장인들이 아침마다 지나는 길목, 아이를 등교시키는 부모들이 멈춰 설 수 있는 골목, 주말 산책길의 공원 앞이 이상적이다. 베이커리는 충동구매보다는 습관의 장소가 되기 때문이다. 입지보다 동선, 동선보다 더 중요한 것은 '생활 속 자리'다.

세 번째는 운영 감각이다. 베이커리는 새벽에 시작해 오후에 끝나는 사업이다. 오픈 전까지 발효, 굽기, 진열이 모두 끝나야 하고, 마감 후에는 다음 날을 위한 반죽이 시작된다. 체력과 루틴 관리가 필수적이다. 또한 원재료비, 인건비, 전기세 등 고정비가 많아서 생산계획을 세밀히 관리하지 않으면 수익성이 쉽게 흔들린다. 하루 판매량을 예측하고 버려지는 빵을 최소화하는 데이터 감각이 필요하다.

네 번째는 브랜딩과 스토리텔링이다. 요즘 소비자는 단순히 맛있는 빵을 사는 게 아니라 '이 가게의 이야기'를 산다. 이름, 로고, 포장, 인테리어, 음악까지 하나의 브랜드로 연결되어야 한다. "어떤 철학으로 빵을 굽는가?", "왜 이 재료를 사용하는가?", "이 공간에서 손님이 어떤 기분을 느끼길 바라는가?"를 명확히 해야 한다. SNS 시대에는 스토리가 맛만큼 중요하다.

다섯 번째는 법적·위생적 준비다. 사업자등록, 식품위생교육 수료, 영업신고, 화재보험, 위생검사 등 기본 절차를 반드시 이행해야 한다. 또한 냉장·냉동 관리, 알레르기 표시, 원산지 표기 등은 선택이 아니라 의무다. 투명한 브랜드가 신뢰를 얻는다.

마지막으로 필요한 건 빵을 좋아하는 마음이다. 단순히 사업으로 접근하면 금세 지치기 쉽다. 빵은 하루하루 손이 많이 가고, 실패도 많다. 날씨 하나에도 결과가 달라지고, 고객의 취향도 빠르게 변한다. 그런데도 빵을 굽는 일이 여전히 즐겁다면, 그것만큼 든든한 자산은 없다.

결국 베이커리 창업의 핵심은 꾸준함과 정직함이다. 유행하는 디저트를 쫓기보다 매일 같은 시간에 같은 맛을 내는 집이 결국 오래간다. 새벽의 첫 반죽을 준비하며, 빵 굽는 냄새로 하루를 여는 사람들, 그들이야말로 진짜 베이커리의 주인이다.

소규모 베이커리에 잘 맞는 제법은 무엇일까?

제빵의 반죽법은 크게 세 가지로 구분된다. 대형 공장형 베이커리에서는 생산성과 효율을 우선시하지만, 소규모 베이커리에서는 인력, 설비, 시간의 제약이 다르기 때문에 적합한 제법을 선택해야 한다.

1)'직접 반죽법'은 모든 재료를 한 번에 혼합해 반죽을 완성하는 방식이

다. 공정이 단순하고 시간이 짧아 인력이 적은 소규모 베이커리에서 자주 사용된다. 반죽 온도 관리와 효모량 조절이 정확하다면 일정한 품질을 유지할 수 있다. 다만 발효 시간이 짧고 풍미가 단순해, 고급 제품보다는 식빵·테이블브레드·단과자빵 등 일상용 제품에 적합하다.

2)'중종법(중간 반죽법)'은 반죽의 안정성이 높고, 완제품의 부피와 질감이 우수하다. 다만 공정 시간이 길고 온도 관리가 필요하다는 점에서 숙련된 작업 환경이 요구된다. 소규모 베이커리에서도 숙성 공간이 확보된다면, 이 방식은 고품질 제품을 만들기에 가장 효율적이다.

3)'액종법'은 종균을 배양해 장시간 발효하는 방식이다. 여러 장점이 있지만 일정한 품질을 유지하기 위해서는 세밀한 온도·습도 관리가 필요하다. 관리 인력이 제한된 소규모 매장에서는 효율성이 떨어질 수 있으나, 브랜드 차별화를 목표로 할 때는 좋은 선택이 된다.

이처럼 생산방법의 선택은 생산 규모, 작업 환경, 제품 콘셉트에 따라 달라진다. 소규모 베이커리는 '시간 대비 품질 효율'을 먼저 고려할 필요가 있다. 기본형 제품에는 직접 반죽법, 풍미 중심 제품에는 중종법, 차별화 전략에는 액종법이 적당하다. 반죽법은 단순한 기술이 아니라, 매장의 규모와 방향성을 결정짓는 경영적 선택이다.

베이커리의 공간 동선에는 어떤 심리가 담겨있을까?

베이커리의 공간 동선은 단순히 효율적인 이동을 위한 설계가 아니다. 그 안에는 소비자의 심리와 행동 패턴이 치밀하게 계산되어 있다. 손님이 들어와서 나갈 때까지의 움직임, 시선, 냄새의 흐름, 조명의 각도까지 모두 '어떤 감정을 느끼게 할 것인가'를 중심으로 설계된다. 결국 좋은 베이커리는 빵을 잘 굽는 곳이 아니라, 사람의 마음이 움직이는 동선을 만드는 곳이다.

가장 먼저 반응하는 것은 후각이다. 문을 열고 들어서는 순간, 향이 감각을 지배한다. 입구 근처에 오븐을 두거나, 막 구운 빵을 진열하는 이유가 여기에 있다. 이 구역은 '심리적 후킹 포인트'다. 인간은 시각보다 냄새에 더 빠르게 반응한다. 고소한 향이 공기 중에 퍼지는 순간, 뇌에서는 도파민이 분비되고 이미 구매 의향이 형성된다. 그래서 많은 베이커리들이 향이 바깥으로 흘러가도록 설계한다. 이 향기는 단순한 냄새가 아니라 마케팅의 언어다.

다음은 시선의 흐름이다. 대부분 베이커리는 입구에서 오른쪽으로 진열대가 이어진다. 오른손잡이가 많다는 인간의 습관을 이용한 설계다. 자연스럽게 오른쪽으로 몸을 틀며, 진열된 빵을 집게 된다. 첫 번째 구역에는 시그니처 메뉴나 시각적으로 화려한 제품이 놓인다. 이곳은 '시선의 정지점'이다. 소비자는 첫인상에서 이미 70%의 선택을 결정하기 때문이다.

그다음 구역에는 계절 한정 메뉴나 신상품이 자리한다. 인간은 익숙함보다 '새로움'에 더 쉽게 끌린다. '오늘만', '한정 수량' 같은 문구는 희소성의 원리를 자극해 구매를 유도한다. 계산대 근처에는 쿠키, 스콘, 샌드위치처럼 충동구매를 유도하는 소형 제품이 배치된다. 이미 주된 구매를 마친 소비자는 '하나쯤 더'라는 심리로 손을 뻗는다.

조명도 중요한 요소다. 따뜻한 노란빛은 빵의 색감을 더욱 고소하게 보이게 한다. 연구에 따르면 색온도 2700K 전후의 조명 아래에서 식욕이 가장 높게 자극된다. 반대로 차가운 백색 조명은 세련된 분위기를 주지만, 빵의 따뜻한 이미지를 약화시킨다. 그래서 고급 베이커리는 낮은 조도와 따뜻한 조명을 선호한다. 조명은 맛의 심리학이다.

동선의 마지막은 계산대와 출구다. 이 구역은 단순한 결제 공간이 아니라 '재방문의 심리'를 심는 자리다. 친절한 인사, 포장된 빵의 냄새, 간단한 시식 제공은 손님에게 '다음에 또 오고 싶다'라는 감정을 남긴다. 심리학에서는 이를 '최종효과'라고 부른다. 마지막 인상이 전체 경험의 만족도를 결정하는 것이다.

결국 베이커리의 공간은 하나의 '심리적 여정(psychological journey)'이다. 향기로 시작해 시선으로 머물고, 손의 감촉과 맛으로 완성된다. 동선은 그 여정을 부드럽게 연결하는 보이지 않는 안내선이다. 잘 설계된 베이커리에서는 손님이 길을 찾지 않아도 자연스럽게 걷고, 선택하고, 머무른다. 그리고 나갈 때쯤엔 "이 집, 기분이 좋다!"는 말이 저절로 나온다. 좋은 빵은 기술로 완성되지만, 좋은 베이커리는 사람의 심리를 이해하는 디자인으로 완성된다.

지속 가능성은 빵집에도 적용될 수 있을까?

인공지능(AI) 시대에 지속 가능한 빵집은 단순히 빵을 굽는 공간이 아니다. 데이터와 감각이 공존하는 실험실이다. 한쪽에서는 밀가루와 반죽이 숨 쉬고, 다른 한쪽에서는 온도·습도·판매량이 실시간으로 기록된다. 기술이 주방 깊숙이 들어왔지만, 목적은 여전히 같다. 더 오래, 더 맛있게 그리고 더 낭비 없이.

지속가능성의 출발점은 '낭비를 줄이는 일'이다. AI는 바로 그 지점을 정교하게 도울 수 있다. 예전엔 제빵사가 감으로 계산하던 "오늘 몇 개를 굽느냐"는 질문이 이제는 데이터로 예측된다. 날씨, 요일, 시간대, 인근 행사,

고객 방문 패턴을 분석해 생산량을 조정한다. 비 오는 날엔 빵이 덜 팔리고, 주말 오후엔 디저트류가 잘 팔린다는 사실이 AI에게 학습된다. 이를 통해 재료 낭비를 최소화하고, 남는 빵을 줄인다.

AI는 품질의 균일성에서도 빛을 발할 수 있다. 반죽의 온도, 발효 속도, 오븐 내부의 미세한 열 변화를 센서가 감지해 자동으로 조정할 수 있다. 예전에는 사람의 감각이 전부였지만, 이제는 기술이 감각을 보완할 수 있다. 반복적이고 측정 가능한 과정은 AI가 맡고, 섬세한 감각은 여전히 사람의 몫이다. 인간은 여전히 '맛'을 판단하고, '온기'를 더하는 존재다.

지속 가능한 빵집은 재료의 출처도 중요하다. 지역 농가와 협업해 로컬 밀을 사용하고, 제철 재료로 메뉴를 개발한다. AI는 원재료의 품질 데이터를 분석해 맛의 균형을 유지하게 돕는다. 올해 밀가루의 단백질 함량이 낮다면, 반죽의 수분을 미세하게 조정하라는 신호를 준다. 이런 기술적 피드백은 장인의 감각을 보완하고, 자연의 변수를 안정화시킨다.

환경적 지속가능성 역시 AI가 역할을 한다. 오븐의 에너지 사용량을 분석해 효율을 높이고, 남은 빵을 자동 분류해 푸드뱅크로 연결한다. 어떤 재료가 언제까지 유통 가능한지, 어떤 포장 방식이 탄소 배출을 줄이는지 모든 데이터를 관리한다. 디지털 전환이 '빵집의 감성'을 해칠 것이라는 우려도 있었지만, 오히려 기술이 감성을 지켜주는 시대가 되고 있다. 효율이 여유를 만들고, 여유가 따뜻함을 가능하게 하기 때문이다.

AI 시대의 빵집은 결국 '기술을 통해 감성을 보존하는 곳'이다. 자주 찾는 고객의 취향, 알레르기 정보, 선호하는 굽기 정도가 기록되어 언제나 같은 품질과 경험을 제공한다. AI는 손님을 '숫자'로 보지 않고, 데이터 속의 개개인으로 다시 인식하게 만든다.

기술이 모든 것을 대신하지는 않는다. 마지막 반죽의 질감은 여전히 손끝이 결정한다. 발효의 냄새, 오븐 앞에서의 직감, 첫 조각을 자를 때 들리는 소리와 같은 것은 어떤 센서도 대신할 수 없다. 기술이 만들어 내는 것은 완벽함이 아니라 여백이다. 제빵사는 그 여백 속에서 다시 창의성과 감성을 발휘한다. 기술이 맛을 완성하는 것이 아니라, 맛이 기술을 완성하는 시대. 그것이 AI 시대에도 지속 가능한 빵집의 모습일 것이다.

몇 해 전, 마카롱이 큰 인기였다. 작고 화려한 디저트는 보기만 해도 기분이 좋았고, 커피와 잘 어울릴 것 같았다. 그래서 서울의 제과학원에 등록했다. 처음엔 몇 개 만들어 선물도 하고, 취미로 즐기면 좋겠다는 가벼운 마음이었다. 그런데 반죽을 만지기 시작하면서 마음도 함께 움직이기 시작했다. 자꾸 더 잘해보고 싶어졌다. 오븐을 사고, 버터와 재료를 준비하며 다음 수업을 예약하고 있었다. 휘낭시에, 식빵, 브리오슈까지 만들다 보니 결국 일본 동경제과학교 과정까지 수료하게 됐다. 하얀 가운을 입고 수료식에 참여하던 날, 조용히 웃음이 났다. 배운다는 건 참 좋은 일이라는 걸 그때 다시 느꼈다.

마카롱으로 시작된 베이커리 수업은 전부 흥미로웠다. 밀가루의 질감, 버터가 녹는 온도, 굽는 시간의 차이까지도 재미있었다. 하지만 가장 기억에 남는 건 어느 날 커피 한 잔과 갓 구운 휘낭시에를 함께했을 때였다. 바삭한 식감, 입 안에 퍼지는 버터 향, 따뜻한 커피의 쌉싸름한 맛의 조합이 유난히 인상 깊었다. 그날 이후, 커피와 빵이 왜 그렇게 잘 어울리는지 알고 싶어졌다. 그러다 『커피의 즐거움』과 『카페, 처음부터 제대로』를 썼다. 커피를 알아가는 과정과 배움을 담은 책이었다. 그리고 이번에는 커피 옆에 자연스럽게 놓이는 빵에 관해 쓰게 되었다.

나는 이 책을 통해 홈베이킹을 시작하려는 사람이나 빵을 좋아하는 사람이라면 한 번쯤 궁금해할 만한 것들에 관해 이야기하고자 했다. 예를 들면,

오븐 안에서는 수분은 어떻게 빠져나가며 식감은 왜 달라지는지, 바삭한 껍질과 부드러운 속은 어떻게 공존하는지와 같은 기술적인 내용뿐 아니라 왜 갓 구운 빵 냄새가 그토록 강하게 우리의 마음을 자극하는지와 같은 심리적인 이야기, 그리고 지역마다 인기 있는 빵이 다른 이유, 동네 빵집이 공간을 설계할 때 고려하는 요소 등 경영적인 이야기 등이었다.

베이커리는 단순한 음식이 아니다. 사람의 감각과 기억, 공간과 문화, 산업과 트렌드를 함께 담고 있다. 나는 이 책을 통해 그 세계를 하나씩 풀어가며, 커피와 빵이 함께 만드는 경험을 독자와 나누고자 한다.

빵은 결국 사람을 위한 것이다. 좋은 빵에는 좋은 마음이 담겨 있다. 빵을 굽는다는 것은 사람을 대하는 일과 닮아있다. 온도에 따라 달라지고, 기다림이 있어야 비로소 제 맛이 난다. 빵도 사람도 그렇다. 이제 오븐 앞에 다시 서려 한다면, 조금은 여유 있게 기다려보자. 빵이 익어가는 그 시간 동안, 우리도 조용히 단단해지고 있을지 모른다.

이번에도 『커피의 즐거움』을 쓸 때처럼 최낙언 교수님과 함께 집필할 수 있어 감사했다. 문과 출신인 나에게 과학은 낯설지만, 맛과 향, 식감을 설명하려면 결국 분자와 열, 구조와 반응이라는 언어가 필요했다. 덕분에 이 책은 보다 구체적이고 교육적인 내용을 담을 수 있었다. 이 책을 읽고 어느 날 문득, 동네 빵집 진열대 앞이나 카페 테이블에서 커피 한 잔과 빵 한 조각을 앞에 두고 "아, 이게 그거였구나!" 하고 미소 짓는 순간이 온다면, 이 책은 제 역할을 다한 것이다.

김남순

어느 날 김남순 선생님이 빵에 관한 책을 같이 써보자면서 원고를 보내왔다. 준비 중인 원고를 보니, 빵의 역사부터 베이커리의 미래까지 정말 많은 이야기를 담고 있었다. 그중에서도 나는 빵의 기술적인 내용에 관심이 갔다. 빵에 관한 여러 기술을 Q&A 방식으로 정리했는데, 꽤 흥미로운 내용이 많았다. 거기에서 빵의 재료와 구조에 관한 내 나름의 설명을 추가하는 것도 의미 있는 작업이라는 생각이 들었다.

나는 이미 식품에서 물성이 가지는 중요성과 기술을 『물성의 원리』와 『물성의 기술』을 통해 설명했지만, 아직 구체적 제품에 적용해 풀어보지는 못했다. 후각과 향은 관해서는 『향의 언어』, 『사과향은 없다』를 통해 설명하고 제품에 구체적 적용사례로 『커피 공부』를 썼는데, 나에게 더 어울리는 주제인 물성은 구체적 적용사례를 쓰지 못한 아쉬움이 있었다.

물성의 구체적 사례로 내가 13년간 개발 업무를 했던 아이스크림에 관해 써볼까 했지만 관심을 가질 사람이 별로 없을 것 같아 포기했고, 글루텐을 중심으로 면에 관해 책을 써볼까 했지만 기술적 난이도가 높고 참고할 만한 자료가 부족해서 포기했다. 그러다 빵에 관한 원고를 보고 대상을 바꾸면 될 것 같았다. 더구나 빵은 참고할 만한 책이 충분해서 그런 자료를 디딤돌 삼아 '물성의 기술'을 풀어보는 것도 괜찮을 것 같았다. 더구나 빵은 밥만큼 대중적이고, 반죽(배합), 발효, 가열이라는 식품의 맛을 내는 3대 공정까지 포함되어 있다.

식품은 점점 경험과 감각만으로는 다루기 힘들게 고도화되고 다양한 기술의 접목을 필요로 한다. 오랜 세월 반죽을 만져온 제빵사라도 어느 순간 한계를 느낄 수 있다. 손으로 익힌 기술은 분명 몸에 남지만, 그 기술이 어떤 원리로 작동하는지 모른다면 새로운 상황에 적응하기 어렵다. 경험을 지혜로 바꿀 이론이 필요한 것이다.

이론은 현상을 이해하고 문제의 원인을 짚어주는 가장 효과적인 도구다. 이론이 감각을 대신할 수는 없지만, 감각이 만들어내는 결과의 이유를 이해하게 해준다. 이론이 생각의 방향을 세우고, 경험이 그 방향을 실제로 증명한다. 둘은 따로 존재하는 것이 아니라 함께 있을 때 비로소 의미가 있다. 감각에 이해가 더해질 때, 기술은 단순한 반복이 아니라 생각이 담긴 일이 된다.

나는 빵을 통해 '물성의 원리'가 보편적으로 잘 적용되는지 확인해 보고 싶었다. 식재료의 잠재력을 요리에 발현하는 것이 조리의 기술이고, 가공식품에 발현하는 것이 가공 기술인데 식품의 가공 기술을 대중적으로 설명한 자료가 없어서 아쉬웠다. 빵을 만드는 기술이 아니라 빵을 만드는 기술에 담겨있는 식품과 물성의 원리를 찾아보는 것이 이 책이 가진 의미가 아닐까 싶다.

최낙언

참고문헌

『제과제빵 과학』 조남지 외, 비앤씨월드, 2012

『빵맛의 비밀』 이성규, 헬스레터, 2024

『빵의 과학』 요시노 세이이치, 조민정 역 터닝포인트 2020

『제빵의 과학』 요시노 세이이치, 조민정 역, 터닝포인트 2020

『베이킹은 과학이다』 카지하라 요시하루·기무라 마키코, 조민정 역, 터닝포인트, 2022

『New 제과·제빵 재료학』 이윤희 외, 지구문화, 2025

『제과제빵 재료학』 조남지 외, 비앤씨월드, 2007

『음식과 요리』 해롤드 맥기, 이희건 옮김, 백년후, 2011

『거품의 과학』 시드니 퍼코위츠, 성기완·최윤석 공역, 사이언스북스, 2008

『식품물성학』 이수용 외, 수학사, 2017

『식품화학』 노봉수 외, 수학사, 2014

『식품화학』 조신호 외, 교문사, 2013

『제과제빵학개론』 한국제과제빵학회, 2018

『제빵학의 이해』 김정은·이원준, 형설출판사, 2018

『제과제빵학개론』 한국제과학교·한국제빵기술연구원, 광문각, 2020

『조금 수상한 비타민 C의 역사』 스티븐 M 사가, 김주희 역, 한빛비즈, 2023

『Dairy processing handbook, 2dn』 Tetrapack Hoyer, 2003

『Modernist cuisine』 Nathan Myhrvold, Chris Young, Maxime Bilet, Taschen, 2012

『Asian noodles』 Gary G, Hou, Wiley, 2010

『The science of cooking』 Joseph J. Provost 외, Wiley, 2016

『Edible structure』 Jose Miguel Aguuilera, CRC press, 2013

『베이커리 산업 동향 보고서』 한국농수산식품유통공사, 2024

『K-베이커리 글로벌 확산 현황 보고서』 한국식품산업협회, 2025

『K-Food 수출 통계 자료집』 산업통상자원부, 2025

Arendt, E. K., & Zannini, E. (2013). *Cereal Grains for the Food and Beverage Industries*. Cambridge: Woodhead Publishing.

BeMiller, J. N., & Whistler, R. L. (2009). *Starch: Chemistry and Technology* (3rd ed.). San Diego: Academic Press.

Coda, R., Rizzello, C. G., & Gobbetti, M. (2014). "Use of sourdough fermentation and non-wheat flours for the nutritional improvement of gluten-free bread." *Food Microbiology*, 37, 51–58.

Lee, J., & Park, H. (2025). "Human–AI Collaboration in Culinary Creativity: A Case of Emotion-based Bread Development." *Journal of Food Design and Innovation*, 2(1), 33–45.

Poutanen, K., Flander, L., & Katina, K. (2009). "Sourdough and cereal fermentation in a nutritional perspective." *Food Microbiology*, 26(7), 693–699.

Pyler, E. J., & Gorton, L. A. (2008). *Baking Science & Technology* (Vol. 1–2). Kansas City: Sosland Publishing.

Shin, J. Y., & Lee, S. Y. (2019). "Thermal and structural analysis of protein coagulation during egg cooking." *Korean Journal of Food Science and Biotechnology*, 28(6), 1459–1468.

Tester, R. F., Karkalas, J., & Qi, X. (2004). "Starch—composition, fine structure and architecture." *Journal of Cereal Science*, 39(2), 151–165.

arXiv preprint (2024). *Emotion-driven recipe generation and sensory-informed bakery design using large language models.*

arXiv preprint (2025). *Sourdough fermentation alters arabinoxylan structure in wheat flour via NMR characterization.*

Food Technology Journal (2024). "Artificial Intelligence in Food Design: Case Studies in Bakery and Beverage Industries."

Arranz-Otaegui, A., et al. (2018). *Archaeobotanical evidence reveals the origins of bread 14,400 years ago in northeastern Jordan.* Proceedings of the National Academy of Sciences, 115(31), 7925–7930.

Belton, P. S. (1999). *On the elasticity of wheat gluten.* Journal of Cereal

Science, 29(2), 103–107.

Calvel, R. (2001). *The Taste of Bread*. Springer.

Campbell, G. M., & Eustace, W. D. (2012). *Physical and mechanical properties of dough and their relevance to processing and baking*. In *Breadmaking: Improving Quality* (2nd ed.). Woodhead Publishing.

Cauvain, S. P. (2015). *Baking Problems Solved* (2nd ed.). Woodhead Publishing.

Cauvain, S. P., & Young, L. S. (2001). *Baking: Principles and Practice*. Springer.

Cauvain, S. P., & Young, L. S. (2007). *Technology of Breadmaking* (2nd ed.). Springer.

Delcour, J. A., & Hoseney, R. C. (2010). *Principles of Cereal Science and Technology* (3rd ed.). AACC International.

FAO (Food and Agriculture Organization). (2019). *Cereal Processing and Milling: Technical Report*. FAO.

Gray, J. A., & Bemiller, J. N. (2003). *Bread staling: Molecular basis and control*. Comprehensive Reviews in Food Science and Food Safety, 2(1), 1–21.

Heiss, A. G., & Jakobitsch, T. (2017). *Ancient cereals and their processing in Europe and the Near East*. Vegetation History and Archaeobotany, 26(2), 153–162.

Hoseney, R. C. (1994). *Principles of Cereal Science and Technology* (2nd ed.). AACC International.

Kim, H. J., et al. (2015). *Magnesium chloride and protein coagulation in tofu manufacturing*. Food Chemistry, 173, 181–187.

Kim, Y. S., & Morita, N. (2004). *Effect of heat treatment on the physicochemical properties of rice flour and the quality of rice bread*. Food Science and Technology Research, 10(4), 396–404.

Lee, S. M., & Park, Y. J. (2018). *Application of brine and alkaline solutions in food processing*. Korean Journal of Food Science and Technology, 50(3), 283–291.

Matz, S. A. (1992). *The Chemistry and Technology of Cereals as Food and Feed*. Springer.

McGee, H. (2004). *On Food and Cooking: The Science and Lore of the Kitchen*. Scribner.

Nishita, K. D., & Bean, M. M. (1979). *Physicochemical properties of rice in relation to rice bread*. Cereal Chemistry, 56(3), 185–189.

Pomeranz, Y. (1988). *Wheat: Chemistry and Technology* (Vol. 1–2). AACC International.

Pyler, E. J., & Gorton, L. A. (2008). *Baking Science and Technology* (Vol. 1–2). Sosland Publishing.

Rees, E. (2012). *The effect of sugar concentration on yeast fermentation and dough rheology*. J. of Food Process Engineering, 35(4), 537–545.

Samuel, D. (1996). *Investigation of ancient Egyptian baking and brewing methods by correlative microscopy*. Science, 273(5274), 488–490.

Samuel, D. (2000). *Cereal food production in ancient Egypt*. In *Ancient Egyptian Materials and Technology*. Cambridge University Press.

Shewry, P. R. (2009). *Wheat*. Journal of Experimental Botany, 60(6), 1537–1553.

Slade, L., & Levine, H. (1994). *Beyond water activity: Recent advances based on an alternative approach to the assessment of food quality and safety*. Critical Reviews in Food Science and Nutrition, 34(3), 231–345.

Toussaint-Samat, M. (2009). *A History of Food*. Wiley-Blackwell.

Wang, J., Rosell, C. M., & Benedito de Barber, C. (2002). *Effect of the addition of different fibers on wheat dough performance and bread quality*. Food Chemistry, 79(2), 221–226.

Zobel, H. F. (1988). *Starch crystal transformations and their industrial importance*. Starch/Stärke, 40(1), 1–7.

Putri, Nia & Shalihah, Ila & Widyasna, Alina & Damayanti, Riska. (2020). *A review of startch damage on physicochemical properties of flour*. Food ScienTech Journal. 2. 1. 10.33512/fsj.v2i1.7936.